科技造就了iPhone, iPhone超越了科技

解密iPhone

U0124169

所有的技術、經濟與文化趨勢匯聚,
透過iPhone
完成對全世界的改變

布萊恩・麥錢特
Brian Merchant
著

曹嬿恆
譯

The One Device The Secret History of the iPhone

給吾妻卡琳娜（**Corrina**），

因為她，這一切才有可能；

給吾兒阿爾杜斯（**Aldus**），

希望有一天，

他能在繼 **iPhone** 而崛起的任何裝置上，

讀到這一本書。

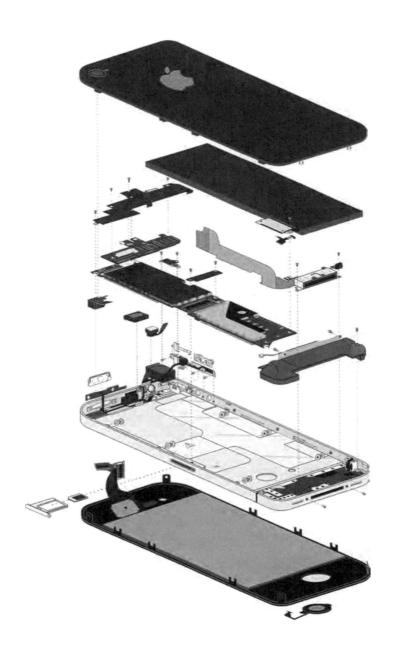

目錄 CONTENTS

前言：解構 iPhone 圖像

2007 年 1 月 9 日那天，史帝夫・賈伯斯（Steve Jobs）穿著他的招牌黑色高領衫、藍色牛仔褲、白色運動鞋，大步踏上 Macworld 大會的舞台。他在進行二十分鐘的年度演說後，便停頓下來，彷彿在整理思緒。

「偶爾，一個改變，一切的革命性產品就會冒出來，」他說：「而今天，我們要介紹這種等級的革命性產品有三個。首先是一台可觸控的寬螢幕 iPod；第二是一支革命性的行動電話；第三則是一台劃時代的上網裝置。

各位明白我的意思嗎？這不是三個分開的裝置，而是一個裝置，我們準備叫它 iPhone。」

「今天，」他又說：「蘋果（Apple）即將重新發明手機。」

它做到了。

*　　　*　　　*

「你─從─哪─裡─來？」

「加州。洛─杉─磯。好萊─塢。你─呢？你─從─哪─裡─來？上─海？」

賈伯斯許下承諾將近十年後，我疾駛於從上海浦東機場前往城市商業區的高速公路上。計程車司機一直把他的裝置從塑膠隔板往後遞給我，好讓我倆可以輪流對著翻譯軟體說話。

「不。不是上一海。杭一州。」

上海的霓虹燈光因霧氣變得柔和。從這裡看過去，耀眼、扭曲的摩天大樓優雅地沒入汙染的霧霾中，天際線有如一幅截自電影《銀翼殺手》（Blade Runner）的畫面。

我們的數位對話雖然僵硬，但大致可以理解意思，話題從晚上好嗎（還行）、計程車開多久了（八年），到這座城市的經濟情況（愈來愈糟）。

Siri 音調的機器女聲緩慢莊重的說：「價一格，持續上漲。可是。工一資，一直保持。平淡。」每當司機熱血澎湃起來，就算我們人正在高速公路上，他也會放慢速度龜行，我緊抓著安全帶，車子從旁呼嘯而過。

「沒有一地方。可以一討生活。」我點頭贊同，他再度加速。

有意思，我心想，數萬名技術工人在上海組裝並出口 iPhone，而我在這座城市的第一次對話，也是拜 iPhone 之賜得以實現。

在橫渡大西洋的航程裡，沒有 Wi-Fi 令我感到既焦慮且搔癢難耐，口袋裡的手機是隱隱然躁動不安的黑洞，我極度渴望使用 iPhone 有好幾個小時了。你可能知道這種感覺：只要你把它忘在家裡，或者塞在車陣中收不到訊號，便會有一種彷彿置身火窟的匱乏感。如今，手機是一條生命線。我覺得自己好像非得透過 FaceTime 跟家裡的太太及兩個月大的兒子連上線不可，更別提跟上我的電子郵件、推特（Twitter）、新聞等種種其他訊息了。

怎麼會這樣？這個裝置何以成為我們用來經營日常生活的新重心，而且使十年前猶如科幻小說的情節成真，譬如在口袋裡放一台通用語言翻譯機？它又是怎樣變成我們不可或缺的裝置？

我投入一整年時間努力尋找答案，來到上海便是其中之一。

＊　　＊　　＊

徹底根本的文明變遷通常不會既快速又無縫接軌，兩者往往只能取其一。可是，不過幾年光景，智慧型手機便在我們幾乎渾然不覺下，悄悄地全面接管世界。我們從家裡或辦公桌上擺一台電腦，到不管走到哪都隨身帶著一台，上面有著連網功能、線上聊天室、互動式地圖、牢靠的相機鏡頭、Google、串流影音、Instagram、優步（Uber）、推特及臉書（Facebook），種種重組我們如何溝通、營生、消遣、愛人、生活的平台。一切就在大約兩個總統任期的時間內發生了。美國人擁有智慧型手機的比例從 2007 年的 10%，上升到 2016 年的 80%。

如此的變遷，使得 iPhone 成為消費電子界的巨星。錯了，它是整個零售界的巨星。不對，這麼說還是太小看它。iPhone 恐怕是截至目前為止整個資本主義史上的巔峰之作。

一位科技產業分析師及蘋果專家霍瑞斯・德迪烏（Horace Dediu），在 2016 年臚列出幾項各行各業的暢銷產品。首屈一指的汽車品牌，豐田（Toyota）Corolla：四千三百萬輛。賣得最好的遊戲機，索尼（Sony）PlayStation：三億八千兩百萬台。賣座冠軍的系列套書《哈利波特》（Harry Potter）：四億五千萬本。iPhone：十億支，後面有九個零。「iPhone 不僅是史上最暢銷的行動電話，還是最暢銷的音樂播放器、最暢銷的照相機、最暢銷的影像螢幕和最暢銷的電腦。」他如此論斷：「簡單來說，它是史上最暢銷的產品。」

　　它也在競逐最吸引眾人目光的寶座。根據尼爾森（Nielsen）的調查，美國人一天花十一個小時在螢幕前面，一個估計值說其中就有 4.7 小時是用來看手機。（剩下大約五小時清醒時間用在比較傳統的生活作息上，如吃飯、運動，以及開車往返於我們會盯著螢幕看的處所之間。）如今，有八成五的美國人說行動裝置占據他們日常生活的中心位置。你或許知道自己用手機用得凶，不過根據英國心理學家進行的一項調查，你的用量恐怕比你以為的高出兩倍。這是有道理的，想想我們幾乎不會讓手機離開身邊，而使我們有過這種執念的科技，可說少之又少。「我們得到一個新裝備，便再也不離身的情況罕見如鳳毛麟角，」行動科技的歷史學家喬恩‧艾格（Jon Agar）說：「是衣服，這個石器時代就有的東西？眼鏡？還有手機。名單不長，想要封榜，就幾乎必須是舉世心嚮往之的東西才行。」

　　值此同時，這個舉世心嚮往之的裝置，也造就蘋果成為地球上最有價值的企業之一。被科技記者封為「耶穌手機」（Jesus phone）的 iPhone，如今占該公司營收的三分之二，利潤率據報最高達 70％，「最低」也有 41％。〔也難怪 Google 的安卓（Android）手機即便現在比 iPhone 還要普及，也是亦步亦趨地模仿它們，以至於引發了一場產業裡最為惡毒凶猛的專利大戰。〕2014 年，華爾街分析師試圖鑑別出世界上最具獲利能力的產品，iPhone 技壓萬寶路（Marlboro）香菸而高居榜首，它比一個靠著讓顧客生理上癮而得以不斷賣出的興奮劑更有利可圖。

　　iPhone 也會令人產生一種不遑多讓的依賴性。我跟很多人一樣，在我的 iPhone 上看新聞，手邊若沒有 Google Maps 就會迷路。

我會三不五時瞄一下我的裝置，看看有沒有通知進來。我在上面查看推特、臉書，而且用 Messages 聊天。我寫電子郵件、協調工作流程、掃描圖片。身為記者，我也用它來錄音訪談，並且拍攝具有印刷品質的照片。

iPhone 不只是一個工具，它是現代生活的基本配備。

＊　　＊　　＊

那麼，我是怎樣來到上海的？又是為了什麼？為了尋找 iPhone 的靈魂嗎？這要從幾個月前，我（又）摔壞一支 iPhone 開始說起。你知道劇情是怎麼發展的，它從你的口袋裡滑出來，結果螢幕就從一個小小的裂口蔓延成一片蜘蛛網。

我沒有（再）去買一支新的，反而決定趁此機會學著自己修理，順便一探螢幕背後有何巧妙。我已經帶著這個玩意兒好幾年了，卻對此毫無頭緒。所以，我驅車前往 iFixit 總部。該公司落腳於加州岸邊慵懶的聖路易斯・奧比斯波市（San Luis Obispo），出版被視為黃金標準的電子產品維修指南，它的首席拆解工程師是一個老道的維修專家，名叫安德魯・戈柏（Andrew Goldberg）。

不久，我便像個剛進醫學系的學生，揮舞起該公司特製的工具 iSclack，它形狀像一對末端附有吸盤的鉗子，我的 iPhone 6 和裂掉的螢幕就被夾在它的虎口下。我不免心生猶豫，如果太用力，我可能會扯斷重要的連接線，害我的手機徹底魂歸西天。

「動作要快。」戈柏邊說邊指著這個因為吸力而開始骨肉分離的裝置。工作室的燈光耀眼，我真的是滿頭大汗。當我慢慢移

動雙腳，穩住身子，然後，啪的一聲，我那可靠的個人助理像掀車蓋那般被安全的打開了。

「很簡單吧？」戈柏說。沒錯。

然而，鬆了口氣的感覺稍縱即逝。戈柏把裡面的鍍鋁屏蔽罩挪開，撬開排線，不多久，躺在光禿機件手術台上的手機，就在我的面前被開膛破肚，露出五臟六腑。我必須老實說，那時我好像在看著太平間裡的一具屍體，有種古怪的不舒服感。如果你不明究理的話，其實就是我那親密的私人生活導航員 iPhone，現在看起來就像個制式的電子廢棄物。

組件的左邊被一個又長又扁的電池塞滿，占據 iPhone 的一半空間。一個括弧形狀的巢穴環據右側，這是邏輯板，裡面安住著帶給 iPhone 生命的晶片。還有一組排線蜿蜒於頂端。

「共有四條不同的排線將面板組件跟手機剩下的部分連接起來，」戈柏說：「其中一條用在接收觸碰輸入的數字化儀（digitizer）上，這樣才能跟嵌在玻璃裡的一整組觸控電容器一起作用。你其實看不到它們，不過當你的手指碰到這裡……它們可以偵測到你觸碰的位置，所以這是它要用的排線。液晶顯示器（liquid-crystal display, LCD）有自己的排線，指紋感應器也有自己的排線，然後這邊最後一條排線是給前端組件跟相機用的。」

本書試圖循線追索，不只探查手機內部，更要貫通整個世界與歷史，以求對於最終形成一個如此普及、如此理所當然的裝置，所涉及的技術、人文及科學突破，能有更清楚確鑿的認識。iPhone 身上交織著為數驚人的過往發明與洞見，有些則遠溯至上古時代。事實上，它說不定是一個最有說服力的象徵，顯示促成

當代技術進步的引擎，彼此間是如何深深地相互關聯。

＊　　　＊　　　＊

不過，卻有一個人物，而且只此一人的身影籠罩在 iPhone 的發明之上，那就是賈伯斯，因為在蘋果為 iPhone 所申請最為重要的專利裡，此人通常掛名頭牌。可是事實上，賈伯斯只占 iPhone 英勇事蹟的一小部分而已。

「坊間有種對賈伯斯超乎尋常的狂熱崇拜，似乎認為他是這個翻轉世界的小玩意發明者，其實不然。」歷史學家大衛・艾傑頓（David Edgerton）說：「諷刺的是，在資訊與知識社會的時代，竟然流傳著最為古老的發明迷思。」他指的是愛迪生迷思，或獨立發明家的迷思，也就是以為有某個人，在無數的日子裡焚膏繼晷地工作，然後福至心靈，構想出一個改變歷史進程的發明。

愛迪生並沒有發明燈泡，不過他的研究團隊發現了那個能夠產生漂亮持久光芒的細絲，而這是燈泡成為熱門產品的必要元素。同樣地，賈伯斯並未發明智慧型手機，但他的團隊確實把它變得舉世心嚮往之。然而，獨立發明家的概念生生不息，在審酌創新之舉時，這是一種極其誘人的想法：有好點子又勤奮不懈的人，歷經千辛萬苦，做出個人犧牲，終而抱得財富歸。然而，這也是一種適得其反、誤導他人的虛構情節。

新技術只有單一發明家，或甚至單一負責團隊的情況很罕見。從軋棉機、燈泡到電話，大多數技術都是在同時或近乎同時之下，由兩個或更多個團隊各自獨立運作所發明出來的。點子真的就像專利專家馬克・萊姆利（Mark Lemley）所說的「瀰漫四

處」。不管任何時候，都有無數的發明人才在研究尖端技術，尋求前進之道。很多人跟神人愛迪生一樣勤奮努力，可是會被視為指標性發明家的，往往是那些最終版產品在市場上賣得最好、把發明故事說得最令人難忘，或是贏得最重要專利戰的人。

iPhone 絕對是一種近乎不可思議的集體成就。從躺在 iFixit 台上這一大堆手機元件便可看出，iPhone 是一般人通稱的融合技術（convergence technology），它是一艘貨櫃船，乘載著許多世人未能完全明白的發明。譬如賦予 iPhone 互動性魔法，讓人可以滑動（swiping）、捏拉（pinching）、縮放（zooming）的多點觸控（multitouch）便是其一。儘管賈伯斯公開宣稱這是蘋果自己發明的，但早在幾十年前，從歐洲核子研究組織（European Organization for Nuclear Research, CERN）的粒子加速器實驗室，到多倫多大學（University of Toronto），到致力於賦能身心障礙者的新創公司，一路上已有各個地方的先驅開發出多點觸控技術，諸如貝爾實驗室（Bell Labs）和歐洲核子研究組織這類機構孕育研究及實驗，政府也傾注數億美元給予支持。

不過，揚棄獨立發明家的迷思，承認這個裝置是數千位發明者的貢獻，並不足以讓我們洞悉 iPhone 是怎麼做出來的。點子需要原材料和辛苦的勞工才能變成發明。幾乎各個大陸都有礦工開鑿出不易取得的元素，用來製造 iPhone，然後靠著中國各地規模之大，可媲美城市的工廠裡數十萬雙手把它組裝起來。每個勞工、每個礦工，都是 iPhone 故事裡不可或缺的一環，沒有他們，就沒有我們口袋裡的 iPhone。

所有這些技術、經濟與文化趨勢必須匯聚成河，我們方能

透過 iPhone 完成利克萊德（J.C.R. Licklider）[1] 所謂的人機共生（man-computer symbiosis）：與一種無所不在的數位參考工具暨娛樂來源、一種思想的增強機和神經脈衝的促成器共存共生。我們愈是了解這個最流行的消費品背後的錯綜複雜，還有使之成為可能所下的工夫、所激發的靈感、所遭受的苦厄，便愈能認識這個為之深深著迷的世界。

最終讓 iPhone 問世的蘋果設計師和蘋果工程師的成就，無人可以貶抑。沒有他們的工程洞見、關鍵設計與軟體創新，這萬中選一、精心打造的裝置不會有現在的面貌。不過，蘋果保密到家是出了名的討厭，也拜此之賜，鮮少有人知道他們是何方神聖。

保密的文化也延伸到實體產品本身。你可曾試著撬開自己的 iPhone 看看裡面嗎？蘋果可不希望你這麼做，因為它會成為這個星球上最賺錢的企業，靠的就是讓你遠離手機太平間。賈伯斯跟他的傳記作者說，讓大家來修修補補他的設計，「只會把東西搞砸而已。」因此，iPhone 用一種叫做梅花型（Pentalobe）的專屬螺絲鎖起來，如果沒有特殊工具，你是不可能打開自己的手機。

iFixit 的執行長凱爾・韋恩斯（Kyle Wiens）說：「我曾聽到有人說：『喔，我的手機沒像以前那麼耐用了。』然後我說些『你知道你可以換電池嗎？』之類的話，我發誓，真的有人回我說：『我手機裡有電池嗎？』」隨著外形光滑、密不透風的智慧型手機興起，讓我們開心的在上面冒險，滑過來又滑過去，套句亞瑟・

---

[1] 譯注：利克萊德為麻省理工學院（Massachusetts Institute of Technology, MIT）的心理學教授，提出「巨型網路」的概念，成為創造網際網路的種子，因此被譽為網際網路之父。

克拉克（Arthur C. Clarke）[2] 的名言：這個有夠先進的科技變得與魔法無異了。

就讓我們打開 iPhone 吧！去探索它的起源，去評估它帶來的影響，去破除賈伯斯—愛迪生的獨立發明家迷思，去明瞭我們是怎麼走到 iPhone 這一步。

為了這個目的，我去了上海與深圳，溜進中國工人組裝手機的工廠，那裡因為一場自殺潮暴露出 iPhone 製造地的苛刻環境。我找到一個冶金學家把 iPhone 磨碎，以便發現裡頭到底含有什麼成分。我曾爬進礦坑，裡面的童工從一座崩塌的深處挖鑿錫和金。我在美國最大的網路安全研討會上，看著駭客破解我的 iPhone。我會晤行動運算之父，聽聽看 iPhone 之於他的夢想代表什麼意義。我透過一群不為世所承認的先驅，追溯多點觸控的源頭。我訪談造就 iPhone 大腦的變性晶片設計者。我認識了名不見經傳的軟體設計天才們，是這些人形塑了 iPhone 今日擁有的外觀與感覺。

事實上，我跟每一位願意接受採訪的 iPhone 設計師、工程師和管理階層都談過了。我的目標是當你掩卷之際，看一眼你的 iPhone 黑色鏡面，看到的不是賈伯斯的臉孔，而是廣大創造者的群像。而且，對於這一個把我們所有人都一起拉進它的未來的裝置，能有更入微、更真實，我想也會更令人信服的圖像。

很快提一下蘋果公司：調查 iPhone 是個充滿矛盾的任務。不管蘋果做了什麼事，總有一大票達人、匿名來源、部落格文章

---

[2] 譯注：克拉克為知名的英國科幻小說作家，最知名的作品是《2001 太空漫遊》（2001: A Space Odyssey），於 2008 年辭世。

提出源源不絕的看法。而蘋果新聞稿裡單調又語義模糊的隻字片語，給的往往是「官方」說法。蘋果不允許員工接受採訪，得到採訪機會的一般都是精挑細選過的記者，與該公司有著長期或友好關係，我不是那一掛的。因此，儘管我打從一開始就讓蘋果官方充分知曉這個專案，也一再跟他們的公關代表談過並且會面過，但他們還是拒絕我採訪管理階層及員工的諸多請求。提姆‧庫克（Tim Cook）從來不曾回覆我所寫的（極為周到的）電子郵件。為了本書，我在陰冷的廉價小酒吧和現任及前任蘋果員工碰面，或者經由加密通訊和他們談話，我必須同意匿名處理其中一些我採訪過的人。很多來自 iPhone 團隊的人至今仍在蘋果工作，他們想讓世界知道這個神奇的故事，告訴我他們很樂意參與紀錄工作，可是害怕違反蘋果嚴格的保密政策，所以還是拒絕了。我有信心，我對 iPhone 創新者們所做的幾十次採訪，我和研究 iPhone 的記者及歷史學家的談話，和我得到關於此一裝置的文獻，皆有助於描繪出一個詳盡且準確的圖像。

　　這圖像會採雙軌並行。第一軌帶你進入蘋果一窺堂奧，看看 iPhone 如何被一群無名創新者所構思、設計原型並製作出來，那些人開拓出操縱資訊、與之互動的新方法。這四篇從你翻過此頁便開始了，而且會出現在書的中段及末尾，我想這樣也算適得其所，雖然有數不清的人催生這萬中選一的裝置，但終究是蘋果把 iPhone 給做了出來。

　　第二軌會循著我揭露 iPhone 原材料來源的努力而走，與全球各地使之成真的其人及其心靈相會。從第一章開始，這些章節會去檢視百年前「智慧型手機」的構想起源，進而探索集結在手機

蓋底下的強大科技，調查所有這些零件是如何在中國組裝，並一訪黑市和它們終於一命嗚呼後的魂歸之處：電子廢棄場。

那麼，就讓我們啟程來到第一站，位於矽谷（Silicon Valley）的心臟地帶，加州庫帕提諾市（Cupertino）的蘋果總部。

第一篇

探索新的多元互動

牙牙學語的 iPhone

　　位於蘋果總部無窮迴圈（Infinite Loop）二號的使用者測試實驗室已經棄置多年。沿著知名的工業設計工作室大廳走下來，有塊空間被一片單面鏡隔開，使躲在後面的觀察員可以看到人們對新科技的駕馭能力有多麼一般。可是，自從賈伯斯在 1997 年回任執行長後，蘋果就沒有做過使用者測試了。在賈伯斯的領導下，是蘋果告訴消費者他們想要什麼，而非徵求他們的回饋。

　　不過，荒蕪的實驗室卻是理想的祕密基地，讓蘋果公司裡一小群騷動的心靈，在那兒默默地展開一項新的實驗性計畫。團隊以自由聯想的腦力激盪方式，開了好幾個月的非正式會議。他們的目標模糊卻簡單：「探索新的豐富互動性」（Explore new rich interactions, ENRI）。就讓我們暫且叫這個小小的團隊 ENRI 小組，成員包括幾個蘋果的年輕軟體設計師、一位主要的工業設計師，和為數不多但富有冒險精神的輸入工程師。基本上，他們打算發明與機器介接的新方法。

　　自從個人電腦問世以來，人類便靠著鍵盤這個百年老架構來告訴它要做什麼事情，鍵盤的構造像打字機，是跟十九世紀的報人用來寫稿一樣的基本工具。而可供輸入之用的兵械庫裡，唯一重大的補給就是滑鼠。大多數人操控二十世紀下半葉整個資訊革命所帶來的恩賜，用的方法就是一台打字機和一隻滑鼠。這個近乎無窮的數位可能性，利用的是古董級的使用者介面。

　　到了二十一世紀初，網路媒體既複雜多元又富互動性。蘋果自己的 iPod 就把數位音樂放進人們的口袋裡，而個人電腦也已經成為地圖、電影與圖像的集散地。ENRI 小組預見到再過不

久，打字和點擊的做法會累贅笨重到令人洩氣的地步，我們需要新的做法去跟所有這些豐富媒體（rich media）互動，特別是蘋果公司傳說中的電腦。其中一個成員約書亞・斯特里肯（Joshua Strickon）說：「那時我們有個小小的祕密核心團隊，目標是重新構思麥金塔電腦的輸入方式。」

動作感測器、新形態滑鼠、一種以多點觸控聞名的新興科技，小組為了追尋更能直接操控資訊的方法，實驗了所有最為尖端先進的硬體。這些討論會議不起眼到連賈伯斯都不知情，但即將成為新世紀控制論行話的「手勢」、「使用者控制」、「設計趨勢」，卻是在這裡被編織起來的，因為，這個暗中進行的協同合作所孕育的核心架構，即將變成 iPhone。

然而，先驅者的成就卻大多不見天日，被一家極其神祕的公司和吸引鎂光燈焦點的已故執行長，給困在單面鏡的另一邊了。換句話說，iPhone 的故事並不是從賈伯斯或一個改造手機的偉大計畫開始的，而是因為一群不合時宜的軟體設計師和硬體駭客，修補把玩「人機共生」的下一個進化腳步所帶來的。

招兵買馬

「就算是現在，大多數人還是不知道使用者介面設計。」最早的 iPhone 團隊其中一名成員這麼告訴我。原因之一是使用者介面（user interface, UI）感覺像是直接從一本技術手冊裡抽出來的用語，這個符號本身似乎就是專門設計來讓人看不懂意思的。「沒有搖滾明星級的 UI 設計師，」他說：「UI 界裡並沒有一個

強尼‧艾夫（Jony Ive）[1]。」但是假若有的話，那就是巴斯‧奧爾丁（Bas Ording）和伊姆蘭‧喬德里（Imran Chaudhri）了。「他們是 UI 界的藍儂—麥卡尼（Lennon-McCartney）[2]。」

奧爾丁和喬德里是在蘋果最黑暗的那段日子裡認識的。奧爾丁是一名荷蘭軟體設計師，對於設計好記好玩的動畫饒有天賦，他在 1997 年受聘加入人機介面部門（Human Interface），那一年，公司的營收慘跌 10 億美元，於是賈伯斯回歸止血。喬德里，一個幹練犀利的英國設計師，同受音樂電視網（MTV）和蘋果電腦的圖標所感召，他早幾年來到蘋果，在賈伯斯雷厲風行的大裁員中存活了下來。「我第一次遇見喬德里，是在停車場的某個地方抽菸時，」奧爾丁說：「我們說了些：『嘿！老兄！』之類的話。」這兩人是奇特的組合；奧爾丁瘦瘦長長、好相處，而且心地非常善良，喬德里則認真、時髦，散發出一種冷峻的氣質。不過，他們倆一拍即合。沒多久，奧爾丁就說服喬德里轉調到 UI 部門。

在那兒，他們加入了格雷格‧克里斯帝（Greg Christie），此人是一個紐約客，1995 年來到蘋果只為一個理由：「做牛頓（Newton）電腦」，此為蘋果的個人數位助理，是一種早期嘗試開發的行動電腦。他說：「我家人覺得我瘋了，才會來幫一家篤定出局的蘋果公司工作。」結果牛頓沒有賣得很好，所以賈伯斯砍了它，於是克里斯帝就來掌管人機介面部門。

由於賈伯斯把重心重新放在蘋果的旗艦產品麥金塔電腦上，

---

[1] 譯注：艾夫原為蘋果電腦的工業設計資深副總，主管產品設計和人機介面設計，與賈伯斯聯手改變蘋果過去以工程導向的企業文化，將設計作為營運主軸。於 2015 年接任蘋果的設計長後，有漸漸淡出蘋果的說法出現。

[2] 譯注：藍儂與麥卡尼為樂團披頭四的成員與詞曲創作組合。

一種看法。我覺得情況更像是我們倆都有個有錢鄰居叫做全錄，有一天我闖空門想去偷走電視，卻發現你已經捷足先登。」

就在高層安排跟德拉瓦的觸控學者們開會之時，ENRI 小組也開始思考如何拿多點觸控來做實驗，又如何把 FingerWorks 的技術有效地疊加在擁有麥金塔威力的裝置上。打從一開始，就有個重大阻礙橫亙眼前：他們想要跟透明的觸控螢幕互動，可是 FingerWorks 這項技術是用在不透光的鍵盤墊上。

有什麼解決方法？老派的硬體改裝法或許可以一試。

非常時期的非常手段

為了找到製作原型的靈感，小組轉而求助網路，他們發現幾段工程師把畫面投影在一片不透光螢幕上直接操控的影片，胡彼說：「這就是我們一直在講的東西。」

他們找來一台麥金塔電腦，把投影機架在一張桌子的上方，然後將觸控板安置於下，讓電腦螢幕上顯示的畫面都往下投射，也就是在觸控板上面做出一個人造「螢幕」。

問題是在新的「螢幕」上很難聚焦。克里斯帝說：「我那天真的跑回家去，從車庫裡拿來幾片近攝鏡裝在投影機上。」「只要搞定聚焦，你就可以把螢幕畫面投影在這玩意上。」胡彼這麼說。

最後，他們需要一個顯示器。這一次他們土法煉鋼，把一張白色影印紙放在觸控板上，觸控螢幕的模擬機於是大功告成。顯然這不是完美之作，「手指頭會產生一點陰影。」奧爾丁說，可是夠用了。「我們可以開始探索多點觸控的用途。」

　　麥金塔／投影機／觸控板／白紙的混血版本勉強奏效，不過，如果想要認真實驗觸控的動態變化，在介面上有所發揮的話，還得自己寫軟體。輪到斯特里肯上場了。「我寫了很多偵測手指的處理演算法，」斯特里肯說，還有「膠水軟體」（glue software）[3]，讓他們用來存取實驗產生的多點觸控資料。

　　這個專案百無禁忌，儘管如此，他們仍然開始採取保密手段。「我不記得有誰說過：『我們不可以再對外講起這件事情。』」斯特里肯說，不過，他們還是這麼做了，基於一個好理由：ENRI 小組的實驗突然變得大有可為，可是如果賈伯斯太早知道又不認可的話，整個公司都會堅守命令，關閉專案。

使用者測試

　　這個實驗性裝置非常適合擺在新家，也就是那座空蕩的使用者測試舊設施，該處約莫一個小教室大，空間寬敞，裡面的混音設備一應俱全。「我敢說那裡放的都是 1980 年代的頂級設備，」胡彼說：「我們還嘲笑它的錄音設備全是 VHS 呢！」克里斯帝是當時公司裡少數有權進入的人，其他人則必須做安全檢查，方得其門而入。

　　「那是個蠻詭異的空間，」斯特里肯說：「很諷刺，我們在使用者測試間努力的想要解決用戶體驗的問題，可是，卻從來沒能把一個真正的使用者帶進去。」

　　奧爾丁和喬德里耗費無數時光，一起在那裡苦心錘鍊示範版

---

[3] 譯注：膠水軟體是用來作為連接軟體組件的一種程式。

本與設計，為全觸控式的嶄新介面奠定基礎。他們運用斯特里肯的數據流，做出 FingerWorks 手勢改良版，也測試自己的新點子。他們集中注意力解決 ENRI 團隊列出來的討厭清單：以捏拉縮放代替放大鏡圖示，用簡單的拖曳螢幕把「點選─拖拉」捲動螢幕的做法簡化了。

　　兩人的創意結盟，自始至終形成一種強大的共生關係。「奧爾丁在技術這一塊做得比較好，」喬德里說：「而我可以在藝術元素上有比較大的貢獻。」喬德里從小就對技術與文化如何交織非常感興趣，他說：「我想在三個地方工作：中央情報局、音樂電視網或蘋果電腦。」他到先進技術部門實習之後，得到一份在蘋果總部工作的機會。他的朋友們心生疑惑，說：「你的時間都會被拿來設計小圖示。」他一笑置之，接下工作。「結果他們只有說對三成。」

　　他的圖示設計才華和奧爾丁的動畫實驗形成絕配。「我們合作愉快。」奧爾丁說：「他做出更多圖示和漂亮的圖案，他真的很擅長建立整體風格。我則是在製作互動原型、感覺和動態部件方面做得稍微好一點。」這當然是奧爾丁的自謙之詞。賈伯斯的前任顧問邁克‧斯萊德（Mike Slade）就曾經把奧爾丁形容成巫師：「他花個一分半鐘敲敲打打，然後按下一個按鈕，東西就出來了，而這正是賈伯斯要求看到的畫面。這傢伙是神啊！賈伯斯為此而大笑起來，『奧爾丁化進行式』，他會這麼宣稱。」連業界巨擘東尼‧法戴爾（Tony Fadell），都認可他是個眼光獨到之人。在 iPhone 時期，他有一個同儕是這麼說的：「我不知道還能怎麼形容奧爾丁，這傢伙是天才。」

　　試驗結果顯示新的觸控樣板大有可為，甚至非常振奮人心，喬德里和奧爾丁整天泡在裡面，渾然不覺時間流逝，UI 界的藍儂和麥卡尼在工作中！

　　「我們日以繼夜，不停地做，連東西都忘了吃。」喬德里說：「如果你曾經談戀愛談到不顧一切，就是那種感覺。我們知道這東西很了不起。」

　　他們不想讓任何外力干擾這項進展的走向與動力，所以開始阻絕外界接觸他們的工作內容，就算是頂頭上司克里斯帝也不行。「那時，」喬德里說：「我們不跟別人談這件事情，就和新創公司進入隱形模式的道理一樣。」而且，在他們能有效的完整展示孕育出來的 UI 潛能之前，也不希望專案胎死腹中。想當然，他們的主管被惹毛了。

　　「我記得我們要去參加科切拉音樂節（Coachella）之前，克里斯帝跟我們說：『去沙漠狂歡回來以後，也許可以告訴我，你們到底在下面搞什麼鬼？』」喬德里這麼說。

　　他們編製了十分吸睛的示範版本，展現多點觸控的潛能，包括可以縮放、旋轉方向的地圖，快速滑動手指頭便能從螢幕四周彈跳出來的圖片。他們上傳度假照片當主題，進行多點觸控實驗。「他們是發想使用者介面的大師。」胡彼說。當奧爾丁用兩根手指頭旋轉放大一團團的色塊，靈活敏捷的操控像素，大家都聚攏過來看。奧爾丁和喬德里說，顯然他們正在做的東西極具革命潛力。

　　「大家馬上看出來它很酷，」奧爾丁說：「你可以玩螢幕，把上面的東西拖過來拖過去，它會跳出來，或者你也可以捏拉縮

放，所有那類事情都可以做到。」知道嗎？「那類事情」即將成為一種新奇的行動化「人機共生」的基準。

讓天才之作接受檢驗的時刻到了。

粉墨登場

有了幾個功能示範版本和還算可靠的裝置，克爾把早期的原型展示給艾夫及工業設計部門的其他人看。「太了不起了！」核心成員道格拉斯・薩茨格（Douglas Satzger）這麼說，語氣中充滿了驚訝。最欣賞的人是艾夫，他說：「這會改變一切。」

不過，他不對賈伯斯提起此事，因為這個模型還在笨拙粗糙的概念階段，他擔心賈伯斯會否決此案。「因為賈伯斯容易太快給出意見，所以我不在眾人面前給他看東西，」艾夫說：「他可能會說：『這是垃圾。』然後對它嗤之以鼻。我覺得點子是很脆弱的東西，你在開發過程中要溫柔對待。我很明白，如果搞到他不屑一顧的話就慘了，因為這東西非常重要。」

幾乎每個人都為之傾倒。「任何人一看到它，馬上的反應是『這是我看過最酷的東西』，無一例外，」胡彼回憶說：「當大家看到它、用它、玩它的時候，眼睛都亮了起來。所以我們知道，這玩意真的很神奇。」

問題是：賈伯斯也這麼想嗎？畢竟他才是最高權威。如果他不認同的話，只要一句話就可以把案子賜死。

裝置奏效了，展示的吸引力十足。他們清楚的讓大家看到，除了點擊和打字之外，你還可以觸控、拖拉、拋擲，用更直覺流暢的方式操控資訊。

　　「艾夫認為展示給賈伯斯看的時機到了，」胡彼說。到了這個節骨眼，時間點非常重要。「如果你選在賈伯斯不順的時候跟他講，他看什麼都是垃圾，他會說『絕對不要再給我看這個東西』，所以，你要非常小心讀懂他的狀態，知道應該在什麼時候給他看。」

　　值此同時，這個大小如一張桌子的裝置，就躺在無窮迴圈的祕密監看實驗室裡，把未來的樣貌投影在一張白紙上。

| 第一章 |

更聰明的手機
賽門說：為我們指出通往智慧型手機的道路

如果你聽過這個故事的話，快喊停。

有一天，一家舉世聞名的科技公司裡有個眼光獨到的創新者，認為通訊的未來在於結合行動電話與計算能力。他相信，關鍵是確保這個新裝置能憑直覺運作，讓使用者一拿起來便有如見故人的感覺。它要有以手指頭控制裝置的觸控螢幕，還要有容易駕馭的主螢幕，上面滿滿都是敲一下便能啟動的圖示。它要能上網和收發電子郵件，還要有遊戲跟應用程式（app）。

不過，第一步仍然是及時做出一款原型機，在一個盛大的場合公開展示，炫耀給全世界看，讓媒體把焦點都鎖定在他身上。為了趕上截止期限，這位夢想家把團隊逼到崩潰邊緣，緊張的氣氛高漲，技術失敗，再努力，然後再失敗。在盛大展示那天，奇蹟出現，這個新型混血機勉力上場了。

創新者步入鎂光燈下，保證這是一支即將翻轉世界的手機。

智慧型手機於焉問世。

那一年是 1993 年。

這位有遠見的發明家是法蘭克・卡諾瓦二世（Frank Canova Jr.），在 IBM 位於佛羅里達州博卡拉頓市（Boca Raton）的實驗室當工程師。世上公認的第一支智慧型手機：1992 年的賽門個人

通訊器（Simon Personal Communicator），就是由卡諾瓦所構想、製作原型並取得專利的。那是在全球資訊網（World Wide Web）對大眾公開的前一年[1]，賈伯斯帶著 iPhone 首度亮相的十五年前。

「我真的不把 iPhone 看成是發明，倒不如說它是一種技術的彙編與成功的聰明包裝。」電腦歷史博物館（Computer History Museum）收藏了世界上最多的電腦相關展品，館長克里斯・加西亞（Chris Garcia）說：「iPhone 是一種匯流科技（confluence technology），而非哪個領域的創新。」

智慧型手機最根本的創新，是把一台電腦放進家家戶戶都能取得的裝備裡：電話。為了讓電話變聰明而做的選擇，譬如使用觸控介面和前台應用程式，將對現代世界的形塑帶來重大影響，而這些根基都是在二十多年前就打好的。

一如聲譽卓著的電腦科學家比爾・巴克斯頓（Bill Buxton）說的：「當代所有的觸控螢幕手機，差不多都體現了賽門機的創新。」

到了 1994 年，卡諾瓦不但為 IBM 發明了一支預見 iPhone 大部分核心功能的智慧型手機，而且還成功上市。第二代賽門機「霓虹」（Neon）雖然功敗垂成，不過你旋轉手機時，它的螢幕已經可以跟著旋轉，這正是 iPhone 的招牌功能。然而今天，賽門機只是計算機歷史裡一個令人好奇的注腳。問題來了：賽門機為什麼沒能成為第一支 iPhone？

「只是時機問題吧，」卡諾瓦苦笑著說，手上拿著世上第一

---

[1] 譯注：全球資訊網是在 1991 年對大眾公開，所以此處應為作者筆誤。

支智慧型手機，黑色的，四四方方，跟磚頭一樣大。「那時的技術事實上只夠我們勉強做出這種手機。」

我們坐在他位於矽谷中心的聖塔克拉拉市（Santa Clara）的辦公室裡。卡諾瓦現在替一家叫做同調（Coherent）的工業雷射公司工作，管理一組工程師團隊。從那地方開車到蘋果總部所在的庫帕提諾市，只需二十分鐘。他手上拿著曾經上生產線的第三號智慧型手機：賽門機，序號三。這支機子不會跟他太久，因為歷史學家們終於看出它的價值，所以卡諾瓦即將把它送去史密森尼學會（Smithsonian）。

賽門機發出清晰的嗶嗶聲，很有 1990 年代風格，卡諾瓦笑著說：「這是一台電腦，所以要開機。」黃綠色的液晶顯示螢幕亮了起來，當我觸碰上面的圖示，譬如通訊錄好了，就會開啟新的應用程式。電池只能撐個幾秒鐘，所以電源線要一直插著，除此之外，它的運作很順暢。數字鍵盤的反應靈敏，手機上還有移動方塊遊戲。果不其然，它給人的感覺就像一支八位元的

iPhone。

　　「這就是賽門機，」他說：「在這支機子問世前一年，我們做出原型機。為了做技術展示，我寫出一大堆應用程式，因為我們有各式各樣天馬行空的東西想要放進來，我放了一張地圖、全球定位系統、股票報價。我們有個應用程式在管理這一堆東西；我們還有遊戲。」那時還沒有雲端應用，大容量硬碟也體積龐大到塞不進手機裡，所以很多應用程式無法放進機器本身，因此計畫要設計一個支援擴充卡的系統，插上去就可以啟動 GPS 之類的功能。他提出來的是一種老派的實體版應用程式商店（app store）。

　　卡諾瓦現年五十多歲，精力充沛，聰明靈敏。他剃了一顆大光頭，蓄著厚厚的灰色八字鬍，臉上閃過一抹淘氣的微笑。他在佛羅里達州長大，喜歡玩一些小機械；他更像史帝夫・蓋瑞・沃茲尼克（Stephen Gary Wozniak）[2] 而非賈伯斯，閒暇之餘會搞搞硬體實驗。「我是個駭客，在我們那個時代，駭客的意思是你可以從無到有生出一台電腦。所以，我那時是在做電腦。」他說，有些是以沃茲尼克設計的主機板為基礎去做的。「我覺得住在佛羅里達是蠻遺憾的事情，沒法知道矽谷現在正在搞什麼玩意。」

　　他從佛羅里達理工學院畢業，取得電機工程的學位後，便到 IBM 工作，在公司做了十六年，因為同時精通軟硬體，所以一路晉升。1980 年代，他加入一個「先進研究組」，該團隊負責設計製造 IBM 的第一台筆記型電腦，而且愈小愈好。「其中有個

---

[2]　譯注：沃茲尼克和賈伯斯合夥創辦蘋果電腦（今日的蘋果公司），在 1970 年代中期創造出第一代蘋果電腦和第二代蘋果電腦（摘自維基百科）。

目標是做出一台可以放進襯衫口袋裡的電腦。」卡諾瓦說。

　　可是研究人員並沒有把電腦做得那麼小的技術。正當筆記型電腦專案碰到撞牆期的時候，IBM 的一個鄰居在偶然之下給了團隊一個契機。卡諾瓦說：「在博卡拉頓市，摩托羅拉公司（Motorola）就跟我們在同一條街上。那是個很大的工廠，製造各種無線產品。他們那個時候很紅。」不誇張的說，在 1990 年代初期，摩托羅拉是世界上最大的手機業者，當時他們的佛羅里達分公司有個不尋常的經營理念，有興趣跟 IBM 協同合作並且分享筆記。工程師們開始研究如何結合兩大科技巨頭的產品線。「每個人都在思考，怎樣把無線電放進一台桌上型電腦裡面？」

　　可是卡諾瓦的雄心壯志不只於此。「我馬上就看懂了。不對，你根本不會想要一個看起來像電腦的東西。如果要做無線電的話，你想要可以帶著走的。你想要握在手上，你希望它能直接體驗。既然如此，你的拇指可以拿來幹嘛？每次想做什麼事情的時候，你不想用挑選的，也不要輸入指令，但是在 DOS[3] 時代程式就是這樣啟動的。」卡諾瓦不知道該把這玩意叫做什麼，不過，他想做的其實是一支智慧型手機。

　　「我們想找摩托羅拉一起來做個專案，實際上就是個智慧型手機專案，但是摩托羅拉不要。基本上，他們的意思是：『我們對你這個不太可靠的點子沒有把握。』」卡諾瓦說。不過，他們同意擔任幕後支援，提供卡諾瓦的團隊最新的機款。「我們得抹去上面的名字，把摩托羅拉的標誌塗掉，因為那時候我們是用他

---

[3] 譯注：DOS 是 Disk Operation System（磁碟作業系統）的簡稱，磁碟管理的作業系統，需要輸入命令的形式才能把指令傳給計算機執行。

們的元件做出第一支智慧型手機的原型。」

　　摩托羅拉不希望跟世上第一支智慧型手機有所牽扯，不久後，IBM 顯然也想打退堂鼓。「說實話，IBM 對這門生意並不感興趣。」卡諾瓦告訴我。不過，他深信自己已經挖掘到某個石破天驚的核心，只需資金來證明此事。他已經說服一個業務經理站出來支持賽門機，不過那位經理還是得說服他的老闆。

　　「他的推銷方式，」卡諾瓦說：「是叫我給他智慧型手機可以做什麼的清單。然後他拿了一個裝著各式各樣玩具的大袋子，走過去找我們分公司的大老闆，他說：『是這樣的，我們需要資金，用來做一個可以做到一堆事情的玩意。』然後，他拉出一台計算機、一台 GPS 無線電；還有一本大大的書跟地圖，並說：『它裡面有這個，還有這個。』然後說：『你知道，所有這些都會放進單一裝置裡面，不是一大堆各自分開的東西。』」

　　這樁也是發生在 1992 年的「單一裝置」表演奏效了。卡諾瓦的團隊拿到資金，匆忙造出一台可以運作的原型機，在當時的大型商展 COMDEX 未來科技攤位上展示。團隊的工作時間長到連卡諾瓦的新生兒都變成實驗室常客，新手爸爸唯一可以擠出時間跟小孩相處的做法，就是把他帶到辦公室去。

　　閃電戰術成功。專案短暫博得媒體喝采，IBM 挹注更多資源給卡諾瓦的團隊。「對我來說，把那個介面做到像拿起電話就可以用那麼簡單，是很基本重要的。」卡諾瓦這麼說，而 IBM 在做的就是這件事情。

　　卡諾瓦帶著一點感傷的說：「賽門機在太多方面都超前時代了。」這是保守說法，智慧型手機還要再過二十年才征服世界。

＊　　　＊　　　＊

「真的不是什麼新鮮事，」馬特・諾瓦克（Matt Novak）說：「蘋果和三星（Samsung）儘管可以相信自己發明了這些科技，不過，總有些東西已經趕在它們之前出現，至少是出現在紙上。」

諾瓦克經營一個叫做「昔日未來」（Paleofuture）的部落格，專門搜集分析過往對未來曾經有過的夢想和預測，我們聊到智慧型手機的現代概念，以及在 iPhone 之前，甚至在賽門機之前已經出現類似裝置的悠久歷史，不管是實物的還是想像的。

幻想類似 iPhone 的裝置可遠溯至十九世紀。最早也最醒目的是喬治・杜・莫里耶（George du Maurier）在 1879 年所畫的一幅漫畫，刊登在諷刺雜誌《噴趣》（Punch）畫報年鑑上。漫畫題為「愛迪生的電話影像機」（Edison's Telephonoscope），它靈光一現的臆測，如果這位知名美國發明家成功結合電話和動態影像發射器的話，會是什麼景況。

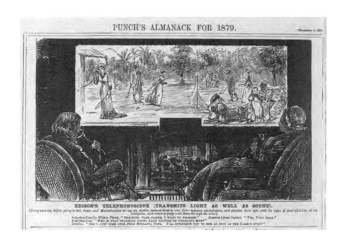

漫畫上的說明寫著：

〔每晚睡覺前，派特和老伴會在臥房壁爐台上架好一具電子投影暗箱（camera-obscura），開心的看著地球另一端孩子們的影像，並且透過電話線興高采烈的交談。〕

爸爸（在倫敦的威爾頓坊）：碧翠絲，靠過來一點，我要講悄悄話。

碧翠絲（在錫蘭）：好的，親愛的爸爸。

爸爸：查理身邊的那位迷人的年輕女士是誰呢？

碧翠絲：爸爸，她剛從英格蘭過來。等這一局打完，我會盡快介紹給您認識。

如果把這段維多利亞時代的英語翻譯成現代英文，然後稍微瞇起眼睛看，你會看到有錢的老爸老媽在用 FaceTime 跟參加夏令營的孩子通話。莫里耶的推想，就跟今天智慧型手機廣告商許下的承諾一模一樣：絕不錯過和朋友家人相處的時光；無拘無束的溝通；擁有通往世界任何角落的入口。

1890 年，未來學家暨諷刺作家艾伯特‧羅比達（Albert Robida）在他的插畫小說《二十世紀》（The Twentieth Century）裡，描述了另外一種電話影像機，既可以傳輸「對話和音樂」，也能「在一個透明圓盤上直接看到某個場所的清晰景象，如此一來，我們在巴黎也能目睹距離歐洲千里以外的地方發生的事情。」

我必須指出，這類想像很多帶有諷刺意味，他們認為電氣化的互聯世界充滿荒誕與錯亂，所以即便預言成真，也不盡然值得

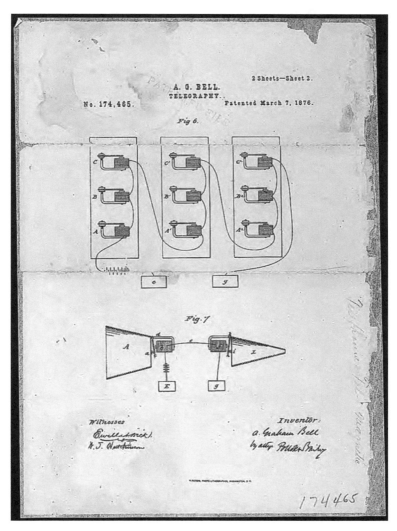

貝爾的聲名狼藉、「最有價值」的專利，於 1876 年申請通過。

本上就是早期的賈伯斯式主題演講。「貝爾在滔滔雄辯的狂想曲中，用文字彩繪出一幅通用電話的圖像。」卡森如此寫道。到了1910年，全美國人口九千兩百萬人，擁有電話七百萬具。「如今，大多數地方視電話為理所當然，彷彿它是這個星球自然現象的一部分。」從這具最早的電話出發，我們朝著隨時連網、隨時待命的境界，開始了一個世紀的漂流。

下一步就是砍掉電話線，把電話帶著走，而這個點子在二十世紀初就出現了。諷刺雜誌《噴趣》有先見之明，在〈1907年大預測〉（Forecasts for 1907）那一期刊出一幅漫畫，描繪行動通訊的未來：一對夫妻坐在草地上，各自面朝一方專心把玩手上的裝置。內文寫著：這兩個人互不溝通，女的在接收一則求愛訊

聞板」（Newspad）。「1960 年代末期，談到一種大小如 iPhone 或 iPad 的裝置，我認為首要主流代表就是《2001 太空漫遊》，」諾瓦克說：「看看《2001 太空漫遊》裡面的 Newspad，那就是 iPad 啊！」

約莫同時，艾倫・凱（Alan Kay）設計出第一台行動電腦「動力書」（Dynabook）：「把這個『隨身攜帶』的裝置與全球化資訊設施如 ARPA 網路[8] 或雙向有線電視結合起來，將把全世界的圖書館和學校（更別提還有商店和布告板）帶回家。」

接下來的半個世紀，電腦和手機各自在不同的軌道上發展，研究人員做出更小、更快、功能更多元的電話與電腦，直到最後，兩邊終於小到足以揉成一團。

第一個被明白包裝成「智慧型手機」的裝置是愛立信的 R380：一支有著標準外觀的手機，蓋子掀開後有一個用觸控筆操作的觸控螢幕。諾基亞（Nokia）也做出可以跑應用程式和播放音樂的手機。甚至還有一個真的叫做 iPhone 的手機在 1998 年推出，賣的公司叫做 InfoGear，把它宣傳成是一具三合一的「上網觸控電話」，可用來閱讀電子郵件、打電話和當成上網的終端機。

「沒有這些前輩，就不會有 iPhone，」加西亞說：「而且我還要再補充說明，如果這些 1990 年代的手持裝置，有哪一個成功的話，就不會有 iPhone 的出現，因為蘋果看不到什麼有待收割的土地了。」

---

8 譯注：ARPA，為美國高等研究計畫署（Advanced Research Projects Agency），此處指的是該單位所開發第一個進入維運的封包交換網路，也是網際網路的始祖。

變聰明

　　卡諾瓦領悟到了。然而回到 1993 年那時，他是滿懷焦慮的。

　　「我走到外面深呼吸一口氣，」他描述賽門機首度公開展示當天的情景。「我打電話回佛羅里達辦公室，說：『我們都安排好了，準備上場，』總部很緊張，還弄了一套備案，他們不知道我們是不是準備好了。」卡諾瓦回憶起這段過往，愈說愈激動。

　　「那時我站在會場外面，手機上有我的行事曆，而我可以跟某個人通話，讓他們看到我的行事曆，我們甚至做到他們可以發訊息給我，並且更新我的行事曆，從總部佛羅里達耶！就在那個時刻，哇，一切不同了。舞台上的不是你的 IBM 個人電腦，不是一台以 DOS 提示的典型桌上型電腦，也不是一支可以打語音電話的手機。它是一種人際互連的方式，這是重點所在。我站在 COMDEX 外面，有個喘息的機會，就在那一刻，我明白這東西即將改變世界。」

　　如果拍成好萊塢電影、做一場 TED 演講或寫一本企業管理暢銷書的話，這就是所有努力獲得回報的時刻。就在此時，這群人稱呼自己為賽門者們，完成了不可能的任務，即將推出一個改變世界的暢銷產品，放到世界各地的零售架上銷售。

　　不過，事與願違。

　　IBM 在 1994 到 1995 年的六個月上市期間，只售出五萬支賽門機，隨後便終止了該項產品。然而，當我告訴別人我要採訪第一個智慧型手機專利的擁有者時，普遍的反應是：他一定口袋滿滿。「哈！你可以看到，我沒有。」卡諾瓦邊說邊比比他的工

程師辦公室，雖不會寒酸，可是也談不上豪華。「總之擁有專利的是 IBM。我確實幾乎每年都會被叫去為先前專利（prior-art patent）做答辯，幫助公司展示很久以前的那些智慧型手機。」

賽門機沒能一飛沖天的原因有幾個。（換成商業用語，它重挫或失敗了，可是這是不當用詞，因為你很難聲稱 iPhone 某個居於重要地位的祖先失敗了。你不會說愛因斯坦的阿公自己沒有提出相對論，所以是失敗的。）有些原因很明顯：它太貴了，零售價要 895 美元。它龐大笨重，而且因為是在 Wi-Fi 大規模普及以前問世的，所以只能透過撥接來發送電子郵件。此外，不像 iPhone，它的媒體功能有限，不能播放高品質的影片或音樂，它的遊戲也很粗糙。

「而且說老實話，它醜死了。」卡諾瓦大笑著說。可是為了裝載硬體，不得不如此。就像卡諾瓦說的，一切都是時機問題。

想一想，賈伯斯是當代歷史中最為遠近馳名的企業家，而截至筆者行文此刻，卡諾瓦在維基百科上連一席之地都沒有。（當然，到本書出版之時，他本來非常可以、也可能已經被人用智慧型手機在維基百科寫上一筆了。9）跟我聊過的 iPhone 工程師，泰半沒有提到賽門機是主要影響；有些人甚至沒聽過它，而有些人則忘得一乾二淨。無可否認，這兩支機子有著一大堆重疊的功能與理念。也許是因為這些裝置的發明者，都是從技術概念與預測大眾文化走向的共同豐富歷史中提取靈感，所以有著極大的共通性。

---

9 譯注：英文版的維基百科上確實已經有卡諾瓦的專頁：https://en.wikipedia.org/wiki/Frank_J._Canova。

很難不讓人感覺賽門機就是蛹繭裡的 iPhone，只因黑色塑膠殼和現在看來滑稽的大小而變得黯然失色。重點不在於蘋果剝削了賽門機，而是智慧型手機的概念框架、人們對於行動電腦能拿來做什麼的想像，存在的時間比 iPhone 來得更久，甚至比賽門機還要久遠。

「就是這種一推一拉的概念，」諾瓦克說：「這裡有個 2012 年布萊恩·威廉斯（Brian Williams）[10] 對庫克的訪談。庫克手拿 iPhone 說：『這是《摩登家庭》（The Jetsons），我從小看這個節目長大，這就是《摩登家庭》。』當然不是。不過，它體現了他長大以後認為未來科技的模樣，我在那一年看完每一集的《摩登家庭》，裡面沒有一個裝置可以被推斷是 iPhone。不過，庫克的記憶是這樣認為的。所有未來的想像都是一種羅夏墨漬測驗（Rorschach test）[11]。」

智慧型手機就跟其他劃時代的技術一樣，建築在無數人的汗水、點子和靈感之上。技術進步是漸進式的、集體式的，而且是根深蒂固的，絕非隨興之舉。「走向 iPhone 的進化真的是一種多重宇宙，」加西亞說：「沒有什麼系列性的技術只會走向一個目的地；每一個創新都會帶來一連串的創新。」

形塑生活的科技鮮少會突然憑空蹦出來，它們是糾纏且變化萬端的漫漫長河之一部分，由大多不被看見的貢獻者所形成。從

---

[10] 譯注：威廉斯原為美國國家廣播公司（National Broadcasting Company, NBC）晚間新聞當家主播，2015 年因為被揭發新聞造假而遭調離主播台。

[11] 譯注：羅夏墨漬測驗由瑞士精神科醫生、精神病學家赫曼·羅夏（Hermann Rorschach）創立，用經過精心製作的墨跡圖去讓受試者建立起自己的想像世界，藉此顯露其個性特徵的一種人格測驗法。

尖端先進的此刻往回看，這條路已經走得很遠了。

＊　　　＊　　　＊

　　創意和突破最終融合成智慧型手機的故事，往過去延伸了一個世紀；而製造一台實實在在的智慧型手機所必備的基本材料，這原料的故事則橫跨了全球。既然我們在調查 iPhone 的早期源頭，不妨也來檢視這個實體物件的根本。

| 第二章 |

手機採礦史
挖出 iPhone 的核心要素

里科山（Cerro Rico）像一座滿是灰塵的巨大金字塔，高聳於玻利維亞的古老殖民城市波托西（Potosí）。當你上了通往城市大門的高速公路，遠遠的就能看見「富貴山」（rich hill），這座地標還有一個綽號：「食人山」（The Mountain That Eats Men）。為里科山帶來這兩個別名的礦坑，從十六世紀中期就開始運作了，那時初來乍到的西班牙人，徵召當地的克丘亞族（Quechua）印第安人來開採里科山。

食人山挹注資金給西班牙王朝達數百年之久。在十六世紀，世界上有六成的銀是從它的深處挖掘出來的。十七世紀的採礦潮，使波托西成為世界上最大的城市，有十六萬名原住民、非洲奴隸及西班牙殖民者住在此地，這座工業樞紐比當時的倫敦市還要龐大。有愈來愈多的人來到這裡，其中不少人被山給吞沒了，據說有四百到八百萬人死於坍塌、矽肺症（silicosis）、寒冷或飢餓。

「對資本主義和繼起的工業革命來說，今天里科山是第一座，恐怕也是最重要的一座山。」人類學家傑克‧魏澤福（Jack Weatherford）這麼寫道。事實上，「波托西是第一座資本主義城市，因為它供應資本主義的主要組成：金錢。波托西製造出來的

金錢，使這個世界的經濟面貌發生不可磨滅的變化。」南美洲的第一個鑄幣廠還佇立在市中心廣場上。

今天，里科山已經被挖空殆盡，地質學家說整座山可能會坍塌下來，使波托西跟著遭殃。然而，還是有大約一萬五千名礦工（其中有數千名兒童，有些甚至只有六歲大）在礦場工作，從愈來愈薄的牆壁裡挖鑿出錫、鉛、鋅和少許的銀。其中有一些錫，極有可能現在就在你的 iPhone 裡面。

＊　　　＊　　　＊

我們在礦坑下面待不到半小時。膽子大的人可以一探這座致命礦坑的內部，有生意頭腦的波托西人會充當導覽，帶你參觀里科山底下迷宮般的坑道與礦井。我的朋友暨同事（兼翻譯）傑森・科布勒（Jason Koebler）幫我們安排了這場冒險。導遊瑪麗亞（Maria）同時也是一名小學老師，她告訴我們只會參觀「安全」的地方。她說，沒錯，每年還是有很多人死在礦坑裡，不過最近兩個案例發生在上禮拜，是兩個年輕孩子喝醉酒迷路了，凍死在裡頭。我們大可不必擔心。當然了。

我們的計畫是戴上安全帽、防護斗篷和頭燈，下降到里科山內部大約 1.6 公里深的地方。瑪麗亞先帶我們到礦工市集去買古柯葉和濃度 96％ 的酒精飲品，當成禮物送給任何可能遇到的礦工，然後才驅車前往入口。爬到上面，太陽熱辣的直射下來，空氣卻很冷冽。從礦坑開口往外看，眼光越過一列生鏽的礦車，波托西市就在遠處綿延展開。

我很緊張。就算每個禮拜都有觀光客來此從事洞穴探險，就

算每天有小孩子在這裡工作，這個破破爛爛的礦坑隧道還是很嚇人。波托西是世界上海拔最高的大城市，而我們所在位置比城市還高，大約 4,600 公尺。空氣稀薄，我的呼吸短促。看著龜裂的木頭椿樑把狹窄漆黑的礦井撐住，裡面滿滿的硫磺味，我們即將走下去，但我一直有股往回走的衝動。

* * *

里科山的採礦作業是採分散式的，礦場名義上為玻利維亞的國營礦業公司科米波（Comibol）所擁有，可是礦工領的不是公家的錢，他們實質上是自由工作者，參加組織鬆散的合作社。礦工採集錫、銀、鋅和鉛礦石，賣給冶煉業者及加工業者，後者再轉賣給大宗物資買家。這種自由業模式，加上玻利維亞是南美洲最窮的國家之一，使得礦場的管制變得困難。

因為缺乏監督，據說里科山有多達三千名童工。在 2005 年，由聯合國兒童基金會（UNICEF）、國家統計局（National Institute of Statistics）及國際勞工組織（International Labor Organization）所做的聯合調查，發現有七千名童工在玻利維亞的波托西、奧魯羅（Oruro）、拉巴斯（La Paz）這幾座城市的礦場工作。而根據 2009 年出版的《童工面面觀：歷史與區域調查》（The World of Child Labor: An Historical and Regional Survey），遍及玻利維亞的採礦重鎮都能發現童工的蹤跡，包括瓦努尼（Huanuni）和安特克拉（Antequera）在內。這個國家因為有太多童工，以至於在 2014 年修改童工法令，允許十歲大的孩子能合法從事某些勞動，但不包含採礦在內，不管任何年齡的童工，

嚴格來說在礦場工作是違法的。然而，由於法令未落實加上合作社結構，讓童工很容易鑽漏洞。光是 2008 年，里科山就有六十名童工死於礦坑意外。

伊夫蘭‧莫尼尼（Ifran Manene）從十三歲開始就在這裡當礦工，現在則是一名嚮導。他的父親是一名礦工，一輩子都在里科山工作。莫尼尼為了幫助家計，從青少年時期便加入父親的行列，跟著他做了七年礦工。如今，莫尼尼的父親受矽肺症所苦，這是很多長年在礦場吸進矽塵及其他有害化學物質的人會受到折磨的一種肺病，也是里科山的全職礦工預期平均壽命只有四十歲的部分原因所在。

礦工是以他們從里科山的牆裡挖出多少可銷售的礦石數量計酬，而不是以工時計酬。日子好的時候，礦工每人可以賺到 50 美元，這在當地是一筆為數不小的金錢。如果他們沒能發現數量足夠的銀、錫、鉛或鋅，就一毛錢都沒有。他們把礦物賣給當地的加工業者，大部分礦石會被運送到城外工業規模等級的冶煉廠，只留下少量在當地冶煉。

銀和鋅以鐵路運送到智利；錫則是往北運到玻利維亞的國營冶煉廠 EM Vinto 公司，或是一間民營礦業公司 Operaciones Metalúrgicas S.A.（OMSA），並且從這裡開始，一路挺進蘋果的產品裡面。

「今天開採出來的錫礦，約有半數用來做成連接電子產品內部元件的焊錫。」彭博社（Bloomberg）在 2014 年如此報導。焊錫幾乎全部是用錫做成的。

我不免思索：在這一座世界上最大也最古老的持續營運礦場，

也是挹注資金給十六世紀最富有王朝的同一座礦場裡，男人和小孩揮舞著最原始的工具，他們所開採出來的金屬，結果進了今天最尖端的裝置裡面，而這個裝置也挹注資金給世界上最富有的企業。

＊　　　＊　　　＊

我們怎麼知道蘋果用了來自 EM Vinto 公司的錫？簡單，蘋果自己說的。

蘋果在對外公開的「供應商責任報告」（Supplier Responsibility reports）中，列出其供應鏈裡的冶煉廠，EM Vinto 和 OMSA 皆榜上有名。而我則透過多重來源（當地的礦工和產業分析師），確認波托西開採出來的錫，確實流向 EM Vinto。

陶德—法蘭克金融改革法案（Dodd-Frank financial-reform bill）有一個立法宗旨是防止企業使用來自剛果民主共和國的衝突礦產，拜一次模糊的修法之賜，上市公司必須揭露其產品中含有所謂 3TG 金屬（錫、鉭、鎢及黃金）的來源。

蘋果說它在 2010 年著手比對供應鏈。2014 年，該公司開始公布經其證實採用的冶煉廠，並努力將購買衝突礦產的冶煉廠，完全從供應鏈中除名。（截至 2016 年止，蘋果已經成為產業裡第一家讓供應鏈中所有冶煉廠均同意接受定期稽核的廠商。）

這可是一項壯舉。蘋果用了數十個第三方供應商來製造 iPhone 這類裝置的元件，而這些業者又各有自己的第三方供應商，供應更多的零件與原料，由此構成一張企業、組織與參與者的巨網，由蘋果直接購買並使用於產品裡的原料只占少數。很多製造智慧型手機、電腦或複雜機械的企業莫不如此，大多是仰賴

一個夾纏不清的第三方供應網絡來製造自己的東西。

　　這表示，幾乎每一塊大陸上都有成千上萬的礦工，在往往很嚴苛的環境中，挖掘出製造元件所需的原料，你的 iPhone 就是這樣開始的。

＊　　　＊　　　＊

　　到底是哪些原料呢？從最基本的層次來看，iPhone 實際上是由什麼所構成的？為了找出答案，我邀請一位經營 911 冶金家（911 Metallurgist）公司的採礦顧問大衛・米肖德（David Michaud），來幫我判定 iPhone 裡的化學成分。據我們所知，這是第一次有人做這種分析，做法如下。

　　我在 2016 年 6 月到曼哈頓第五大道上的蘋果旗艦店，買了一支全新的 iPhone 6 寄給米肖德。他把手機送去一間冶金實驗室進行以下的檢驗。

　　首先，他們為手機秤重，如蘋果所宣傳的 129 公克。接著，iPhone 被放進一台用來粉碎岩石的衝擊機裡面，在封閉的環境中，讓一個 55 公斤重的錘子從 1.1 公尺的高度直落而下。鋰離子電池（lithium-ion battery）著火，整個手機塊接著被回收並磨碎。「我很驚訝要毀壞這支手機會這麼困難。」米肖德說。然後便萃取原料並加以分析。

　　藉由這個過程，科學家得以判定 iPhone 的構成元素。

　　「裡面有 24% 的鋁，」米肖德說：「你可以看到外殼是鋁做的，但你想不到外殼占了整支機子重量的四分之一，鋁很輕，很便宜，454 公克 1 美元。」

　　這支 iPhone 有 3% 的鎢，一般來說都是在剛果開採的，用於震動器和螢幕電極上。電池的重要成分鈷也是剛果出產的。黃金是手機體內最有價值的金屬，但數量不多。

　　「裡面沒有發覺任何數量較多的貴金屬，也許有個 1 或 2 美元吧！」米肖德說：「鎳 454 公克要價 9 美元，而這裡面有 2 公克。」鎳是用在 iPhone 的麥克風上。

　　這支 iPhone 裡的砷比任何其他貴金屬還多，大約有 0.6 公克，不過濃度低到不足以產生毒性。鎵的數量多到令人訝異，「這是唯一在室溫下會變成液態的金屬，」米肖德說：「它是一種副產品，你必須透過開採煤礦才能得到鎵。」鉛的數量之高倒不會令人意外，「這個世界非常努力地想要擺脫鉛，可是很難做到。」

　　氧、氫和碳，則與遍及機身所使用的不同合金有關。比方說，氧化銦錫（indium tin oxide）被用來當成觸控螢幕的導體，外殼裡發現有氧化鋁，而二氧化矽則被用在 iPhone 的大腦微晶片上，砷和鎵也是在這裡發現的。

　　矽占了手機的 6%，用在裡面的微晶片上。電池是由鋰、鈷和鋁所構成，所含的比重比矽多了許多。

　　每一支 iPhone 體內還鎖著一些元素，因為占整支手機的比重太小，所以沒有出現在分析裡。除了像銀這類貴金屬之外，還有一些已知為稀土金屬的關鍵元素，如釔（yttrium）、釹（neodymium）和鈰（cerium）。

　　所有這些元素，無分貴賤充足與否，在被混為合金、鑄成化合物或熔成塑膠，用來製造 iPhone 以前，都必須從土裡把它們挖掘出來。蘋果公司並未公開他們的非衝突礦物來自何方，不

過，過去幾年來，有很多來源已經被報導出來，以下舉幾個例子，
說明 iPhone 體內的關鍵元素是如何開採的。

iPhone 6，16 GB 款

元素	化學符號	iPhone 重量占比	用於 iPhone 的公克數	每公克平均成本	用於 iPhone 的元素價值
鋁 Aluminum	Al	24.14	31.14	$0.0018	$0.055
砷 Arsenic	As	0.00	0.01	$0.0022	$-
黃金 Gold	Au	0.01	0.014	$40.00	$0.56
鉍 Bismuth	Bi	0.02	0.02	$0.0110	$0.0002
碳 Carbon	C	15.39	19.85	$0.0022	$-
鈣 Calcium	Ca	0.34	0.44	$0.0044	$0.002
氯 Chlorine	Cl	0.01	0.01	$0.0011	$-
鈷 Cobalt	Co	5.11	6.59	$0.0396	$0.261
鉻 Chrome	Cr	3.83	4.94	$0.0020	$0.010
銅 Copper	Cu	6.08	7.84	$0.0059	$0.047
鐵 Iron	Fe	14.44	18.63	$0.0001	$0.002
鎵 Gallium	Ga	0.01	0.01	$0.3304	$0.003
氫 Hydrogen	H	4.28	5.52	$-	$-
鉀 Potassium	K	0.25	0.33	$0.0003	$-

iPhone 6，16 GB 款（續）

元素	化學符號	iPhone 重量占比	用於 iPhone 的公克數	每公克平均成本	用於 iPhone 的元素價值
鋰 Lithium	Li	0.67	0.87	$0.0198	$0.017
鎂 Magnesium	Mg	0.51	0.65	$0.0099	$0.006
錳 Manganese	Mn	0.23	0.29	$0.0077	$0.002
鉬 Molybdenum	Mo	0.02	0.02	$0.0176	$0.000
鎳 Nickel	Ni	2.10	2.72	$0.0099	$0.027
氧 Oxygen	O	14.50	18.71	$-	$-
磷 Phosphorus	P	0.03	0.03	$0.0001	$-
鉛 Lead	Pb	0.03	0.04	$0.0020	$-
硫 Sulfur	S	0.34	0.44	$0.0001	$-
矽 Silicon	Si	6.31	8.14	$0.0001	$0.001
錫 Tin	Sn	0.51	0.66	$0.0198	$0.013
鉭 Tantalum	Ta	0.02	0.02	$0.1322	$0.003
鈦 Titanium	Ti	0.23	0.30	$0.0198	$0.006
鎢 Tungsten	W	0.02	0.02	$0.2203	$0.004
釩 Vanadium	V	0.03	0.04	$0.0991	$0.004
鋅 Zinc	Zn	0.54	0.69	$0.0028	$0.002
	合計	100%	129 公克		$1.03

鋁——鋁是地球上最豐饒的金屬。因為要做成陽極氧化外殼的關係，它也是你的 iPhone 裡含量最豐的金屬。鋁來自鋁土礦，通常是露天開採而來，這是一種會破壞天然地貌、危及自然棲地的作業方式。製造 1 公噸的鋁需要用到 4 公噸的鋁土礦，而且會產生大量廢棄物。煉鋁廠吞食掉這個星球整整 3.5％的電力，在過程中，它們所釋放的溫室氣體所造成的效應，是二氧化碳的九千兩百倍。

鈷——iPhone 裡面的鈷大部分存在於鋰離子電池內，而且它來自剛果民主共和國。2016 年，《華盛頓郵報》（Washington Post）發現，剛果鈷礦場的礦工，拿著手持工具在小型礦坑裡夜以繼日的工作。他們很少穿戴防護裝備，礦場幾乎完全不受管制，童工也在裡面幹苦活。調查發現：「死亡和受傷是家常便飯。」

鉭——約在蘋果宣布其獲得上市公司史上最大的企業利潤之時，也證實了它的鉭供應商並沒有採用衝突礦產。長期以來，大部分的鉭都是來自剛果，當地的叛軍與武裝部隊強迫兒童與奴隸在礦場工作，並且拿採礦的利潤支持他們的暴力行動。大規模強暴、兒童兵、種族滅絕，向來都是靠著 3TG 礦物提供資金來源。

稀土金屬

　　iPhone 有上百個元件需要用到一套稀土金屬（譬如鈰，是用在一種拋光觸控面板，並且為玻璃著色的溶劑裡；而釹，則是用來製造小型強力磁鐵，很多消費電子零件都會看到它的身影），

開採這些元素是一種複雜、有時會有毒性的活動。

　　大多數稀土金屬來自一個地方：中國大陸北方的半自治區內蒙古。在該處，採礦帶來的副作用已經創造出一座極其灰暗且充滿有毒廢棄物的湖，被英國廣播公司稱為「地球上最惡劣的地方」。「我們對 iPhone、平板電視之類的貪求，創造出這座湖。」英國廣播公司調查員提姆・莫戈罕（Tim Maughan）是少數幾個親眼看過那座湖的記者，他這麼告訴我。

　　稀土的稀有，並非如我們一般對這個用詞的理解。它們並不稀少，只是礦工必須挖出非常大量的土，才能得到微量的金屬，譬如釹，在開採時是一個能源密集且資源密集的過程，而且會產生龐大的廢棄物。蘋果就跟別人一樣把作業外包給中國，主要是因為這個國家沒有別的國家會有的環境法規。英國廣播公司的調查揭露，這座湖不但有毒，而且有放射性，從湖床採集到的泥土，檢驗發現其放射性比背景輻射還要高出三倍。

錫──印尼的邦加島（Bangka Island）是蘋果名單上大約半數煉錫廠的大本營，這恐怕是因為如《彭博商業周刊》（Bloomberg BusinessWeek）的報導所指出的，他們的製造夥伴採購此處生產的錫。邦加島的礦場既混亂又致命，礦工成群結隊來到數千個小型礦坑工作，用十字鍬或徒手從土裡挖出錫礦。這些礦坑每座有 4.6 到 12.2 公尺深，其中許多是違法的。

　　礦場老闆經常使用拖拉機來挖鑿礦坑，形成陡直又不穩定的土牆，很容易坍塌壓住礦工，2014 年的死亡率是一個禮

拜死一名礦工。經彭博報導之後，蘋果派了一名代表到印尼，保證會跟當地的團體及環保組織合作，只不過產生了什麼樣的效應，是完全不清楚的。

*　　*　　*

米肖德鑽研數字，估算出製作一支 iPhone 需要多少礦石。根據世界各地礦業所提供的數據，他判定約需開採 34 公斤（75 磅）的礦石，才能製造出構成一台 129 公克 iPhone 所需的金屬。整支手機的原料價值大約 1 美元，其中有 56％來自內部的微量黃金。同時，92％開採出來的礦石所提煉的金屬，僅占手機重量的 5％。換句話說，要耗費很大的工夫去開採並且精煉，才能得到 iPhone 裡一小撮相對稀少的微量元素。

截至 2016 年為止已經售出十億支 iPhone，換算下來是 340 億公斤（3,700 萬公噸）的礦石。那可是搬動了很多的礦石，而且留下了印記。為了提取金屬，每加工 1 公噸礦石，需要用到大約 3 公噸的水。米肖德告訴我，這表示每一支 iPhone「汙染」了大約 100 公升（或 26 加崙）的水。製造十億支 iPhone 則已經髒汙了 1,000 億公升（或 260 億加侖）的水。

尤有甚者，米肖德說，從 1 公噸礦石裡提煉黃金，一般來說大約需要 1,136 公克（2.5 磅）的氰化物，這個化學物是用來把貴金屬從岩石裡溶解並分離出來。由於製造一支 iPhone 所開採的 34 公斤礦石中，有高達 18 公斤是為了黃金之故，所以需要用到 20.5 公克的氰化物來釋放足夠製造一支 iPhone 的黃金。

因此，根據米肖德的計算，依照產業的平均值來看，製造一

　　不過，史都奇才是第一個發明合成玻璃陶瓷的人。康寧隨後把它稱為微晶玻璃（Pyroceram）。這個材質很輕，比鋼還硬，而且比一般的玻璃堅固太多了。康寧把它賣給軍方，用來做飛彈的彈頭錐。不過，等到康寧發現它結合另一個正在興起的技術（微波爐）能產生加乘效果後，才真正的大發利市。康寧的餐具產品（康寧鍋）用在這個有未來感的食物烹煮機裡效果很好，產品賣到嚇嚇叫。

　　根據一則有名的公司傳聞，在 1950 年代末期，康寧的總裁比爾・戴克（Bill Decker）跟公司的研發長威廉・阿米斯特德（William Armistead）聊到：「玻璃會破，何不解決這個問題？」

　　康寧鍋不會破，可是它不透明。有鑑於這個材料的成功，公司把研發預算加倍，還因此發起一個名稱雄偉的計畫，叫做「肌肉專案」（Project Muscle），目標是創造出更堅固的透明玻璃。研究團隊調查當時已知各種強化玻璃的做法，大多落入兩類：其一是古老的回火技術（tempering），也就是用高溫來強化玻璃；還有一個比較新的做法是分層型玻璃，暴露在高溫下會有不同的膨脹速度。研究人員希望，那些不同層疊的玻璃冷卻後，能夠壓縮並且強化完成品。「肌肉專案」的實驗結合回火技術與分層技術，在 1960 年及 1961 年火力全開，很快就得到一個新的、超強固、防碎性極佳而且防刮的玻璃。

　　「公司的科學家在調整一種剛開發出來的強化玻璃法，把玻璃浸泡在一缸熱鉀鹽溶液裡，結果出現突破性進展，」記者布萊恩・加德納（Bryan Gardiner）曾在 2012 年研究康寧跟蘋果的關係，他解釋說：「他們發現，把氧化鋁加入特定玻璃成分裡，然

後才去浸泡，可以產生極大的強度和耐久性。」

　　這種精巧的化學強化過程，靠的是一種叫做離子交換（ion exchange）的新方法。首先，把大部分玻璃的核心成分玻璃砂跟化學物混合，產生一種高鈉矽酸鋁玻璃（sodium-heavy aluminosilicate）。然後，將這玻璃浸泡在鉀鹽裡，並加熱至攝氏400度（華氏752度）。根據康寧的說法，由於鉀離子比原本混合物裡的鈉離子重，「大的離子被『填進』玻璃表面，形成一種擠壓狀態。」他們把新種玻璃叫做 Chemcor，比普通玻璃堅固非常多。而且你還可以一眼看穿它。

　　Chemcor 玻璃比一般玻璃堅固十五倍。據說，它可以承受的壓力高達每平方公尺 7.03 萬公噸。當然，研究人員必須確認此事，他們從研究中心的屋頂上，把 Chemcor 玻璃做成的杯子往下拋到一塊鋼板上。沒有破。因此，他們更進一步實驗，把冷凍雞肉拋到新玻璃做的薄板上。幸運的是，Chemcor 證明也能防冷凍家禽。

　　到了 1962 年，康寧認為 Chemcor 玻璃已成氣候，可是卻沒有推銷它的點子，或者說，是點子太多了。因此，康寧在曼哈頓市中心辦了一場記者會公開這項產品，讓市場自己上門。他們猛撞它、彎折它、扭曲它，可是都弄不破。這項特技表演造成極佳的公關效應，有關玻璃的詢問如雪片般飛來。貝爾電話公司（Bell Telephone）考慮用 Chemcor 來防止電話亭被惡意破壞。眼鏡製造商也來看了。康寧自己也為產品的潛在用途開發出大約七十種構想，包括監獄用的防固窗。當然，防碎擋風玻璃也包含在構想內。

　　不過，就跟貝納狄托斯的境遇一樣，興趣者眾，採納者少。那時汽車製造商用的是法國開發的夾層技術，Chemcor 玻璃單純就是太堅固了。當汽車製造商安排撞擊測試，呃，「頭顱撞上玻璃後無法完好如初。」加德納說。人如果要在汽車事故中存活下來的話，擋風玻璃必須破掉才行。最後，美國汽車公司的經典車款「標槍」（Javelin）有些用了 Chemcor 玻璃，可是不久便停產。

　　到了 1969 年，投資在該項產品上的金額已達 4,200 萬美元，而 Chemcor 玻璃也準備就緒，要來鞏固這個世界的窗格。可是市場已經說話，沒有人真的想要超級堅固、所費不貲的玻璃。它太貴、太獨特了。Chemcor 玻璃和肌肉專案在 1971 年被宣告放棄。

＊　　＊　　＊

　　三十五年後，2006 年的 9 月，也就是賈伯斯準備把 iPhone 公諸於世的幾個月前，他氣呼呼地現身蘋果總部。

　　「看看這個，」他拿著一支 iPhone 原型機，塑膠顯示板上滿滿都是刮痕，這是跟鑰匙一起放在口袋裡的下場。他對著一位中階主管說：「看看這個，螢幕上的是什麼？」

　　「賈伯斯，」該名主管說：「我們有玻璃面板的原型機，可是它沒有百分之百通過一百次的 1 公尺跌落測試。」

　　賈伯斯打斷他：「我只想知道你們能不能把這鬼東西搞定？」

　　若要捕捉極端賈伯斯作風的印象，那一場交流是很顯眼沒錯，不過，它卻有著盤根錯節的影響。

　　「我們在最後一刻從塑膠切換到玻璃，打了一記曲球。」最早的 iPhone 工程團隊主管法戴爾笑著告訴我：「太多這種事情

了。」

原本的計畫是用搭載一塊硬塑膠玻璃顯示板的 iPhone 來出貨，就跟蘋果已經用在 iPod 上的一樣。不過賈伯斯一百八十度大轉彎，只留給 iPhone 團隊不到一年時間，去找到能通過跌落測試的替代品。問題是，市面上沒有適合的消費型玻璃，大多不是太脆弱、太易碎，不然就是太厚、不夠性感。因此，蘋果的第一步是嘗試自己做強化玻璃。它努力多久或者做得有多認真的紀錄已不可考，在 2000 年代中期，蘋果並不真的有大規模的材料科學部門。不過，蘋果放棄了這個努力。

賈伯斯有個朋友建議他去找一個叫做魏文德（Wendell Weeks）的人，他是康寧的紐約公司執行長。自從發明可微波的陶瓷之後，這麼久以來，康寧仍持續不斷的創新（除了微晶玻璃），它的研究人員在 1970 年還發明了低耗損光纖，對網際網路的連接有所助益。2005 年，正當刀鋒機（Razr）[1] 這類時尚翻蓋手機大行其道之時，康寧也回頭擁抱被打入冷宮的 Chemcor 計畫，看看是否有辦法做出手機用的玻璃，堅固、便宜又耐刮。他們為該計畫取的代號為「大猩猩玻璃」（Gorilla Glass），乃是以這個指標性靈長類動物「強韌又美麗」的特質來命名。

因此，當蘋果公司的老大到紐約上州總部造訪康寧公司的老大時，魏文德手上已有一個半世紀前的研究工作，最近才復活，並如火如荼進行中。賈伯斯告訴魏文德他們在找什麼東西，而魏文德則告訴賈伯斯大猩猩玻璃的事。

---

[1] 譯注：刀鋒機為摩托羅拉公司所製造的一款翻蓋手機，擁有優雅的金屬外觀與超薄機身，為該公司打下大片江山。

　　這個如今家喻戶曉的交流，在華特・艾薩克森（Walter Isaacson）的自傳作品《賈伯斯傳》（Steve Jobs）中有完整記述：賈伯斯告訴魏文德，他懷疑大猩猩玻璃是否夠好，並且開始對著美國最頂尖的玻璃公司執行長，解釋起玻璃是怎麼做的。「你可以閉嘴嗎？」魏文德打斷他：「我來教你一點科學吧！」賈伯斯在驚愕之餘陷入沉默。此時魏文德走向白板，描繪他的玻璃優越之處。賈伯斯被說服了，並恢復他的賈伯斯式天賦，要康寧在短短幾個月內做出盡量多的玻璃。

　　「我們沒有產能，」魏文德說：「我們沒有一間工廠現在在做這種玻璃。」他抗議說要及時完成大單是不可能的事情。

　　「別害怕，」賈伯斯說：「用心搞定這件事情，你做得到。」根據艾薩克森所寫，魏文德回憶此事時，一臉驚訝地搖了搖頭。「我們在半年內做到了，」他說：「我們製造出前所未有的玻璃。」

　　康寧公司在五十年前便已做出原型，但從未大量生產此種材料。就在幾年內，它已經涵蓋了市面上幾乎每一種智慧型手機。

　　大猩猩玻璃是採用一種稱為下拉式熔融（fusion draw）的製程，一如康寧公司所解釋的：「融化後的玻璃被倒入一個叫做『隔熱管』（isopipe）的槽中，直到玻璃從兩側平均溢流下來。接著，玻璃會在凹槽底部重新匯流或融合，從此處被往下拉，形成連續不斷的薄片玻璃，薄到能以微米衡量。」它大約是一片鋁箔紙的厚度。接著，機器手臂協助緩和溢流，玻璃被移入鉀槽進行離子交換，賦予強度。

　　康寧的大猩猩玻璃是在肯塔基州哈洛茲堡（Harrodsburg）（人口八千人）的一間工廠鍛造的，工廠聘用了數百名工會員工

及大約一百名工程師。

「像康寧這種重量級公司來到這裡，是為了聘用在農場長大的人，」一個當地農夫扎克・易普森（Zach Ipson）在 2013 年這麼告訴全國公共廣播電台：「他們知道怎麼做事。」就在以富產菸葉聞名的田園城鎮外圍，有一座尖端先進的玻璃工廠，在鍛造世界級暢銷裝置裡的一個關鍵元件，這也是少數幾個在美國本土製造的零組件。「當我跟人家說我住在哪裡、在哪工作的時候，他們很驚訝我們在以波本酒、馬匹和農田知名的牧草區裡，有這樣一座高科技製造設施。」工程師肖恩・馬坎（Shawn Marcum）說。

大猩猩玻璃現在是消費電子產業裡最重要的材料之一，它覆蓋在我們的手機和平板上，可能很快就會涵蓋萬事萬物。康寧有個遠大計畫，它推想智慧型螢幕（當然是用大猩猩玻璃做成的），將涵蓋日漸普及的智慧家庭每一個面向。Chemcor 玻璃最初在市場失敗五十年後，大猩猩玻璃說不定終能攻克汽車擋風玻璃。

拿下蘋果的合約，有助於康寧公司的繁榮茁壯，不只是因為 iPhone 本身證明大受歡迎。繼 iPhone 成功之後，紛紛加入智慧型手機戰局的三星、摩托羅拉、LG 等，幾乎每家手機製造商也都轉向康寧採購。

iPhone 有助於喚醒這項技術，不過，肌肉專案早就已經在那兒了，在一間關閉的研究實驗室裡數十年，等著為現代世界防刮。

一個日漸在觸控螢幕上運作的世界。

| 第四章 |

多點觸控
iPhone 是怎樣變好用的

　　世界上最大的粒子物理實驗室蔓延分布在法國與瑞士邊界，看起來像一座草草開發出來的郊區城鎮。由迷宮般的辦公園區和刻板的大樓群，構成歐洲核子研究組織（CERN），其規模之大令人難以招架，即便在此工作的人也如此認為。

　　「我還是會迷路。」一位 CERN 知識轉移團隊的法律專家大衛‧馬祖爾（David Mazur）這麼說，他是當天我們這群不合時宜的參觀團一員，另外還有我、一位 CERN 發言人及一個叫做班特‧史坦普（Bent Stumpe）的工程師。我們走在一條又一條無止無盡的走廊之間，轉錯兩個彎。「大樓的編號沒有邏輯。」馬祖爾說。我們人在一號大樓，可是隔壁那棟建築物是五十號大樓。「所以才終於有人替 iPhone 做了一個 app 幫大家找路。我一天到晚都在用。」

　　CERN 最有名的就是大型強子對撞機（Large Hadron Collider），那是一種粒子加速器，在建築物下方約 27.4 公里長的地底環形隧道中運作。科學家就是在這座設施裡發現有上帝粒子之稱的希格斯玻色子（Higgs boson）。幾十年來，CERN 已經成為二十多個國家協同合作的東道主，也是超越地緣政治緊張氣氛，促進合作研究的避風港。我們對宇宙本質的認識，都是在這裡得到重大

進展，而在比較世俗的領域如工程及計算機的重大進步，則幾乎可說是它的副產品。

我們拖著腳步上下樓梯，跟學生及學者們點頭打招呼，痴痴的盯著諾貝爾物理獎得主看。在一個樓梯間，我們與高齡九十五歲的傑克‧史坦伯格（Jack Steinberger）錯身而過，他在 1988 年因為發現 μ 微中子而得到諾貝爾獎。馬祖爾說他經常來訪。我們愉快的迷路，尋找被歷史普遍遺忘的某個技術發源地，那是一個在 1970 年代初期打造出來的觸控螢幕，根據發明的人說，它有能力做多點觸控。

當然，多點觸控就是蘋果 ENRI 小組在設法重寫與電腦溝通的語言時，所抓到的東西。

「我們發明了一種很了不起的技術，叫做多點觸控。」賈伯斯在發表 iPhone 的演講中如此宣稱：「它好像變魔術，你不需要用到觸控筆，它比市面上看到的任何觸控螢幕還要準確。它會略過無意的碰觸，超級聰明。你可以在上面做多隻指頭的手勢，而且，天吶！我們已經取得專利。」群眾陷入瘋狂。

可是，那有可能是真的嗎？

賈伯斯如此積極的想要主張多點觸控的所有權，原因甚是明顯：它為 iPhone 開創出一個有別於競爭者的世界。可是，如果你對多點觸控的定義，是一個有能力偵測到至少兩個或更多個同時觸碰的表面的話，早在 iPhone 首次亮相的幾十年前，這門技術已經以各種形式存在了。不過，它的歷史仍然大多曖昧不明，它的創新者也為人遺忘或不為人知。

這帶我們找到了史坦普，這位丹麥工程師在 1970 年代做了

一位住在康乃狄克州的年輕義大利移民費德烈・吉奧（Frederick Ghio）所發明。它基本上就是把一台打字機攤平成一塊平板大小的網格，使上面所有的按鍵都可以連接到一套觸控系統，很像智慧型手機裡那個鍵盤的類比版本，可以依據字母、數字與輸入來自動傳輸訊息。這個觸碰拍發式的電報系統基本上是一種即時通訊原型的前身，這表示打從一開始，觸控螢幕便已經與電信緊密交織在一起，而沒有電梯的話，它也不會被構想出來。

英國飛航管制人員確實採用了強森的觸控螢幕，而且他的系統一直被使用到 1990 年代。不過，電容式觸控系統很快就被電阻式觸控系統所取代，發明者是一組由美國原子科學家山謬・赫斯特（G. Samuel Hurst）所領軍的團隊，目的是為了拿來做研究追蹤。按壓式的電子觸控比較便宜，可是不正確、不準確，而且用起來往往讓人很洩氣，害得觸控技術聲名狼藉了二十年。

* * *

回到 CERN，我被領著通過一個擠滿人的開放式大廳，那裡正在進行某種研討會，到處都是科學家。我們進入一間制式會議室，史坦普拿出一個厚重的資料夾，然後又一個，接著是一個 1970 年代的觸控螢幕實體原型。

史坦普是來證明他的技術最後被用在 iPhone 上面，馬祖爾則是來確保我沒有把它當成 CERN 的官方立場，當我開始了解到這一點，氣氛突然變得有點緊張。當史坦普開始告訴我，他是怎麼做出多點觸控的故事時，他們會在細節上「禮貌的」爭執起來。

史坦普 1938 年誕生於哥本哈根。高中畢業後，他加入丹麥

空軍，在軍中學習無線電與雷達工程學。退伍之後，他到一家電視製造廠的開發實驗室工作，為未來的產品弄些新的顯示技術與原型機。1961年，他在CERN找到一份工作。當CERN要把它的第一代粒子加速器PS（質子同步器）升級為超級PS（SPS）時，需要一個方法去操控這台龐大的新機器。PS的規模夠小，所以每一台用來設定控制項的設備都可以個別操作。可是，PS的周長大約有0.54公里，而SPS則預定有7公里長。

「用實體線路把設備直接連結到控制室的老方法，並不具有經濟可行性。」史坦普這麼說。他的同事法蘭克・貝克（Frank Beck）被指派為新的加速器建立一套控制系統，貝克知道了觸控螢幕這個剛萌芽的技術領域，認為可能可以用在SPS上，所以去找了史坦普，問他是否能想到什麼點子。

「我記得1960年我在電視實驗室工作時，做過一項試驗，」史坦普說：「我觀察到女作業員們花時間製作小小的線圈，之後放在電視的印刷電路板上，我想到也許有可能把這些線圈直接打在印刷電路板上，結果就能省下不少成本。」他覺得這個概念可以再次奏效。「我想，如果你可以打印線圈，現在你也可以用極細的線，把電容器打在一個透明基底上（例如玻璃），然後將電容器併入組成電子電路的一部分，使它可以在手指觸碰玻璃螢幕的時候，偵測到電容量的變化。要說iPhone的觸控技術可回溯到1960年，也算是實話。」

他在1972年3月的一份手寫筆記中，概略描繪了帶有固定數量可程式化按鈕的電容式觸控螢幕的提議。貝克和史坦普共同草擬一份提案，呈交給CERN一個更大的團隊看。1972年底，

他們公布了以觸控螢幕和迷你電腦為中心的新系統設計。「根據先前的決策去呈現後續選項，觸控螢幕靠著這一點，便有可能讓單一操作人員只用幾個按鈕就可以存取一張龐大的控制項查找表。」史坦普如此寫道。

CERN 同意提案。SPS 還沒有建造，可是工作必須先展開，於是行政人員把他安排到所謂的「挪威軍營」：一間矗立在大草坪上的臨時工坊，整個大約有 20 平方公尺大。有了概念在手，史坦普從 CERN 拿到可觀的資源去打造原型機。另外有位同事專精於一種叫做離子濺鍍（ion sputtering）的新技術，使他可以把一層銅沉積在可彎曲的透明塑膠板上。「我們一起做出第一個基本材料，」史坦普說：「那次實驗結果產生了第一個鑲嵌在透明平面上的透明觸控電容器。」

當 1976 年 SPS 上線運轉時，他的十六個按鈕的觸控螢幕控制板也開始運作。他並沒有因此停止開發，最後設計出一個升級版，可沿著以 x 軸及 y 軸配置的線路，更精準地偵測到觸碰，使這個螢幕能做到更接近我們今日所知的當代多點觸控。他說，SPS 控制板可以做多點觸控，偵測到高達十六個同時壓印。可是因為沒有需要的關係，程式設計人員從來不曾運用過這個潛能，這也是他的下一代觸控螢幕沒能建造起來的原因。

「現在的 iPhone，用的是 1977 年這裡這份報告所提出來的觸控技術。」史坦普指著一份文件說。他打造出可運作的原型機，卻未能擴大機構的支持，挹注資金。「CERN 和氣的告訴我第一代螢幕運作得很好，我們何必花錢研究另外一個？於是我就沒有再推動下去。」不過，他說，幾十年後，「當業界需要把觸控螢幕放到手

機上的時候，大家當然會去瀏覽舊技術，然後想，這會不會是一個機會？產業立足於過去的經驗，打造出今天的 iPhone 技術。」

＊　　　＊　　　＊

所以，觸控技術已經被開發用來操控音樂、空中交通和粒子加速器。可是，第一個基於「觸控」的電腦雖被大規模應用，卻根本沒有部署正規的觸控螢幕，然而，它們在推廣掌上運算（hands-on computing）的觀念上，卻扮演著舉足輕重的角色。製造超級電腦的康大資訊公司（Control Data Corporation, CDC）執行長威廉·諾里斯（William Norris）擁抱了碰觸螢幕的想法，因為他相信這是數位教育的關鍵所在。

巴克斯頓稱呼諾里斯為：「這個令人驚奇的遠見家，永遠讓人想不到他來自 1970 年代，只要想想那個時候的電腦是什麼模樣。」換言之，他講的是當時研究用與商業用的終端機。「在CDC，他看到了觸控螢幕的潛力。」經過 1967 年的底特律暴動（Detroit riot）[4] 之後，諾里斯有所體悟，誓言要以自己的公司和技術作為推動社會平等的引擎。這表示他會在經濟蕭條的區域蓋工廠，提供工人的小孩日間照顧，提供輔導，也提供工作機會給長期失業的人。他還要想辦法讓更多人能接觸到電腦，運用科技來輔助教育。柏拉圖系統（PLATO）正好符合所需。

自動教學用程式控制邏輯系統（Programmed Logic for Automatic Teaching Operations, PLATO）是 1960 年首度開發出來的一種教

---

4 譯注：1967 年底特律暴動的導火線是白人警察在無照酒吧逮捕大批黑人，後來演變成持續五天的激烈衝突，為史上罕見大規模的暴動事件。

育與訓練系統，它的終端機會散發出電漿顯示器的特殊橘色光芒。到了 1964 年，它系統已經有一個「觸控」螢幕和設計用來提供數位教育課程的可編程精巧介面。它的螢幕並不能感應觸碰，而是靠著鑲嵌在螢幕四邊的光感測器，使光束可以覆蓋整個表面。因此，當你碰觸到某個點，對網格上的光束形成干擾，就能告訴電腦你的手指所在位置。諾里斯認為這個系統就是未來。簡單、基於觸碰的*互動*，與單純、互動式的*操控*，意味著可以把課程播送給任何能接觸到終端機的人。

「諾里斯把柏拉圖系統商業化，不過他把這些東西引進全國各地的教室，從幼兒園到高中。並非每一間學校都有，但是他正在把電腦帶進教室，比麥金塔電腦問世早了十五年以上，而且是有觸控螢幕的。」巴克斯頓這麼說，還把諾里斯的遠見特質和賈伯斯比較了一番。「不僅如此，這個傢伙還寫了這些有關電腦將如何革新教育的宣言，非常不可思議！他真的說話算話，用了一種大企業過去幾乎不會採取的做法。」

據報諾里斯砸下 9 億美元在柏拉圖系統上，而且花了將近二十年，這個計畫才開始露出薄利的曙光。然而，柏拉圖系統已經迎來一個生氣勃勃的早期線上社群，類似即將到來的全球資訊網。它擁有令人自豪的留言板、多媒體和數位報紙，所有這些都可以透過「觸碰」電漿顯示器來操控。而且，它廣為散播一種可觸碰式電腦的觀念。諾里斯持續行銷、推動並頌揚柏拉圖系統，直到 1984 年 CDC 公司的財務收益開始陷入停滯，董事會催促他下台為止。不過，柏拉圖系統有諾里斯在背後撐腰，已經散布到全國（尤其是中西部）甚至海外的大學院校和教室裡。儘管柏拉

圖系統沒有真正的觸控螢幕，但掌上運算應該做到簡單直覺的觀念，已經隨著它而流傳四方。

第四代柏拉圖系統被持續使用到 2006 年，最後一套系統在諾里斯辭世後一個月關閉。

＊　　＊　　＊

有句諺語說，開路但不擋路的科技才是最好的科技，不過，多點觸控就是要把這條路本身琢磨得更好，將思想、衝動與點子轉譯成電腦指令的做法改進。整個 1980 年代到進入 1990 年代，觸控技術持續進步，主要發生在學術、研究與產業領域裡。摩托羅拉做了一台沒能成功的觸控螢幕電腦；HP 也是。人機介面的實驗愈來愈普及，而實驗性的裝置如巴克斯頓在多倫多大學所做的平板，其多點觸控功能也變得愈來愈流暢、準確與靈敏。

不過，它讓一個在這項科技上有切身利害關係的工程師（一個深受手傷宿疾所苦的人），打造出一種最後成為主流的多點觸控方法，更別說因為一兩次的機運，讓這個方法登堂入室，進入世界上最大的科技公司。

＊　　＊　　＊

一個德拉瓦大學的電機工程研究生韋恩・韋斯特曼，在他的 1999 年博士論文〈在多點觸控平面上的手勢追蹤、手指辨識與和弦式操作〉（Hand Tracking, Finger Identification, and Chordic Manipulation on a Multi-Touch Surface）中，寫了一段獻詞。

將這本手稿獻給：

我的母親貝西

她運用多種聰明的方法，教導自己對抗慢性疼痛，也教導我這麼做。

韋斯特曼的母親受慢性背痛所苦，大部分時間不得不臥床。可是她並沒有那麼容易灰心喪志。例如，她為了幫家人準備晚餐，會把馬鈴薯帶到床上，躺著削皮，然後起身把它們放到滾水裡煮。身為美國大學婦女協會的主席，她會躺在起居室主持會議。她很勤勉，會想辦法避開病痛。她的兒子也是如此。若沒有韋斯特曼及貝西（Bessie）在面對慢性疼痛時，表現出有謀略的堅忍不拔精神，事實上，多點觸控可能永遠無法成功登上iPhone。

絕大部分出自蘋果公司嚴格的保密政策所致，韋斯特曼對iPhone的貢獻已經變得模糊不清。蘋果不會准許韋斯特曼接受公開採訪，不過，我和他的姊姊愛倫・赫勒（Ellen Hoerle）談過，她跟我分享了韋斯特曼的家族史。

1973年生於密蘇里州堪薩斯市的韋斯特曼，成長於一個叫做惠靈頓（Wellington）的小鎮，位置非常靠近美國正中心。他的姊姊比他大十歲，兩人的雙親貝西與霍華（Howard）是知識分子，霍華還曾經因為堅持把進化論放入教材，而被踢出第一所任教的高中。

韋斯特曼很早就顯現出對於拼湊修補的興趣。「他們幾乎每一種樂高玩具組都買給他。」姊姊愛倫說，而且爸媽從他五歲的時候就開始教他彈鋼琴。她說，拼湊和彈鋼琴這兩件事情啟發他的開創精神。他們會在客廳建造一套沿著環型軌道跑的電動火

車，穿過傢俱，繞行整個房間。「他們想，這小孩是個天才，」愛倫說。韋斯特曼確實很優秀。「我敢說他五歲大的時候，就學得比我的一些同輩快。」她回憶說：「他就是比別人容易上手。他們讓他讀古典文學，幫他訂了《美國科學人》（Scientific American）雜誌。」

貝西的背部曾經開過刀，至此之後終生深受其苦。「這是另外一件對我們家庭來說很重要的事情。一年後，她因為慢性疼痛，基本上失去了行動能力。」愛倫說，她那時正值青少年，承擔起韋斯特曼「體力方面的母職」。「有點像是我在養育他，不讓他惹上麻煩。」

當愛倫離家去上大學，弟弟成了孤單一人。他跟其他孩子並沒有處得特別好，而且現在他必須做以前姊姊做的家事。「煮飯、打掃、摺衣服，他八歲時，就要把所有的家務都擔起來。」韋斯特曼剛進入青少年期的時候，曾經試著自己發明東西，在父親的學校拿電路和零配件來玩。他爸爸買了教孩子電路與電學的教具，韋斯特曼會幫忙把高中小鬼弄壞的教具修好。

他高中畢業時擔任畢業生致詞代表，並且得到全額獎學金，進入普渡大學（Purdue University）就讀。念大學時，他的手腕得到肌腱炎，這是一種重複性過度疲勞損傷（repetitive strain injury, RSI），人生大部分時間都會受此折磨。他在做論文的時候，雙手開始疼痛，使得他必須在電腦前停歇數個小時。他沒有因此感到絕望，反而試著自己發明解決方法。他拿了一個 Kinesis 公司做的人體工學鍵盤，加上滾軸，使他可以在打字時來回移動雙手，減少重複使力的情況。因為效果太好了，他覺得

應該去申請專利，但堪薩斯市的專利局不作此想。韋斯特曼不屈不撓，長途跋涉到 Kinesis 公司在華盛頓的辦公室，那裡的長官們喜歡這個概念，只是覺得很可惜，因為製造成本太貴了。

韋斯特曼提早完成普渡的學業，跟著他最喜歡的其中一位教授尼爾・蓋勒格（Neal Gallagher）到德拉瓦大學（University of Delaware）。那時，他對人工智慧（Artificial Intelligence, AI）很有興趣，打算跟著一位有成就的教授約翰・伊里亞斯（John Elias）攻讀博士。可是，隨著學業有所進步，他發現自己的研究很難聚焦。

同時間，韋斯特曼的重複性過度疲勞損傷又死灰復燃，有些日子，他的身體讓他連一頁論文都打不下去。

「我再也受不了按壓按鍵了。」他後來這麼說。出於必要之故，他開始尋找鍵盤的替代品。「我注意到我的雙手對零施力的輸入方式比較能持久，像是光學按鍵和電容式觸控板。」韋斯特曼開始思考如何利用他的研究，創造出一個比較舒服的工作平台。「我們開始去找，」他說：「可是市面上沒有這種平板。當時的觸控板製造商告訴伊里亞斯博士，他們的產品沒有辦法處理多指輸入。」

「我們最後從無到有做出整個東西。」韋斯特曼說。他們把大部分的精力用來打造新的觸控裝置，他原來的論文題目向來把重心放在人工智慧上，結果也因此「轉向」了。韋斯特曼的靈感泉湧，想到一些如何讓零施力的多指觸控板成功的點子。「因為我會彈鋼琴，」他說：「把十個手指頭全用上看起來好玩又自然，也啟發我去創造出像彈樂器那般流動的互動方式。」

　　韋斯特曼和伊里亞斯打造出自己的無鍵盤手勢辨識觸控板。他們用了在人工智慧計畫中開發出來的一些演算法,去辨識複雜的手指敲擊和同時多次敲擊。如果他們能把它做出來,對韋斯特曼這類患有手疾的人來說是一項福音,而且說不定這是比較好的輸入方式。

　　可是他們有些同事覺得這個點子有點古怪。誰會想要長時間在一塊平坦的觸控板上輕敲?尤其是幾十年來,鍵盤已經成為人們主要的電腦輸入機制。「我們早期為桌上型電腦做的平面打字(surface typing)實驗遭到質疑,」韋斯特曼說:「可是我們發明出來的演算法,雖然沒有觸覺上的回饋,卻能讓平面打字感覺更俐落輕巧,而且相當準確。」

　　他的指導教授伊里亞斯擁有必要的技能與背景,可以把韋斯特曼在演算法上的奇想,轉換成可運作的硬體。而後來變成系主任的蓋勒格,則出面確保學校提供他們製造早期原型機的資金。此外,韋斯特曼也得到國家科學基金會(National Science Foundation)的支持。

　　打造出一個能支援(隨後被稱之為)多點觸控的裝置,主宰了韋斯特曼的研究方向,也成為他的論文主題。他那「新奇的輸入整合技術」,能辨認單一敲擊與多點觸碰。不管你正在使用什麼程式,都能在敲擊鍵盤和運用多隻手指進行互動之間流暢切換。聽起來很熟悉?你需要的時候,鍵盤就在那裡,你不需要的話,它也不會擋路。

　　不過,韋斯特曼的重點在於發展一套可以替代滑鼠與鍵盤的手勢,例如,用你的手指與拇指在觸控板上捏拉,就能……嗯,

那個時候是剪下，而非縮放。把手指向右旋轉，可以執行開啟的指令，向左則可以關閉。他建立了一套手勢辭彙，相信這樣能使得人機介面變得更流暢而且有效率。

韋斯特曼的主要動力還是在於改善鍵盤對雙手的親和性，觸控板的重複動作沒那麼多，而且敲擊鍵盤所需的力道也比較輕。三百多頁的論文是韋斯特曼用多點觸控打出來的，它本身就是明證。「據我每天使用原型機準備這份論文來看，」他的結論是：「我發現整體而言，比起傳統的滑鼠—鍵盤組合，這個（多點觸控平面）系統差不多一樣可靠，更有效率，而且沒有那麼累人。」論文發表於 1999 年，韋斯特曼在文中寫道：「過去幾年來，網際網路的成長，已經使電腦加速滲透到我們的日常工作與生活作息中。」接著，他就跟蘋果 ENRI 小組一樣，主張說這股熱潮已經導致鍵盤的無效率帶來「後患無窮的疾病，機械式的鍵盤儘管有著種種優點，但是和當代軟體豐富的圖形化操控需求，在生理上是不相容的。」因此，「把鍵盤替換成多點觸控感測式平面以及手部動作辨識，會使雙手與電腦間的互動大大改觀。」他說得太對了。

＊　　　＊　　　＊

論文的成功使伊里亞斯和韋斯特曼士氣大振，師徒兩人開始覺得他們因緣巧合做出一個有市場需求的產品。他們在 2001 年申請專利，並且成立自己的公司 FingerWorks，不過仍是在德拉瓦大學的羽翼下受其庇護。大學成為這家新創公司的股東，這是孵化器（incubators）和加速器（accelerators）成為流行語的幾年

前發生的事，除了史丹佛大學（Stanford University）和麻省理工學院，沒有多少大學會對學術界的發明家提供這種支持。

2001 年，FingerWorks 發表了 iGesture 觸控數字鍵盤，大約一個滑鼠墊的大小。你可以用手指頭在板子上拖拉，感測器會追蹤到手指的動作，而且內建手勢辨識。這塊觸控板受到創意工作者的激賞，因此擁有了一小群使用者。FingerWorks 公司在市場上掀起不小波瀾，引得《紐約時報》報導了它發表的第二個產品：要價 249 美元的 TouchStream Mini，這是由兩個觸控板組成的全尺寸鍵盤替代品，一隻手用一個。

報紙的報導這麼寫：「韋斯特曼博士和他的共同開發者伊里亞斯，想要把他們的技術賣給其他因為受傷而無法使用電腦的人。」問題是，他們並沒有行銷部門。

然而，坊間對這家新創公司的興趣逐漸蔓延開來，他們透過網站賣出愈來愈多觸控板，而且他們的死忠使用者不只是死忠而已，還會自稱是手指粉絲（Finger Fans），並以此為名開立了一個線上討論區。那個時候，FingerWorks 已經賣出大約一千五百個觸控板。

在費城的一場投資展覽會上，他們引起了一位當地企業家懷特（Jeff White）的注意，此人剛把他的生物科技公司賣掉。他來到攤位上。「我說：『給我看看你們有什麼。』」懷特稍後接受網站「技術費城」（Technical.ly Philly）的採訪時說：「他把手放在筆記型電腦上，我馬上就懂了，我立刻感受到他們做的東西的威力，真是有開創性。」他們告訴他，他們正在找投資者。

「沒有任何不敬的意思，」懷特回說：「不過你們沒有管理

團隊，也沒有任何商業訓練。如果你們可以找到一個管理團隊，我會幫你們籌措剩下的資金。」根據懷特的說法，FingerWorks團隊的意思是，你才剛賣掉公司，何不來幫我們經營？他說：「這樣我要當共同創辦人，給我創辦人股權。」他會跟他們兩人一樣，不拿薪水。「那是我所做過最好的決定。」他說。

懷特策劃出一個直接明確的策略。韋斯特曼有腕隧道症候群，所以他的主要目的是幫助手部失能的人。「韋斯特曼有非常崇高而且令人敬佩的目標，」懷特說：「而我只想看到它進駐盡可能多的系統，在上面賺到一些錢。所以我說：『如果我們在一年內賣掉這家公司，你們沒問題吧？』」懷特安排跟當時主要的科技巨頭會面，除了 IBM、微軟、NEC，當然，還有蘋果。他們有興趣，但是沒有人採取行動。

值此同時，FingerWorks 持續緩慢成長，手指粉絲的客戶群壯大，公司也開始博得主流掌聲。在 2005 年初，FingerWorks 的 iGesture 觸控板贏得科技界大型年度商展「消費電子展」的最佳創新獎。

但是那個時候，蘋果高層仍然不認為 FingerWorks 有什麼值得追求之處，直到 ENRI 小組決定擁抱多點觸控。即便如此，一位熟知當時這場交易的內部人士告訴我，高層開了很低的價錢給 FingerWorks，兩位工程師一開始是拒絕的。輸入團隊的主管霍特林還必須親自打電話過去說明原委，最後他們終於回心轉意。

「蘋果很有興趣，」懷特說：「原本是一場授權交易，很快就變成了收購交易。整個過程只花了八個月。」

而交易條件之一是韋斯特曼和伊里亞斯將加入蘋果成為全職

員工，蘋果取得他們的多點觸控專利，而共同創辦人懷特則拿到一筆可觀的意外之財。不過，韋斯特曼的姊姊認為，韋斯特曼對於把 FingerWorks 賣給蘋果有所保留，因為他深深相信自己的初衷：提供一種鍵盤替代品，給有腕隧道症候群或其他重複性過度疲勞損傷的眾多電腦使用者。他仍然覺得 FingerWorks 有助於填補這個空缺，只是從某種意義上來看，他拋棄了一群人數雖少但熱情的使用者。

果不其然，當 FingerWorks 網站在 2005 年吹起熄燈號，手指粉絲社群響起一聲聲警鐘。有一位使用者芭芭拉（Barbara）寄信給創辦人，然後在群組裡發文。

剛剛（非常快）收到韋斯特曼回電子郵件給我，我在信裡問他：「你是不是賣掉公司？你的產品會由另外一家企業承接而且繼續生產嗎？」韋斯特曼寫說：「我希望生產可以繼續，或者停工可以進行得順利一點，不過只要我們能同聲祈求好運的到來，也許這項基礎技術不會永遠消失。:-)」

當 iPhone 於 2007 年問世的時候，一切突然說得通了。蘋果申請一個多點觸控裝置的專利，韋斯特曼也名列其中，而且其手勢控制的多點觸控技術和 FingerWorks 的非常相似。幾天後，韋斯特曼最後一次接受公開採訪時，對德拉瓦州的一家報紙強調了這個概念：「有一個其實相當明顯的差異，就是 iPhone 是個有多點觸控功能的顯示器，而 FingerWorks 只是一塊不透明的平面，他說：「它們肯定有相似的地方，不過蘋果把它放到顯示器上，絕對是又踏出了一步。」

無以為繼的 TouchStream 鍵盤變得炙手可熱，尤其是在患有

重複性過度疲勞損傷的使用者之間。在一個叫做 Geekhack 的論壇上，名為迪斯塔馬蒂斯（Dstamatis）的使用者說他花了 1,525 美元買了一個從前只要 399 美元的鍵盤：「我用 FingerWorks 大約四年了，從來沒有回頭過。」熱情的使用者認為，FingerWorks 的觸控板是唯一真正符合人體工學的鍵盤替代品，如今一去不復返，不少手指粉絲為此譴責蘋果公司。「有慢性重複性過度疲勞損傷傷害的人突然在 2005 年，被一個毫無同情心的賈伯斯冷血拋棄了。」迪斯塔馬蒂斯這麼寫：「蘋果把一項重要的醫療用品趕出市場。」

　　此後再也沒有出現任何主要產品，能服務受重複性過度疲勞損傷所苦的電腦使用者，而蘋果的 iPhone 和 iPad 也只提供原始觸控板新穎互動的一小部分而已。記得蘋果公司的胡彼曾說過，FingerWorks 的手勢資料庫是一種「異國語言」，蘋果用了 FingerWorks 的手勢庫，簡化成小孩都能懂的語言，使它大受歡迎。倘若 FingerWorks 堅持下去，它能把一種新型、豐富的互動語彙教會我們所有人嗎？毫無疑問，數千名 FingerWorks 顧客的生活因此得到大幅改善。事實上，最早如果不是蒂娜已經在用 FingerWorks 觸控板來舒緩手腕疼痛，蘋果的 ENRI 成員恐怕不會想到要研究多點觸控。話說回來，韋斯特曼協助放進 iPhone 的多點觸控技術，成為全世界的安卓系統（Android）、平板及觸控板實際上使用的語言，如今觸及了數十億人口。（值得一提的是，iPhone 也擁有幾個無障礙輔助功能，用來協助聽障者與視障者。）

　　韋斯特曼的母親在 2009 年辭世，他的父親一年後也走了。

兩人都不曾擁有過 iPhone，不過，他們都對兒子的成就感到自豪。事實上，整個惠靈頓的人莫不如此。姊姊愛倫說，小鎮認為韋斯特曼是當地的英雄。

*　　*　　*

這帶我們回到賈伯斯關於蘋果發明了多點觸控的聲明。有什麼方法可以支持這項論點？「他們當然既沒有發明電容式觸控，也沒有發明多點觸控。」巴克斯頓說，不過他們「對這些先進科技有貢獻，這是確定的。」而且無疑的是蘋果把電容式觸控螢幕和多點觸控帶到產業的領先地位。

蘋果挖掘出半世紀以來的觸控創新價值，併購其中一位主要開拓者，並且落實為精彩絕倫的產品。不過，還有一個問題：既然觸控的根基在幾十年前便已經打下，為什麼還是花了這麼久的時間才成為人機互動的核心模式？「是需要這麼久的，」巴克斯頓說：「雖然事實上，多點觸控跑得還比滑鼠快。」

巴克斯頓把這種現象稱為「創新的長鼻效應」（Long Nose of Innovation），此一理論假定創新必須先浸泡個二十來年，等待各種必要的生態系統和技術開發出來，才能顯現它們的魅力和用處。直到 Windows 95 問世，滑鼠才成為主流，在此之前，大多數的人都是用鍵盤在 DOS 系統上打字，或更有可能是根本什麼都沒用。

「iPhone 是第一個真的成功擁有不管怎麼看都是一種類比介面的數位裝置，這是大躍進。」巴克斯頓說。蘋果讓多點觸控流暢起來，不過他們並沒有創造它。這件事情之所以重要的原因就

在這裡：集體、團隊、多個發明家，奠基在共同的歷史上。普世流傳的核心技術就是這樣興起的。以這個例子來看，它借道於挑戰極限的音樂實驗；追求效率，聰明又有創新精神的工程師；富有理想性，對教育著迷的執行長；還有一心一意、想方設法超越自身傷害，而且足智多謀的科學家。

「我在意的是賈伯斯和愛迪生情結之間還有很多大師存在，這兩位只是其中之一罷了。我擔心正在接受栽培成為創新家或設計師的年輕人們，被灌輸愛迪生迷思、天才設計師、偉大發明家、賈伯斯、比爾‧蓋茲等之類的事情，」巴克斯頓說：「從來沒有人教導他們集體、團隊、歷史的概念。」

* * *

回到 CERN，史坦普針對他的發明乃為 iPhone 鋪路，提出詳盡到令人印象深刻的立論。那份觸控螢幕報告刊印於 1973 年，一年後，有家丹麥公司開始依其簡圖製造觸控螢幕。一家美國雜誌做了專題報導，數百個來自當時大型科技公司的詢問蜂擁而至。史坦普說：「我去了英國、去了日本，我到處去，安裝了跟 CERN 產物有關的東西。」史坦普的新發明被觸控螢幕的血液所吸收，卻沒有人給予稱許或回報，看來也是完全合理的說法。任何種子技術都一樣，幾乎不可能分辨出誰先誰後、誰同時發生，或誰是基礎。

參觀過後，史坦普邀我到他家。我們離開的時候，看到一個年輕人沿著人行道漫步而行，埋頭看著他的 iPhone。史坦普笑了起來，搖搖頭，嘆了口氣，彷彿在說，所有的努力就是為了這個？

　　也許吧！一生致力於創新（真正的創新，不盡然是行銷部門宣傳出來的流行語），麻煩之處就在於大多數時候，很難看出來這些創新是如何，或者有沒有發揮作用。它可能被餵養到一張厚厚的網裡，難以測度任何單一線條；它也可能為「瀰漫四處」的點子貢獻了豐富度。強森、特雷門、諾里斯、穆格、史坦普、巴克斯頓、韋斯特曼（還有他們背後的團隊），少了任何一人的貢獻，誰能說 iPhone 的介面會是什麼模樣？當然，它需要完全不同的技能，才能把一項技術變成一個普世心嚮往之的產品，然後去推廣、製造與配銷，凡此種種，剛好都是蘋果最擅長的。

　　可是，想像一下，看著智慧型手機與平板的興起，看著世界用起電容式觸控螢幕，看著一個億萬富翁執行長走上舞台，說是他的公司發明了這些東西，在你很確信三十年前你就已經證明了那些概念之後。想像一下，你從用退休金在日內瓦郊區租來的一間單臥室公寓陽台看出去，手上握有你的 DNA 就在這個裝置裡的明證，卻似乎沒人在乎。我恐怕，那是集體努力成就了像 iPhone 這類產品的絕大多數發明家、創新者和工程師，所共同會有的經驗。

　　面對極為多元的，有時候往往需要靠世代集體努力才能成就的技術、產品，甚至藝術作品，不是我們的心智所擅長理解的。我們的腦袋無法有條理地運算出這種生態系統敘事。我們想要的是靈光一閃的時刻和有正當性的百萬富翁，而不是充滿感懷的先驅和無形的結局。

第二篇

打造原型

萬中選一的初代機

　　艾夫終於覺得時機到了。也許是因為賈伯斯頻繁造訪工業設計工作室，有次路過時心情特別好。也許是艾夫覺得工程師和 UI 高手們在一個不怎麼牢靠的拼裝設備上，已經盡量做出很好的展示版本，如捏拉縮放、旋轉地圖等。總之，在 2003 年的一個夏日，艾夫把賈伯斯領進緊鄰設計工作室的使用者測試間，在那裡揭開了 ENRI 計畫，並為他做一次實地展示，呈現多點觸控的威力。

　　「他完全沒有被打動，」艾夫說：「他看不出來這個點子有什麼價值。我有種蠢斃了的感覺，因為我一直認為那是個非常了不得的東西。我說：『呃，比方說，想想數位攝影機的背面。為什麼要有一個小小的螢幕跟這一大堆按鍵？為什麼不能全部顯示在螢幕上？』這是我當場想到的第一個應用，也是個好例子，可以看出它有多麼進步。」

　　「他還是非常不以為然。」艾夫說。

　　賈伯斯的理由是，它就是個桌子大小的新玩意兒，上面有一台投影機投向一張白紙。蘋果公司的執行長要的是產品，不是科學作品。

　　根據艾夫的說法，賈伯斯花了幾天時間仔細考慮之後，明顯改變了心意。事實上，他很快就愛上它。如我們在上一章看到的，後來，他公開宣稱這是蘋果發明的。接著，他還告訴記者華特‧莫斯伯格（Walt Mossberg），他是自己想到要做一個多點觸控平板的點子。「跟你講個祕密，」賈伯斯說：「我其實是先從平板開始做起的。我想到甩掉鍵盤，直接在一塊多點觸控玻璃面板上打字的主意。」然而，不到艾夫展示給他看，他很有可能根本不

知道這個觸控平板專案，而且他一開始還是排斥的。

「當他看到第一個原型機，」斯特里肯說：「我想他的意見如果不是『這東西只適合用來坐在馬桶上看電子郵件』，不然就是我聽到的另外一種說法，說他想要一個蹲馬桶時，可以用來看電子郵件的裝置。兩種說法都有。」無論如何，它成了產品規格：賈伯斯想要一片可以在上面看電子郵件的玻璃板。

有一次，ENRI 小組群聚在工業設計工作室，克里斯帝突然飄進來。他一直在跟賈伯斯定期開會討論多點觸控。「賈伯斯對這個有什麼最新看法？」有人開口問。

「呃，」他說：「大家要注意的第一件事是：賈伯斯發明了多點觸控。所以每個人回去把你的筆記改一下。」然後，他咧嘴笑了。

他們翻了翻白眼，大笑起來，果真是道地的賈伯斯。即便現在，提到莫斯伯格採訪事件，胡彼還是覺得很逗趣。「賈伯斯說：『對呀！我去找工程師，說：我想要一個能做這個、能做那個的東西。』真是滿口胡言，因為他從來不曾提出要求過。」在賈伯斯看到 ENRI 小組的展示以前，沒人聽他談過多點觸控。「就我所知，是艾夫給他看了多點觸控的展示，然後他的腦海裡喀嚓一聲，你知道，賈伯斯會這樣，他再回來後，就變成他的點子了。沒有人打算跟他澄清。」胡彼笑了起來，口氣中聽不出苦澀的味道，在賈伯斯領導的蘋果公司裡，這就是生活的現實。「沒關係啦！」

*　　*　　*

案子因為賈伯斯的認可而提高曝光度，而且果不其然激起公司內部的興趣。「現在會議的規模龐大很多。」胡彼說。公司核准了一項專案，把 ENRI 小組未完的實驗之作、創意及企圖心，化為一項產品。而這個把拼裝車改造成一台可用原型機（當時是多點觸控平板）的硬體工作也有了一個代號：Q79。專案繼續封鎖起來。

還有好長的路要走呢。

例如，這台裝置還是靠著一塊 FingerWorks 塑膠觸控板運作。「接下來的問題是，你要怎樣把它做在透明螢幕上？」胡彼說：「我們完全不知道如何著手。」

這是因為 FingerWorks 觸控板裡載滿了晶片。「每五乘五毫米的小區域裡，就有一個電極連到一塊晶片上。所以，以這個尺寸的裝置來看，整個裡面布滿了很多晶片。」胡彼這麼說。就一塊不透明的黑色板子而言沒有問題，因為晶片可以藏起來。可是，他們要如何在一塊下面有螢幕的玻璃上做到這件事呢？

因此，斯特里肯轉向書本，研讀觸控技術的文獻，挖掘論文和已發表的實驗，並且嘗試其他替代方案。在蘋果公司做研究向來不是容易的事；公司的圖書館曾經提供工程師和設計師豐富的檔案資源，可是自從賈伯斯回歸後，就把圖書館關閉了。儘管如此，斯特里肯不屈不撓。「一定有更好的做法。」

更聰明的皮膚

好消息很快就來了。斯特里肯認為他發現了一個解決方法，也許不必處理多如雪球般的晶片，就能在玻璃上做多點觸控。

「我發現索尼的智慧皮膚（SmartSkin）。」斯特里肯說。索尼公司正在成為蘋果的主要競爭對手之一，因為 iPod 的緣故，它的手持式音樂播放器的市場占有率在流失當中。索尼也已經在深入研究電容式感測。「這篇來自索尼的論文顯示，你可以用行跟列做出真正的多點觸控。」斯特里肯說。意思是把格狀的電極布置在螢幕上，就能達到感測效果。

斯特里肯認為這是整個專案進程中最為關鍵的時刻之一。他說，該篇論文提出一種「更優雅的方法」來做多點觸控，只是它還沒有被做在一塊透明的平面上。因此，斯特里肯臨摹索尼智慧皮膚的輪廓，自己動手拼湊出一台多點觸控螢幕。他說：「我用一片玻璃和一些銅箔膠帶做出第一個像素。」雖然方法是跟競爭者借來的，斯特里肯卻絲毫沒有不安的感覺。「我的研究背景是會去看那個領域裡有些什麼東西。」根據別家公司的研究來發展新產品，蘋果的法律部門對這種做法和預料發展感到驚慌不已。「一旦開始往多點觸控的方向走，律師就指示我們不要再做那種研究。」這段記憶讓斯特里肯很生氣，他說：「不去了解以前做過什麼，我不知道你要怎麼期待我們去創新。」

無論如何，那個像素是你不必在裝置裡裝載晶片，就能做多點觸控的堅實證據。現在，輸入團隊必須把那個孤單的像素，擴大到滿滿一片平板大小的面板上。所以，他們跑去瘋狂大採購。

「我們匆忙張羅，從 3C 零售業睿俠（RadioShack）或任何拿得到的地方抓些零件，然後在玻璃上把這東西給生出來。」胡彼說：「那是一片玻璃，裡面黏上兩條銅電極，我們可是完全無中生有，走的是麵包板（breadboard）作風。」麵包板是工程師

用來製作電子電路原型的工具；一開始用的是真的麵包板，各種木製的、用來做發酵處理的樣式都有，無線電玩家會在上面焊接電線，後來演變成工程師做實驗的標準工具[1]。

　　過去從來不曾做到像這樣的觸控。團隊打造出三個麵包板（撲克牌桌大小的大型陣列，五臟六腑全攤在上面），用來證明該裝置有能力紀錄真正的互動。這台已知原型機是 iPhone 演進史中最早階段的證據，還有一個被留下來，就塞在蘋果公司的一間辦公室裡。我曾經看過一張初代麵包板的珍貴照片，它看起來就像一般的粗胚晶片板，狀似有內嵌螢幕的綠色混音板，被一大片硬式電路所環繞。

　　為了確實理解使用者的手如何跟觸控螢幕互動，斯特里肯寫了一個工具，可以即時呈現手掌和手指觸及感測器的視覺效果。「它有點像那些你可以把手放進去的針床，」胡彼說：「而在另外一邊會產生手的三維影像。」他們把它叫做多點觸控顯影儀（Multitouch Visualizer）。斯特里肯說：「實際上那是我們放到螢幕上的第一個東西。」根據胡彼的說法，蘋果現在還會用它來監看觸控感測器。

　　斯特里肯也趁此機會玩玩新裝置的音樂能耐，寫了一個程式把觸控板轉換成一台可彈奏的特雷門琴，左右移動雙手可以調節音高，上下移動則能控制聲量。這個 iPhone 的先祖擁有很多別的能耐以前，就已經可以像一台俄國人的原型合成器那樣演奏

---

[1]　譯注：此一標準工具沿用麵包板的名稱，但其實是一塊上面有很多小插孔的方正板子，專為實驗設計電子電路而製造的，各種電子元件可隨意插入拔出，不需焊接。

了。「我們玩那種蠢事玩得很開心。」胡彼說。

　　多點觸控的前景誘人：它不但可以讓新款平板擁有供使用者直接操控的威力，好玩、有效率又直覺，也能給一般電腦用在一整套觸控板和輸入機制上。手機，則還沒有被他們放在心上。

＊　　　＊　　　＊

　　硬體小組正在組裝一台可用的觸控螢幕。賈伯斯興致勃勃。工業設計部門則在構思版型。而這台平板會需要一塊晶片，用來執行斯特里肯做出來的觸控感測器軟體。

　　團隊過去從來不曾設計過客製化晶片，不過他們的老闆霍特林有經驗，他勇往直前。「他只說：『好，沒問題，我們發包出去，把晶片做出來。大概需要花個 100 萬美元，八個月內就可以拿到一塊晶片。』」胡彼說。

　　他們選定南加州的晶片製造商博通公司（Broadcom）。蘋果做了一個不尋常的舉動，邀請該公司的代表進入蘋果，自己親證「魔法」。「我不覺得以前做過這種事。」胡彼說。霍特林覺得如果外面的承包商能看到實機運作，會大感振奮，把工作做得更好、更快。因此，一小組博通的人被領進測試實驗室。「看到這些傢伙這麼興奮，那一刻真是美妙。」胡彼說：「事實上，裡面有個人現在就在蘋果工作，他來自那個團隊，直到現在都還記得那一天。」

　　可是，晶片做出來還要好幾個月的時間。

　　「同時，打造出『看起來、感覺起來』更像原型機的巨大推力又來了。」胡彼說。隨著專案成長，愈來愈多人想要看到東西。

團隊知道他們如果沒有做出來，管理高層可能會失去興趣。「我們最後做出這個可共享連線（tethered）的顯示器，看起來像一台 iPad，不過是要插在你的電腦上，」斯特里肯說：「那是我努力爭取來的其中一件事情，我們得做出東西給他們看。」

然而，他們第一輪交出來的平板原型機並沒有那麼精彩。

「做出來的原型機基本上就像平板，麥金塔平板，電池只能勉強撐個一小時。」斯特里肯笑著說：「沒有用處。」奧爾丁的評價就稍微沒有那麼慷慨了，畢竟他得拿著這些東西來做使用者介面：「那玩意兒的外殼裡面會過熱，而且電池壽命大概兩分鐘吧！」他笑著說。

團隊做出大約五十台原型機：厚厚的、白色的、外觀像平板的 iPad 祖先。如此一來，軟體設計師才能將觸控板連上麥金塔軟體，不需犧牲效能或電力，而 UI 團隊也才能持續工作，使介面更完善。

文化衝擊

隨著專案進展，有些團隊成員對蘋果的僵硬文化感到煩躁不耐。譬如斯特里肯就不習慣公司層級和死板嚴肅的氣氛。他是個企圖心強、不循正統的研究者與實驗者，才剛從麻省理工學院出來。老闆霍特林會斥責他在會議上打斷長官說話；同時，斯特里肯則反擊說霍特林是個古板的「公司人」。更糟的是握有決策生殺大權的老男孩俱樂部，他說：「很多人已經在公司做很久了，像行銷資深副總裁菲爾・席勒（Phil Schiller）這種人，老是他們這群人，已經有點形成俱樂部的味道。」他覺得自己的想法在會

議上被駁回。「有種『我知道現在是什麼狀況，不是每個人都要來出主意』的感覺。」

在專案之外，斯特里肯也感到孤單抑鬱。他說：「我努力去認識別人，可是真的行不通，連人力部門都試著要幫我，介紹人給我認識。」

好脾氣的奧爾丁有時也會受到考驗。他已經在執行長的週會裡占有一席之地，可是總覺得賈伯斯的刻薄暴躁太難應付。「有段時間，」奧爾丁說：「大概有兩個月或半年吧，我沒有去參加賈伯斯的會議。」賈伯斯會用一種很刻薄的方式怒罵同事，讓奧爾丁不想去。「我就是不想去開會，我那時是『我才不去，賈伯斯是個混蛋』。他會沒來由的表現惡劣，太多次了，」他說：「沒人知道為什麼，不過，大部分人做夢都想參加這些會議，有點『哇！是賈伯斯耶！』的感覺，可是我覺得很厭倦。」

在這當中，團隊對於他們到底要做出什麼東西，並沒有清楚的想法。一台威力十足、可以觸控的麥金塔電腦？一個有著完全不同作業系統的行動裝置？試著把你的腦袋帶回遙遠的二十世紀之交，當時觸控螢幕平板尚未廣泛應用，世人對它們的熟知程度更像是電影《星際爭霸戰》裡的幻想，而非實際的產品。

你我的使用者介面

擺脫點擊的束縛，奧爾丁和喬德里繼續擁抱直接操控的可能性。他們把試作版調整得更精緻、更有野心。「不管是什麼，你有感覺你可以想出很棒的 UI 設計。你幾乎是從一張白紙開始做起。」奧爾丁說。

　　「這是第一次,我們有了一些更像直接操控的東西,相對於過去所謂的直接操控,是點擊在一個圖標上,可是會用到一個滑鼠。」克里斯帝說,在你和電腦之間還是有一個額外的中介物。「好像在操作一個機器人。」如今不是了,它是「手」對「畫素」的碰觸。

　　這種直接操控意味著主宰點擊運算的規則不復存在。「因為我們可以從頭做起,什麼都可以,所以有更多動畫跟很優異的切換,整個給人一種前所未有的感覺,」奧爾丁說:「結合實際的多點觸控,它就更神奇了。它在某方面非常自然,感覺本身就是一個小小的虛擬實境。」

　　奧爾丁跟隨自己做好玩設計的本能,精心打造那個新奇的虛擬實境。他是電玩遊戲的長期玩家和崇拜者,本具遊戲般的天性,就算是最不起眼的互動,也會把它做得引人入勝。「我的興趣就是把東西做到用起來很好玩,可是當然還是要有功能。」奧爾丁說:「像是在 iPhone 上捲動畫面,捲到底的時候會小小的彈起來一下。我說它好玩,但同時它也很有用,而且它一出現,就會給人一種『喔!蠻好玩!』的感覺,你會想要再拉一次,只為了再看一次那種效果。」

　　奧斯丁從小玩到大的那種早期電玩遊戲,如小精靈(Pac-Man)或大金剛(Donkey Kong),運用一連串小小的回報或獎賞來吸引玩家上鉤,是重複性非常高的活動。想要以非常有限的動作組合(向上、向下、跳躍、快跑)進階到下一級,重點就在於熟練掌握狹窄的控制幅度。當你做到這一點,就能很有把握的流暢通關,然後累積得分,看看下一級的商店裡藏有什麼寶物。

　　「這就是遊戲的重點，不是嗎？他們讓你想要一直玩個不停。」奧爾丁說。他發揮設計敏感度，促使你想去發掘新鮮事、去把玩、去探索。「不知道為什麼軟體一定要很無趣。我從來都不以為然，你知道嗎？大家為什麼不能同樣把注意力放在東西移動的方式或你怎麼跟它互動上，把它變成有趣的體驗。」他們構想出這個全新的運算藍圖，以討喜，甚至令人上癮的花俏動作打下根本基礎。奧爾丁設計的動畫在最初階段就已經被採納，經過喬德里的品味打磨後，恐怕是我們全都這麼著迷於智慧型手機的原因之一。

　　而且他們全是用很基本的 Adobe 軟體做出來的。

　　「我們用 Photoshop 跟 Director 做出整個介面，」喬德里邊說邊笑了起來：「好像用鋁箔紙蓋出一棟法蘭克‧蓋瑞（Frank Gehry）[2] 的建築作品。那是史上最大的駭客事件。」幾年後，他們跟 Adobe 講起這件事情：「他們全都驚呆了。」

遭遇小障礙

　　2003 年底，蘋果還沒有從谷底反彈到成為一家現金充足的企業巨獸。薪水低、設備差，有些員工為了這類典型的辦公室苦難感到煩憂不已。以停滯不前的薪資來開創未來，可沒有那麼好玩。「那時候錢蠻少的，」斯特里肯說，薪水「相當低；大家都不太開心，沒加薪，也沒獎金。」斯特里肯和胡彼的電腦有一堆問題，而且常常故障。他們沒法讓蘋果同意換掉他們的麥金塔。

---

[2] 譯注：蓋瑞為美國知名後現代主義及解構主義建築師，著名作品包括鈦金屬打造的西班牙畢爾包古根漢美術館、捷克的跳舞的房子等（摘自維基百科）。

　　結果他們做觸控原型需要的不只是麥金塔。「好笑的是我們必須買一台個人電腦，」斯特里肯說：「所有的韌體工具都是視窗作業系統，所以我們最後用零件組裝了一台個人電腦，這比拿到一台可以用的麥金塔還要容易些。」

　　隨著 Q79 的聲勢壯大，行銷部門對這個產品還是心存懷疑，就算有賈伯斯撐腰也一樣，他們無法想像為什麼有人會想要用一台可攜式觸控裝置。

　　斯特里肯回想有一次會議上，年輕一點的工程師試著為平板辯護，卻看到自己的想法遭到反對，氣氛變得很火爆。其中一個最早站出來大力支持專案的高階長官提姆‧布赫（Tim Bucher）召集他們到工業設計工作室開會，有一位行銷部門代表憤怒到布赫不得不停止會議。他說：「『聽好，任何人都可以有想法。』」斯特里肯如此回憶：「這就是最大的問題所在，我們在努力定義一種新形態的運算裝置，卻沒有人真的要跟我們談這個。」也就是去了解他們想要做的事情。

　　行銷部門為了推銷新的觸控裝置而提出的做法，也完全無法提振信心。他們做了一份簡報，呈現出來的定位是把平板銷售給房仲業者，供他們展示房屋照片給客戶看。「我那時的感覺是『我的老天爺啊！簡直是完全走樣了。』」斯特里肯說。

　　賈伯斯對 Q79 專案的態度愈來愈保密，也造成累贅，譬如只要產品在公司裡面移動，都要蓋上一塊黑布。「如果你不能信任你的員工的話，專案要怎麼溝通？」斯特里肯說。

　　在蘋果做賈伯斯支持的祕密專案，從少數事件便可看出其中自相矛盾之處，最好的例子莫過於 Q79 團隊得到的創新獎，得獎

監督、改良並且策劃 iPhone 的功能與設計，但 iPhone 的概念並不是賈伯斯想像出來的，而是一種自由無拘的對話、好奇心及通力合作下的產物。它是源自其他公司所孕育的技術，然後經過蘋果公司幾個最聰明的人才靈巧修飾後的成果。事過境遷，這些人卻被排除在 iPhone 的公開歷史之外。

　　胡彼把這段歷史跟賈伯斯出名的全錄帕羅奧多研究中心之旅相比，當時他們第一次看到未來幾十年即將主宰電腦使用者介面的圖形介面、視窗及選單。「有點像是，這個奇特的小小繞路一下，結果變出一個擁有高度影響力的大產品，而蠻驚奇的是它成功了，」胡彼說：「它也很有可能會失敗，可是它做到了。」

　　拜 ENRI 小組奇特的小小繞路之賜，透過你的智慧型手機主頁、觸碰便能開啟的一格一格圖標、滑動、捏拉或輕敲，這些你用得最多的使用者介面，它的原型已經復活了。

　　「它現在跟水一樣的自然，」喬德里說：「可是它並非一直都是這麼理所當然的。」

＊　　　＊　　　＊

　　事實上，它還沒有完全做到理所當然。iPhone 的介面也許很普及，不過達到行雲流水的境界看似簡單，實則不然。iPhone 的多點觸控防刮螢幕背後，藏著一個龐大複雜的系統。下面將探索的是小小的電池、相機、處理器、Wi-Fi 晶片、感測器等硬體，如何讓這萬中選一的裝置發揮威力。

| 第五章 |

鋰電池
為現代生活充電

智利的阿塔卡馬沙漠（Atacama Desert）是除了凍乾的南北極之外，地球上最乾旱的地方。乾渴的感覺從你的喉嚨後面開始出現，然後移到口腔頂端，很快地，你的鼻竇四周就會有一塊獸皮被棄置在沙漠烈陽下一個禮拜的感覺。手握方向盤的克勞迪歐（Claudio）正載著我和我的採訪助手傑森（Jason），從智利最大的採礦城市卡拉馬（Calama）往南行；紅棕色的安地斯山脈峭壁，從我們的貨卡車窗外森然逼近。

我們前往世界上最大的鋰礦所在地，阿塔卡馬鹽沼（Salar de Atacama）。經營此處的是 SQM，全名為 Sociedad Química y Minera de Chile，又稱智利化工礦業公司，過去曾為國有企業，現在則是前任獨裁者的女婿所有。這家公司是硝酸鉀、碘和鋰礦的領導廠商，公司方面同意我和傑森到此做一次私人參觀。

阿塔卡馬看起來並不會超級乾燥；在冬天，遠處可見白雪皚皚的山頭。可是，整個 106,189.5 平方公里的高原沙漠上，一年接收到的平均雨量是 15 毫米（大約半吋），有些地方還更少。這裡有些氣象站的紀錄裡，已經超過一個世紀沒有偵測到下雨。

在阿塔卡馬水源最為稀少的區域，幾乎沒有生命存在，連細菌都活不了。我們停留在其中一個最著名的荒蕪之地：月亮谷。

此處跟火星相像到連美國太空總署都會來此測試登陸紅色星球的漫遊者，特別是用來搜尋生命的設備。而我們則該感謝這塊超脫塵世的不毛之地，因為它讓我們的 iPhone 得以運轉。

智利礦工每天在這個異星環境中工作，從廣袤的海相鹵水蒸發池裡開採鋰礦。那個鹵水是天然的鹽水溶液，這裡被發現含有豐富的地下藏量。過去幾千年來，從鄰近的安地斯山脈下來的逕流，把礦藏帶到這塊鹽漠上，產生鋰含量高乎尋常的鹹水。鋰是重量最輕的金屬，也是密度最低的固體元素，儘管已經在世界各地廣為流通，但卻從來不曾以純元素的形態自然出現過，因為它的活性太高了。鋰必須從複合物中分離，並加以精煉，所以取得成本一般來說非常昂貴。不過在這裡，鹽沼裡含有高濃度的鋰，加上超級乾燥的氣候，使礦工可以很好地利用老式蒸發法，來取得這日益珍貴的金屬。

而阿塔卡馬絕對蘊含了豐富的鋰礦藏量，智利目前的生產量足占全世界供應量的三分之一，拜阿塔卡馬之賜，智利經常被稱為「鋰礦的沙烏地阿拉伯」。

鋰離子電池是筆電、平板、電動車，當然還有智慧型手機的首選電力來源。愈來愈多人認識到鋰在產業中的關鍵地位，形容它是「白色的石油」。在 2015 年到 2016 年間，由於預計需求量一飛沖天，鋰的價值翻了兩倍。

雖然有其他礦場正在開發當中，但地球上取得鋰礦的最佳地點還是落在這片智利高原上。行車途中，我看到路邊有個十字架被花朵、照片和小型聖物環繞著。接著一個又一個的出現。

「沒錯，這裡叫做死亡之路，」司機克勞迪歐告訴我們：「有

些家庭不認識路，因為太累所以把車開偏了，或者是卡車司機開車開太久了。」

沿著死亡之路走下去，就能抵達使我們的 iPhone 電池成為可能的鋰礦所在地。

* * *

首度提倡鋰離子電池的時間是在 1970 年代，專家擔心人類由於依賴石油，而正走上另一條更為言如其實的死亡之路。科學家、社會大眾，甚至石油公司都在渴求替代品。不過直到那時，電池還只是個已經停滯將近一百年的技術。

第一顆真正的電池，是義大利科學家亞歷山德羅‧伏特（Alessandro Volta），在 1799 年為了證明同事路易吉‧賈法尼（Luigi Galvani）有關青蛙電的理論錯誤，而發明出來的。賈法尼曾經讓電流通過死青蛙的神經系統，這一系列實驗啟發瑪麗‧雪萊（Mary Shelley）寫出《科學怪人》（Frankenstein）。他進一步相信，這隻兩棲動物的體內蓄有「動物電」（animal electricity）。他注意到，當他用金屬解剖刀肢解一隻掛在銅鉤上的青蛙腿時，蛙腿往往會抽搐起來。但伏特認為他朋友的實驗，其實是證明電荷經由一個濕潤中介物通過兩種不同金屬器具的現象。（這兩人最後都對了：活生生的肌肉和神經細胞裡確實有生物電在流動，而有肉的青蛙也發揮了電極中介物的功能。）

電池基本上只有三個部分：兩個電極加上在兩者間流動的電解質（electrolyte）。為了測試理論，伏特把鋅片與銅片交錯相疊，中間夾著鹽水浸泡過的布。這簡陋堆疊的金屬片，就是第一個電

池。

它跟今日大部分的當代電池一樣，靠著氧化和還原發揮作用。化學反應導致陽極的電子增加（在伏特電堆裡就是鋅片），進而想要跳到陰極（銅片）去，而電解質，則不讓電子過去。可是，如果你用一條導線連接陰陽兩極，就形成了迴路，如此一來，陽極將產生氧化反應（失去電子），而那些電子會流到陰極去，在過程中形成電流。

約翰・佛德列克・丹尼爾（John Frederic Daniell）將伏特的概念擴大，做出一個電池，成為實用的電力來源。丹尼爾電池在1836 年大放異彩，連帶其他因素，共同促成電報的興起。

自此之後，電池的創新步調慢了下來，從伏特的銅鋅電極，到汽車用的鉛酸電池（lead-acid batteries），到今天所使用的鋰電池。「電池非常簡明易懂，零件數量非比尋常的少，以至於既幫助、也阻礙了科學家改進伏特創作的努力。」史帝夫・列文（Steve LeVine）在《發電廠》（The Powerhouse）一書中這麼寫：「1859 年，一個名叫加斯頓・普蘭特（Gaston Planté）的法國物理學家，發明了可以再充電的鉛酸電池。」該電池使用的是鉛製電極和硫酸做成的電解液。列文指出：「普蘭特的電池結構可回溯到最早的起源，它就是伏特電堆，只是把它翻倒而已。1980 年商用的勁量電池（Energizer），更是普蘭特發明的正牌嫡系後裔。超過一個世紀以來，這門科學沒有任何變化。」這令人感到有點震驚，因為在形塑我們的科技體驗時，電池是其中一股最大的沉默力量。

不過，1970 年代發生石油危機，石油禁運導致價格飆高，重

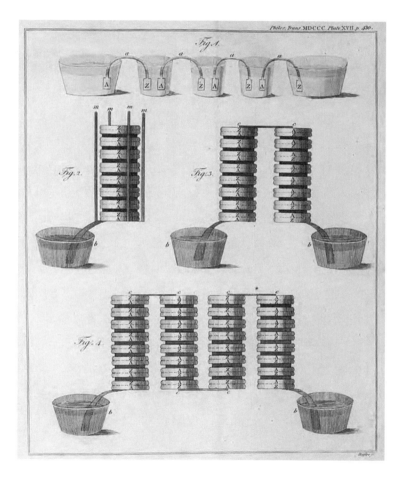

早期的伏特電堆（voltaic pile），1793 年。

創經濟，加上被福特宣傳為未來車所用的新型氫電池問世，為世人追求更好的電池，打了一劑強心針。

*　　*　　*

很多人認為，鋰離子電池的發明者還沒有得到諾貝爾獎，是很荒誕扭曲的事。鋰離子電池不但為我們的裝置提供動力，更是電動車的根底所在。然而，有點諷刺的是，發明它的科學家受僱於世界上最惡名昭彰的石油公司。

1970 年代初期，化學家史坦・惠廷厄姆（Stan Whittingham）在史丹佛大學做博士後研究時，發現把鋰離子儲存在層狀硫化鈦的方法，進而做出一個可充電的電池。不久，他得到一份工作，在埃克森（Exxon）做替代能源技術的私人性研究。

自從瑞秋・卡森（Rachel Carson）出版《寂靜的春天》（Silent Spring）（揭發 DDT 殺蟲劑的危險）、聖塔巴巴拉（Santa Barbara）漏油事件，以及凱霍加河（Cuyahoga river）著火現象[1]之後，環保主義已經橫掃公眾意識。汽車汙染城市，而且使石油耗竭，福特汽車面對社會發出的怨言，採取行動實驗更清潔的電動車，進而為電池的開發注入活力、凝聚焦點。值此同時，石油產量顯然已經開始達到頂點，石油公司也緊張地盯住未來，試圖尋找多樣化經營的出路。

「我在 1972 年加入埃克森，」惠廷厄姆告訴我：「他們決心成為一家能源公司，而非只是石油及化學公司。他們涉足電

---

[1] 譯注：凱霍加河位於美國的俄亥俄州，主要是因為河面上漂浮著石油工業的排放物，所以以容易著火而聞名（摘自維基百科）。

的龐然巨獸縮小成可手持的攝影機。可是業界用的鎳鎘電池又大又笨重。「索尼需要一個有足夠電力可以讓攝影機運轉，但是大小又能配合的電池。」美國市調機構的山姆‧傑夫（Sam Jaffe）如此解釋。極輕的新型鋰離子充電電池能滿足需求。沒有多久，這項技術就從索尼的手持攝影機系列，普及到手機和消費電子產業的其他產品上。

「到了 1990 年代中期，幾乎所有使用充電電池的攝影機都是用鋰離子電池，」傑夫解釋說：「它們接著席捲筆電的電池市場，更在不久之後，攻克剛萌芽的手機市場。同樣的現象也會在平板電腦、電動工具，和手持式運算裝置上一再出現。」

靠著古德納夫的研究和索尼的產品開發，鋰電池自身已經形成一個全球性產業。截至 2015 年，它們便創造出一年 300 億美元的市場量，而在電動車與油電混合車的推波助瀾下，預計這個趨勢仍會持續下去。鋰電池市場在 2015 年到 2016 年間連番快速大量倍增，主要是因為出現一個重大消息：特斯拉宣布興建超級工廠，預計將成為世界上最大的鋰離子電池工廠。根據透明度市場研究公司（Transparency Market Research）的報告，到了 2024年，預計鋰離子電池市場將成長超過兩倍，達到 770 億美元。

＊　　＊　　＊

逛池子的時候到了，我是說，參觀鋰礦池。

我跟古德納夫聊的時間比預計還久，工作人員正等著帶我們去看構成礦場核心的鋰礦池。

「抱歉，」我對潘納說：「我剛剛在跟鋰電池的發明者聊天。」

「他怎麼說？」他問，努力表現出不太有興趣的樣子。

「他說他已經發明出一種更好的電池。」我說。

「用的是鋰嗎？」

「不是，」我說：「他說它會用到鈉。」

「要死了！」

＊　　　＊　　　＊

我們開車行駛在杳無人煙的荒漠道路上，前往鋰礦池，鹽瀰漫在空氣中，散落在腳下，窮目所及盡是龐大的鹽堆。結成硬殼的廣袤土地和工業機械，讓這裡看起來像是一處廢棄前哨站。這氛圍顯然也讓工人感到不安，潘納說他們很迷信。

「他們說他們在這裡看過卓柏卡布拉（Chupacabra）[2]，」他說：「而且有人會失蹤。」嚴酷的氣候、不規則蔓延的沙漠、以鹽巴飾邊的長池、閒置的設施、無情的乾燥，我不怪他們，這裡有太多引人做超自然聯想的東西了。「還有外星人。他們說他們看到幽浮。」潘納笑著說：「說不定外星人是來這裡找電池。」

我們在第一站停下來，一連串的管子往發白的池子延伸過去。SQM 就像石油公司探勘石油那樣，往下鑽井深入鹵水。阿塔卡馬鹽沼有 319 座井，每秒抽出 2,743 公升富含鋰金屬的鹵水。

SQM 也跟石油公司一樣，一直在鑽挖探勘孔，尋找新的礦源。根據潘納的說法，這裡總共有 4,075 個探勘用與生產用的鑽孔，有些深達 700 到 800 公尺。

---

[2] 譯注：卓柏卡布拉是傳說中於美洲出沒的吸血怪物。

　　抽出來的鹵水被注入數百個大型蒸發池內去蒸發。在乾燥的高原上，這個過程不會太久。技師們一天兩次噴水清掉滲入管子的鹽巴，以免造成堵塞。他們用鹽副產品製作任何可以做的東西：路肩、桌子、欄杆。我看到幾個小時前才清洗過的接縫處，已經長出結晶。

　　在蒸發池，潘納說：「你一直在注入跟抽出。」首先，工人打開一個蒸發渠道用來沉澱岩鹽。注入，然後就能得到鉀鹽；抽出，最後就可以把鹵水溶液濃縮到含有大約 6% 的鋰。

阿塔卡馬的鋰池，用我的 iPhone 拍攝。

　　從清澈到藍色到螢光綠，這片廣大的池子網絡，只是製造最後用在你電池裡的鋰金屬的第一步。變成濃縮液的鋰，會用油罐車沿著海岸線送到位於卡門鹽沼（Salar del Carmen）的一家精煉

廠。

＊　　　＊　　　＊

卡門鹽沼並沒有壯麗的白色沙漠，只有一連串高聳的圓柱物、兩三座池子，和一排排發出單調聲響的機器。

精煉廠是一座工業化的冬之仙境。反應爐上長出鹽結晶，雪花般的鋰灰一片片掉落在我的肩上。這是因為每天有 130 公噸碳酸鋰（lithium carbonate）從智利的港口運來此處攪拌，一年算下來就是 48,000 公噸。由於每支 iPhone 用不到 1 公克的鋰，所以這個數量足足可以做大約四百三十億支 iPhone。

從阿塔卡馬運過來倒入儲存池的濃縮液是已經提純過的，接著會通過一個過濾、碳化、乾燥及壓實的迂迴程序。

碳酸鈉和濃縮液混合形成碳酸鋰，這是顧客最需要的產品形式。製造 1 公噸碳酸鋰需要用到 2 公噸碳酸鈉，鋰不在阿塔卡馬當地提煉的原因即在此，否則 SQM 就得把所有碳酸鈉都運到高原沙漠去；反過來的話，只要把鹵水運下山就好了。

我頭戴安全帽，塞著耳塞，穿越陣陣鋰灰，經過被鹽堵塞的管子和猛力搖晃的幫浦，世界上的電池電力有很大部分出自於此，令我感觸良多。我伸出手抓了滿滿一把，讓它在掌中散開來。製造 iPhone 的供應鏈構成一張糾結夾纏的網絡，我正在觸碰其中一個部分，而這一切，不過是為了精煉出在 iPhone 緊實複雜的技術隊伍裡，某個單一成分罷了。

從此處開始，鋰金屬會從鄰近的港口城市，運送給某個電池製造商，也許是在中國大陸。就跟大多數的 iPhone 元件一樣，

鋰離子電池在海外製造。蘋果公司並沒有公開它的電池供應商，不過從索尼到位於台北的順達（Dynapack），多年來已經有一大群廠商在替蘋果製造電池。

即便今天，從裝配線下來的電池形態並沒有比伏特最早的配方複雜多少；比方說，iPhone 6 Plus 機型裡的電池，以鋰鈷氧化物作為陰極，石墨為陽極，聚合物作為電解質。它被連接到一台微電腦，以避免過熱或是電力流失太多而變得不穩定。

「電池是這些裝置背後很多心理反應的關鍵因素。」iFixit 的執行長韋恩斯指出。一旦電池電力開始流失的太快，人們會對它所供電的整個裝置感到沮喪。只要電池的狀況良好，手機就好。可以預見的，鋰電池是一場持續不斷的拉鋸戰主角；身為消費者，我們要求更多更好的應用程式和娛樂功能，更多解析度更高的影片。當然，我們也渴求續航力更佳的電池，而前者顯然會使後者耗竭的更快。同時，蘋果則想要繼續做出愈來愈薄的手機。

「如果我們讓 iPhone 再厚個一毫米，」負責第一代 iPhone 的硬體主管法戴爾說：「就可以讓電池持續兩倍時間。」

* * *

大約在離開世界上最大的鋰煉製廠兩個小時後，傑森跟我的電池，連帶靠著它供電的裝置被偷了。就在我們才剛脫離 SQM 舒適的掌控之下，司機把我們送抵巴士站的時候。

這裡的建築群看起來像奄奄一息的單排商店街，空氣中瀰漫著城市破落區巴士站疲倦煉獄般的氣氛。我四處閒逛，尋找食

物，傑森則看著我們的東西。一個老人靠過來，問他剛抵達的巴士要開往哪裡。他們在說話的時候，一個同夥攫住我的後背包匆忙往出口跑。當我幾秒鐘後跑回來，我們才恍然大悟，瘋狂地穿過車站大喊：「我的包包？」沒有下文。

我們丟了兩台筆電、我的錄音設備、一個備用的 iPhone 4s、幾本書和筆記本。可是，我並沒有弄丟這本書，因為我已經設定把我的檔案自動備份到 iCloud。

我被迫在接下來的行程只用我的 iPhone 做報導（錄音、做筆記、拍照），除了資料儲存空間略嫌不夠之外，整個來說是很好用的。

「電話、皮夾、護照，」當我們穿過邊界或離開旅社，清點筆電被偷後的必需品時，傑森總喜歡說：「我們只剩下但也需要的三樣東西。」這句話成了一種半調子箴言；我們遺失很多寶貴的財物，可是之前做任何事情所需的全部工具都還在手上。

＊　　＊　　＊

就跟影響深遠的鋰電池一樣，古德納夫相信有一種更好的新電池即將出現：關鍵成分是鈉，不是鋰。「我們快要開發出另外一種電池，同樣也將為社會帶來革新。」他說。鈉比鋰更重、活性更高，可是比較便宜，也更容易取得。「鈉從海洋萃取而來，來源充足，所以軍方和外交人員沒有必要像儲存在化石燃料和鋰裡面的化學能源那樣，去保障鈉的化學能源不虞匱乏。」他說。你未來的 iPhone 將有機會由鹽巴來供電。

針對這一點，全世界的產品評論員會說：很好。可是，我們

的 iPhone 電池會變得更好、更持久嗎？惠廷厄姆認為如此：「我覺得他們會拿到比現在電池多兩倍的電力。」他告訴我：「問題是，大家願意花錢買嗎？」

「如果你把一支 iPhone 打開來看，我認為我們要問蘋果那些人的大哉問是，你想要更有效率的電子產品，還是能源密度更高的電池？」惠廷厄姆說。他們若不是從電池系統中擠出更多電力，不然就是裁製出比較不耗電的產品。截至目前為止，他們主要都是依賴後者。而未來，誰知道呢？「他們不會給你答案。那是商業機密。」惠廷厄姆說。

電子產品在耗電方面已有長足進步。首先，「每一顆鋰電池都有完整的電子防護，」惠廷厄姆指出，以電腦的形式來監看能源輸出。「他們不希望你一路都在放電。」這會把電池搞壞。

電池將繼續改進。不只是為了嘉惠 iPhone 的消費者，更是為了一個正棲息在致災性氣候變遷峭壁邊緣的世界。

「燃燒化石燃料釋放出的二氧化碳和其他氣體，造成全球暖化和城市汙染，」古德納夫一再提到：「而化石燃料是無法再生的有限資源。一個永續的現代社會，必須回頭向陽光和風採集能源。植物吸收陽光是為了製造食物。太陽能電池和風車不必汙染空氣就能提供電力，可是這些電力必須被儲存下來，而電池就是最便利的電力儲存站。」

這正是像艾隆‧馬斯克（Elon Musk）這樣的企業家會投入大筆資金的原因所在。他的超級工廠不久將以前所未見的規模大量產製鋰電池，這已經是個再明顯不過的徵兆，顯示汽車業與電子業已經選定二十一世紀的馬力。

在一間埃克森的實驗室裡被發想出來，由一位產業終身奉獻者打造成改變遊戲規則的關鍵，因為一家日本攝影機製造商而進入主流商品，並且是用地表上最乾最熱的地方深挖出來的原料製造的鋰離子電池，這名不見經傳的引擎，驅動著我們的未來機器。

鋰電池之父，只希望我們以負責任的態度運用它提供的電力。

「可持式電子產品的興起，革新了我們與他人溝通的方式，我很高興它的力量不分貴賤，而且它讓人類得以了解不同文化的象徵和寓意，」古德納夫又補了一句：「不過，科技在道德上是中性的，它會產生什麼效益，端看我們如何運用。」

| 第六章 |

防手震功能
速寫世界上最受歡迎的照相機

　　「好，看這裡。」大衛‧魯拉斯基（David Luraschi）輕聲低語，偷偷地對一個留著略長的油頭，穿著皺巴巴皮夾克的男人點點頭，他正大步走在亨利四世大道上，朝著我們而來。等他一通過，魯拉斯基便疾速轉身，拿著我的 iPhone 垂直擺在胸前，開始劈哩啪啦地快速敲擊螢幕。跟著一位職業街頭攝影師在巴黎漫遊，我整天都有這樣的感覺。我已經把手機交給魯拉斯基處置，因為他說他要讓我看看，他是怎麼做他的工作，而我發現，那可是需要長時間等待一個有趣的題材出現，然後盡可能在讓人感到自在的情況下，尾隨此人夠久。

　　「我打開相機功能，而且戴上耳機，四處走走逛逛，」他說：「我用聲音鍵來拍照，就是這裡。」這個額外好處讓他可以做一點掩飾。「有時候很難，你得留心自己是不是鬼鬼祟祟的樣子。」他說，朝著我很快笑了一下，眼睛掃視群眾。「你不會想要鬼鬼祟祟的。」

　　高聳的巴士底（Bastille）紀念碑覆蓋著鷹架與防護網，我們在它的四周繞行。魯拉斯基鎖定一位邊走邊跳舞的女性，拍了一張她的美麗照片，右手在空中飛揚。我們與各式各樣的巴黎人錯身而過：穿著高跟鞋與風衣的二十來歲時髦年輕人、蓄著被拔過

鬍鬚的凌亂男人、戴著頭巾的穆斯林女性；魯拉斯基全都跟拍。

　　魯拉斯基是法裔美國時尚攝影師，他和許多藝術家一樣，起初曾經對 Instagram 的興起，還有它看重影像強化濾波器是抗拒的。不過，他終於還是加入 Instagram 的行列，而且很驚訝自己因為一系列以強烈主題作為連結的照片而聲名鵲起：主角們全是從背面拍攝，渾然不覺相機的存在。這說來容易做來難。

　　這些照片與社群媒體有著強大的共生關係，或許是因為，在網路上日漸擁擠又往往不見個性特徵的公共空間裡，每一張無臉的照片都有可能是任何一個人。無論什麼原因，這系列照片開始吸引幾百幾千人的分享和按讚，沒多久，他就被譽為新崛起的曠世奇才。來自世界各個角落的人，開始把他們從背面拍攝的照片寄給他。

　　Instagram 當然是 iPhone 最受歡迎也最重要的應用程式。對數位文化深深著迷的新聞網站 Mashable，把它列為 iPhone 絕無僅有的頭號 app。Instagram 被人懷疑是模仿 Hipstamatic 攝影軟體（首創千禧世代認同的照片濾鏡法，不過並非免費下載），它緊接在 Hipstamatic 之後，於 2010 年上市，很快就培養出大量粉絲，被臉書以當時天價、現在看來撿到便宜的 10 億美元給囊括入袋。

　　對魯拉斯基而言，Instagram 的名聲可以變現成更多付費的工作，不過，這個行業怕的是免費業餘照片，會導致職業攝影師的薪酬變低而委託工作變少。魯拉斯基看來並不擔心。

　　「我一直都很喜歡實驗數位科技，」他說：「我很愛傳統攝影，用底片拍照，我也一樣喜歡研究，如何不把手機當成數位相機用。偷窺癖向來是攝影的一個大題目，在不被注意之下，接觸到某個地方，挖到金礦。」他這麼告訴我。

　　「我發現手機的靈活性，而且可以放在口袋裡，讓事情好辦多了。」

＊　　　＊　　　＊

　　讓事情好辦一點。

　　如果未來的考古學家，要去考古十九世紀與二十一世紀最受歡迎的大眾市場相機廣告詞，會發現這兩個時期的口號有著驚人

的相似性。

事證一：快門交給你，其他交給我們。

事證二：技術的事情交給我們，你只需要找到美麗的人事物，然後敲擊快門。

事證一來自 1888 年，當時，柯達（Kodak）的創辦人喬治‧伊士曼（George Eastman）用一句簡單的口號，捧紅他的相機成為主流商品。伊士曼最先聘請一家廣告公司來行銷他的柯達盒子相機（box camera），可是認為他們交出來的文案太複雜沒有必要，所以把他們解聘了。他推出這個年輕產業最為知名的廣告活動，就是頌揚自己產品的重要優點：消費者只要做一件事情就好，拍照，然後把相機帶到柯達的店裡來沖洗照片。

事證二，當然就是蘋果 iPhone 相機的推銷詞。相隔超過一個世紀，這兩則廣告的精神毫無疑義是相似的：兩者都聚焦於好用，目的也都是為了吸引一般消費者，而非攝影愛好者。這個原則使柯達得以讓成千上萬個攝影新手拿起相機拍照，如今，也可用來形容蘋果公司成為世界上最大相機公司所採取的手段。

1890 年一篇刊登於貿易雜誌《製造商》（Manufacturer and Builder）的文章裡，解釋伊士曼發想出一個「結合相機的巧妙點子，尺寸和重量小到容易攜帶，將不間斷的感光照相底片膠卷，妥適地放在相機的盒子裡面，用一個簡單的餵入裝置，就能拍出一連串的照片，多達一百張，這一切只要按下一個按鈕就好，不會更麻煩了。」

柯達的布朗尼（Brownie）並不是第一台盒子相機；法國的勒菲比斯相機（Le Phoebus）比它早了至少十年。不過，伊士曼

採用一個成熟的技術，以大眾消費市場為念加以改良，然後推廣
出去。伊士曼的傳記作家伊麗莎白·布雷爾（Elizabeth Brayer）
是這樣寫的：「伊士曼現在的目標是打造出一個業餘攝影師的國
度（和世界），他出於本能地掌握了攝影界其他人更晚才了解到
的事情：廣告是業餘市場天生就愛的東西。一如他經營公司的一
貫做法，伊士曼親自處理行銷大小事。他有這方面的天份，擁有
幾乎是與生俱來的能力，把句子變成口號，發想出跟大眾溝通的
視覺影像，既直接又生動。」這讓你想到誰？

　　柯達推動了一股為普羅大眾製造相機的風潮。1913 年，一家
名為徠茲（Ernst Leitz）的德國公司裡，有個叫做奧斯卡·巴納
克（Oskar Barnack）的主管，帶頭開發一種可以帶到戶外的輕型
相機，部分原因出自他自己受氣喘所苦，想要做一個比較方便攜
帶的款型。那台相機後來變成徠卡（Leica）第一台大量製造、成
為標準規格的 35 毫米照相機。

＊　　　＊　　　＊

　　一開始的時候，蘋果在初版 iPhone 上所搭載的兩百萬畫素相
機，談不上創新巔峰之作，它也不打算如此。

　　「情況更像是其他手機都有相機，所以我們最好也要有一
個。」原始 iPhone 團隊的一位資深成員這麼告訴我。並非蘋果
不在乎相機，只是資源緊繃，它又不真的是優先項目。創始人當
然不認為那是核心功能，賈伯斯在最初的產品發表會中幾乎沒提
到相機。

　　事實上，iPhone 上市的時候，它的相機就遭到水準欠佳的批

評。其他手機製造商如諾基亞，在 2007 年便已經把優異的相機技術整合到它的笨手機裡。蘋果得要靠著日漸龐大的使用族群，再加上 Instagram 和 Hipstamatic 這類攝影軟體問世，才看到手機相機的潛力。今天，智慧型手機市場已經進入緊繃的功能軍備競賽，相機也變得極其重要、極其複雜。

在 iPhone 的相機模組裡，「有超過兩百個不同的個別元件」。蘋果公司的相機部門主管葛拉罕・湯森（Graham Townsend）在 2016 年這麼告訴《六十分鐘》（60 Minutes）。他說，他們目前配置了八百名員工來專門改善相機，以 iPhone 6 來說，便搭載了一台索尼感應器、光學防手震模組和獨家的影像訊號處理器。（或那至少是放在你手機裡的其中一種相機，因為每支 iPhone 都會以兩種相機出貨，上面這個和一個所謂的「自拍相機」。）

這不只是濾鏡比較好的問題。根本就不是這樣，而是跟周邊的感應器及軟體有關。

* 　　* 　　*

布萊特・比爾布雷（Brett Bilbrey）坐在蘋果的會議室裡，盡量把頭垂得低低的。他那時的主管卡伯特坐在右手邊，會議室被坐得半滿。他們在等待會議開始，除了賈伯斯，大家都坐在位子上。

「賈伯斯前後踱步，我們全都努力不引起他的注意，」比爾布雷說：「他很不耐煩，因為有人遲到了。而我們就是坐在那裡想，不要注意到我，不要注意到我。」心情不好的賈伯斯是什麼樣子，已經早有耳聞。

　　會議中有個人的筆電放在桌上，頂端裝了一台 iSight 攝影機。賈伯斯停了一秒鐘，轉向他，看著這台外露攝影機從機器上很不優雅地突出來，說：「那看起來很鳥。」iSight 是蘋果自己的產品，卻仍然無法逃離賈伯斯的暴怒之氣。「賈伯斯不喜歡外露的iSight，因為他討厭突出，」比爾布雷說：「他討厭任何不光滑和沒有一體設計的東西。」

　　順帶一提，早期的 iSight 是法戴爾、安迪・格里尼翁（Andy Grignon）和其他一些人做的，這兩人後來變成 iPhone 的主要推動者。可憐的 iSight 使用者驚呆了。

　　「他臉上一副我不知道要說什麼的表情，就是整個癱在那裡動不了，」比爾布雷說：「我想都沒想的就說『我可以搞定它』。」

　　好極了。

　　「賈伯斯轉向我，一副好啊，我等你開示的模樣。而我的老闆卡伯特拍了一下他的額頭，說：『噢！好極了。』」

　　新的 iMac 即將推出，蘋果正在把它的處理器系統切換成英特爾（Intel）做的晶片，這是一個十分機密的大型工作，耗盡公司的資源。大家都知道，賈伯斯擔心除了新的英特爾晶片架構之外，沒有足夠的新功能可以炫耀，他害怕自己不能讓大部分觀眾驚豔，正在尋找讓人興奮的東西加到 iMac 上。

　　賈伯斯走向比爾布雷，房間裡死寂一片，他說：「好啊！你能做什麼？」比爾布雷說：「嗯……我們可以在裡面放一個CMOS 成像器，然後……」

　　「你知道怎樣把這個做起來？」賈伯斯打斷他。

　　「沒錯。」比爾布雷回應。

「你可以做個展示版本？兩個禮拜？」賈伯斯沒耐心地說。

「當我說，可以，我們兩個禮拜可以做出來。然後我又聽到旁邊的卡伯特拍了一下他的額頭。」比爾布雷告訴我。

會後，卡伯特把比爾布雷拉到一邊，「你以為你在幹嘛？」他說：「如果你做不出來，他會叫你走路。」

* * *

這對比爾布雷來說不算什麼新領域，不過風險出乎預期的高，而且兩個禮拜的時間也不算多。他在 1990 年代已經創立並經營一家叫做智慧資源（Intelligent Resources）的公司，蘋果則是在 2002 年聘請他來管理媒體架構部門。比爾布雷會被引進蘋果公司，是因為他在「影像處理顯示」擁有豐富的資歷，他的公司已經做出「第一張顯示卡，數位介接了電腦和視訊廣播產業。」他這麼說。該公司的產品「視訊探索家」（Video Explorer）「是第一個支援高畫質影片的電腦顯示卡」。就跟其他科技公司一樣，蘋果之所以會特別用他，是因為自己有視訊方面的問題，笨拙的外露攝影機只是其中一部分。

「記不記得回到 2001、2002 年那段時間，筆電上的影片像個小小的影像視窗，每秒十五格，而且有很糟糕的失真問題？」當你用很慢的網路連線看 YouTube，或是在古早時期，你想用一台硬碟已滿的老電腦看 DVD 的時候，你會碰到壓縮失真（compression artifact）的狀況，看到以塊狀像素出現的可怕扭曲圖像。之所以如此，是因為系統做了所謂的破壞性壓縮（lossy compression），丟掉部分媒體資料，直到它簡單到足以儲存在可

用的硬碟空間裡（或以 YouTube 的例子來看，是在頻寬限制之下可以傳輸影像）。如果壓縮器沒有重建足夠的資料去還原原始影片，品質就會變差，而你會看到失真的影像。「我們現在的問題是，你會用掉一張影格的一半去解碼畫格，然後用另一半去移除盡可能多不自然的失真痕跡，讓照片看起來沒有那麼糟。」

由於視訊串流正居於電腦使用的中心地位，這個問題變得日益嚴重。解決它，就掌握了把外露 iSight 移植到裝置硬體內的關鍵。

「我靈光一閃，」他說：「如果我們不製造區塊，就不用移除它們。現在聽起來很明白易懂，可是，如果沒有區塊的話，你要怎麼重建影像？」他說，他的構想是建構出一整個只有區塊的螢幕。他寫了一個演算法，讓裝置免掉去區塊（de-blocking）的工作，使視訊的整個影格都可以再播放。「所以突然之間，因為這個關係，我們可以在可攜式 Mac 上播放完整的視訊流。我有一個專利就是這個：一種去區塊演算法。」知道怎麼做之後，他準備好要來處理 iSight 的問題了。「外露的 iSight 用的是 CCD 成像器，品質比便宜的 CMOS 小型成像器好太多，而我的錦囊妙計就是 CMOS。」

數位相機裡使用的感測器主要有兩種：感光耦合元件（charge-coupled device, CCD），以及互補性氧化金屬半導體（complementary metal-oxide semiconductor, CMOS）。CCD 是一種感光性的積體電路，能儲存並顯示某個特定影像的資料，把每個畫素轉換成一個電荷。電荷的強度跟色彩光譜上某個特定顏色有關。2002 年那時，CCD 產生的影像品質向來比較好，不過速度比較慢，也比較耗電。CMOS 更便宜、更小型，而且視訊處理速度更快，不

過有很煩人的問題。儘管如此,比爾布雷有方法。

　　他把相機的視訊送到電腦的圖形處理器,在那裡用它的額外效能來校正色彩並且清理視訊。基本上,他可以把相機感測器的工作卸下來交給電腦做。

　　因此,他的團隊得為了展示成效而幫 iSight 重新布線,現在只剩幾天時間。「我開發出一堆用來強化、清理和過濾的演算法,裡面有很多被我們拿來做展示版本。」他的其中一位出色的工程師開始打造硬體。不過,過程中最難的部分不是工程,而是辦公室政治。因為做這個展示版本,表示電腦其他部分的運作都會被打亂,意思是搞亂了其他部門的東西。

　　「政治問題是一場惡夢,」他說:「沒有人想要這麼徹底的改變架構。我的做法是在其他人阻止我以前,讓賈伯斯注意到它。一旦有賈伯斯的加持,就不會有人擋路。如果你想要做成什麼事,只要說『喔,是這樣子的,賈伯斯想要做這個』,你就有了尚方寶劍,因為沒有人會去跟賈伯斯確認他是不是真的這樣說,也不會有人質疑你。所以,如果你在會議裡真的想要爭贏的話,只要搬出『賈伯斯』,然後大家就會『放棄原有計畫』,全力配合。」

　　寫好新的演算法,新的硬體也就緒,相機便能內建在筆電裡,再也沒有礙眼的突出物。比爾布雷的團隊在展示前一晚前往會議室進行測試,這個小巧許多的 CMOS 驅動系統看起來跑得很快,一個能塞進筆電裡的微型模組流暢地播放視訊。

　　「我們說:『好,誰都別碰它,大家都回家吧!』我們都準備好了,設備也已經在會議室裡裝好了,等到我們明天回來,賈

伯斯會看到它，一切都會很順利的。」比爾布雷說。

隔天，團隊在會議開始前不久來到會議室，打開 iSight。這裡有兩個螢幕，左邊的那個顯示 CCD，右邊的則顯示新的、改進過的內建 CMOS。結果，畫面是紫色的。比爾布雷先是困惑，然後突然大驚失色。「我們趕緊想想，發生了什麼事？」

就在此時，賈伯斯走進來了。他看著它，單刀直入地說：「右邊這個看起來紫紫的。」

「是啊！我們不知道出了什麼問題。」比爾布雷說。

有個做軟體的傢伙這時插話說：「啊！對了，我昨天晚上更新了軟體，我那時沒想到會這樣。」

比爾布雷呻吟不已：「我說，你做了什麼？」直到此時，他聽起來還是一副不可置信的樣子。「他更新了軟體！我知道他是好意，可是當事情進展順利的時候，你不用多此一舉。」

賈伯斯「帶著一種不屑的假笑」看著他，只有說一句話：「把它修好，然後再給我看一次。」至少他沒有被炒魷魚。他們解決了小故障，隔天就展示給賈伯斯看，他表示認可，簡單扼要的程度就跟前一天退回它的時候一樣：「看起來很棒！」

就這樣了。比爾布雷說，這是業界邁向如今很普及的內建網路攝影機的首波行動之一。

「我們取得內建攝影機的專利。」他說。接著，就是更小的 iPhone 內建相機。比爾布雷接著將繼續指導負責第一代 iPhone 相機的工程師保羅·阿里歐辛（Paul Alioshin），大家都說阿里歐辛是一個受人喜愛的好工程師，遺憾的是他在 2013 年因為車禍辭世了。截至今日，這台相機還是叫做 iSight。「就我所知，

他們的做法還是一樣，用的架構還是我們當初做成功的架構。」

　　同時，放在 iPhone 裡的 CMOS，已經打敗 CCD，成為今天手機相機技術的解決方法。

＊　　　＊　　　＊

　　談到 iPhone 相機，就不能不談到自拍。iPhone 4 推出時，也加入 Skype 和 Google Hangouts 的行列，搭上視訊會議應用程式的熱潮，而名列重要功能的 FaceTime 影音串流，還是靠著比爾布雷的演算法來幫忙去除雜訊。蘋果把 FaceTime 相機放在手機的正面，對著使用者，供其開啟功能，因而得到一個額外效果，做出可以自拍的完美設計。

　　自拍的歷史之久不亞於相機本身（甚至更早，如果你把自畫像算在內的話）。1839 年，羅伯特・科尼勒斯（Robert Cornelius）正在試驗一種新的銀版照相法，此乃攝影術的前身。因為拍攝過程太過緩慢，所以他自然而然的一時興起，打開鏡頭，跑到鏡頭前等了十分鐘，然後再把鏡頭蓋回去。他在照片背面寫上，拍過光線最好的照片，1839 年。第一位拍攝鏡中自己的青少年，顯然就是十三歲的俄國女大公安娜塔西亞・尼古拉耶芙娜（Anastasia Nikolaevna）了，她在 1914 年拍了一張自拍照分享給朋友看。2000 年代催生的 Myspace [1] 相簿服務，導致更多有著前置鏡頭的初階行動電話推出市場。自拍這個字眼第一次出現，是在 2002 年的一個澳洲網路論壇上，可是卻是因為 iPhone 在 2010 年搭載

---

[1] 譯注：Myspace 是創立於 2003 年的社群網站。

FaceTime 相機，才真的爆紅起來。無論好壞，它給了大家一個簡單的方法去拍攝自己的照片，然後過濾結果。

　　整合性相機的大量氾濫，當然不會只有造成自戀癖。大多數時候，人們會用 iSight 來快拍他們的食物或小孩，或一些「難得一見精彩時刻」的風景照。不過，它也讓我們所有人在有需要的時候，有能力留下更多紀錄。這個非常方便可隨身攜帶的高品質相機，促成公民新聞以前所未有的規模蓬勃發展。

　　在智慧型手機的時代，警察暴力、犯罪行為、一貫的壓迫和政治失當的紀錄逐漸增加。比方像艾瑞克・迦納（Eric Garner）被警察鎖喉這類手機影片，成為「黑人的命也是命」（Black Lives Matter）運動的導火線，除此之外，也成為警察過失的決定性證據。而從埃及解放廣場、土耳其到占領華爾街運動，抗議者在過程中用 iPhone 拍下武力鎮壓的影片，博得同情與支持，有時還能成為有用的呈堂證據。

　　「在蘋果甚至沒有人會談到這個，」一位打從一開始就在做 iPhone 的蘋果內部人說：「可是這是我參與過的工作中，最讓我感到驕傲的一件事：我們可以像這樣完全改變紀錄人事物的做法。迦納或之類的事件發生之後，一如往常，在我進辦公室的時候，沒有人會特別去說什麼。」

　　然而，這是一刀兩刃，握有權力的人，也可以用這個工具去維繫權力，譬如土耳其的獨裁領袖雷傑普・艾爾多安（Recep Erdoğan）在面臨政變期間，就運用 FaceTime 直播來串連支持者。

＊　　　＊　　　＊

　　妻子止不住狂喜的眼淚，打電話給我，告訴我她懷孕了，這對我倆都是大驚喜，我們馬上用 FaceTime 視訊通話。當我們面對這個不可思議的發展時，我想都沒想就拍下通話中的螢幕截圖。我就這麼做了。它們是我捕捉過的其中一些最為美妙的影像，充滿了激動、愛意、恐懼與人為意象。

　　2007 年以前，我們預計要花上數百美元，才能紮實的拍出數位照片。我們把數位相機帶在旅途中，帶到事件地點；沒有人想要帶著它到處走。

　　今天，智慧型手機的相機品質已經接近數位相機，iPhone 正在摧毀相機產業的大片耕地，產業鉅子如尼康（Nikon）、松下電器（Panasonic）和佳能（Canon）正在流失市場，速度很快。而有點諷刺的是，蘋果正在用這些公司所開創出來的技術，把他們給淘汰掉。

　　光學防手震是蘋果日新月異的 iPhone 相機裡，經常博得好評的功能。它是關鍵元件，沒有了它，超級輕量的 iPhone 會受雙手任何微小動作的影響，而拍出非常模糊的照片。

　　幾乎可以確定你從未聽過它的發明者：大嶋光昭（Mitsuaki Oshima）博士。感謝大嶋博士和他在 1980 年代的一趟夏威夷之旅，我們上面談到的每一張照片和每一段影片，才能變得沒那麼模糊。

　　大嶋是松下電器的研究員，原本正在研究早期汽車導航系統的震動陀螺儀（vibrating gyroscopes）。就在 1982 年夏天，他在夏威夷的一場幸運假期展開之前，專案戛然而止。

　　「我在夏威夷度假，跟一位朋友開車外出，他當時正從車內

拍攝當地風光，」大嶋告訴我：「我的朋友抱怨，在移動的車子裡拿著大台攝影機很難拍攝，他的手晃個不停。」像他朋友用的那種肩扛式攝影機，笨重、累贅又昂貴，而且還沒辦法避免影像模糊的問題。他把抖個不停的攝影機跟他的震動陀螺儀連結起來，突然想到，他可以用震動陀螺儀來測量相機的旋轉角度，然後依此修正影像，以消除模糊。用最簡單的話來說，那就是今日影像穩定器的功能。「我一回到日本，就開始研究用陀螺儀感測器來防手震的可能性。」

　　遺憾的是，他在松下電器的主管對此不感興趣，他拿不到預算。不過，大嶋很有信心他可以證明防手震的好處，所以他日以繼夜的工作，用一台雷射顯示鏡裝置做出原型機。「記得那個時候，我第一次打開原型相機的開關，既緊張又興奮。就算搖晃照相機，影像也一點都不會模糊。效果好到不像是真的！那是我人生最美妙的時刻。」

　　大嶋租了一架直升機，繞著日本的特色地標大阪城低空飛行，用有防手震技術跟沒有防手震技術的相機拍攝景觀，拍攝結果讓資助專案的主管們大感驚豔。即便如此，經過幾年努力做好商轉試產的準備，大老闆還是不情願把它推出市場。

　　「這個產品的商品化有些反對聲音，」大嶋說：「日本市場的焦點都放在攝影機的微型化上，美國還沒有陷入這股熱潮中。」因此，他轉向公司在北美地區的對口部門。「1988 年，PV-460 成為世界上第一個搭載防手震功能的攝影機，就算要價 2,000 美元，還是在美國造成旋風。」比競爭產品更貴，這是當然，可是把模糊鏡頭穩定下來的吸引力之大，證明足以抵過多出來的

成本。

　　該項技術分別在 1994 和 1995 年移轉到尼康和佳能的數位相機上。「至此之後，這項發明迅速擴散到全世界，結果，我的發明被應用在每一台數位相機的影像穩定器上。」這些年來，他繼續努力把技術導入更多、更小的裝置，而他自己似乎為協助開創的技術如此普及而感到驚奇。

　　「這個技術第一次被發明出來的三十四年後，真的仍然繼續應用在幾乎所有的相機上，讓人不敢置信，」他告訴我：「如今，包括 iPhone 跟安卓手機在內，差不多每一台配備相機的裝置都有防手震技術。我把這個技術裝到每一台相機上的夢想，終於成真了。」

　　對大嶋來說，創新是在點子之間建立新網絡，或是在舊網絡之間建立新路徑的行為。「以我的了解來看，靈感是腦袋裡的某個點子經過刺激而出乎意料地跟另一個完全不同的點子有所關聯與連結的一種現象。」它是一種擴大的生態系統運作結果。

　　回頭看看魯拉斯基用我的 iPhone 在巴黎拍攝的照片，我為它們喚起記憶的能耐感到懾服：一位老婦人全神貫注地在公園讀書；那個跳著舞穿過擁擠廣場的女人；站在一座吊橋的開放式籠架裡的男人。每一幕被快速順暢地拍下，清澈又生動。

　　我最喜歡的照片，是一個小女孩漫不經心地攀爬一座擋土牆上的鐵圍籬；一個井然有序的網向著地平線某個點延伸，將她的柔軟身軀框在照片裡。這張照片只花幾秒鐘拍攝，然後再多花幾秒鐘就被編輯分享出去了。

| 第七章 |

動作感測技術

從陀螺儀到 GPS，iPhone 找到了立足點

在厚重的石柱與圓拱之下，我站在「傅科擺」（Foucault's pendulum）旁邊，在這個教堂般靜謐的開闊室內，它從數十公尺高的天花板垂下擺動。鍍鉛的擺球尖頭緩緩掠過一張玻璃圓桌，晨光穿過彩繪玻璃灑在桌面上。這恐怕是在一場科學實驗裡，你可以擁有最接近宗教體驗的感受了。

也許是因為彩繪玻璃，也許是因為我還有時差，或者是因為要去理解一個半世紀之久的擺錘，還是有那麼點令人感到渺小。不過，參觀傅科擺有些像是第一次逛進聖彼得大教堂，或遠眺大峽谷的感覺。畢竟，比起盯著地球其實正在自轉的鐵證，沒有太多更好的方法可以深深地提醒你，你正站在一個令人費解的大石頭表面，在虛空之中旋轉。

此處是創建於 1794 年的藝術工藝博物館，世界上最古老的其中一座科學與技術博物館。它的前身是修道院，藏身在巴黎第三區，曾經荒煙蔓草，無人聞問。在石鋪庭院內，有一座自由女神像的鑄模歡迎來客。你會在這裡發現一些當代電腦最為重要的前輩，從巴斯卡（Pascal）的計算機（第一個自動計算機）到提花織布機（Jacquard loom，啟發了查爾斯·巴貝奇〈Charles Babbage〉把他的分析機引擎自動化），而且你會看到這個擺錘。

　　尚‧伯納‧里昂‧傅科（Jean Bernard Léon Foucault），不要把他和更完全在哲學領域的米歇爾‧福科（Michel Foucault）搞混了，前者曾經動手證明地球繞著軸心自轉。1851 年，他用一條懸掛在巴黎天文台天花板的吊索和一個擺球，呈現這個自由搖動的擺錘，會在一天行進當中改變方向，因此證明了我們現今所謂的科氏力作用（Coriolis effect）。在一個旋轉系統中進行大規模運動時，會感受到一股垂直於運動方向與轉動軸的力量；在地球的北極，這股力量會使移動的物體右偏，造成科氏力作用。傅科的實驗引起拿破崙三世的注意，指示他用一個更大的擺錘，在巴黎先賢祠（Paris Panthéon）再做一次實驗。因此，傅科用一條長達 67 公尺的金屬索做了一個擺錘，讓皇帝大感驚豔（大眾也是，傅科擺是世界各地科學中心最受歡迎的展覽之一）。傅科為拿破崙三世使用的擺頭，今天就在藝術工藝博物館裡擺動著。

　　傅科的下一個實驗用的是陀螺儀，基本上就是一個紡錘，上面有個維持方位的結構體，用來更精確地展示同樣的效果。從最基本的層次來看，它跟嵌入 Phone 裡的陀螺儀沒有太大不同，也是依靠科氏力作用來使得 iPhone 螢幕能被適當的定向。只是在今天，它採用的形式是一種微機電系統（microelectromechanical system, MEMS），就是塞在一片小小的，而且老實說很美麗的晶片上。這個迷你的微機電系統構造，形似科幻小說裡具有未來感與對稱性的聖殿藍圖。

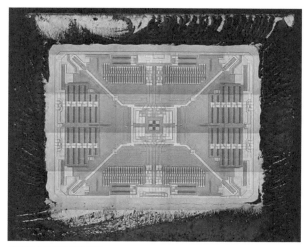

微機電系統的結構

你的 iPhone 手機裡的陀螺儀是一種振動結構式的陀螺儀（vibrating structure gyroscope, VSG）。你猜對了，它是一種陀螺儀，使用一種震動結構來判定某個東西的旋轉速率，運作方式如下：當一個震動體的支撐物在旋轉的時候，這個震動體往往會繼續在同樣的平面上震動。因此，科氏力作用會促使該震動體施加一股力量在其支撐物上。藉著衡量這股力量，感測器就能判定旋轉速率。今天，做這件事情的機器可以裝在拇指大小的物體裡。振動結構式的陀螺儀到處都有，除了你的 iPhone，汽車和遊戲機裡面也有。微機電系統用在汽車裡已經有好幾十年了，它們和加速度計攜手合作，協助判定安全氣囊何時需要被打開。

*　　　*　　　*

陀螺儀是你手機裡的感測器大軍一員，提供裝置到底如何移

動以及手機應該如何回應環境的資訊。這些感測器就躲在 iPhone
某種更隱微但具有決定性的魔法背後,當你把電話拿起來放在耳
邊、平行移動它,或是把它帶到一間黑暗的房間時,手機知道要
做什麼,靠的就是這些感測器。

　　要了解 iPhone 如何找到它在宇宙的立足點,尤其是跟使用者
之間的關係,我們需要針對它最重要的感測器,還有它的兩個位
置追蹤晶片,上一堂速成班。

　　iPhone 初 出 茅 廬 時, 只 有 三 個 感 測 器: 加 速 度 計
(accelerometer)、距離感測器(proximity sensor)和環境光感
測器(ambient-light sensor)。蘋果在它首度登場的新聞稿中,特
別頌揚其中一個感測器的優點。

加速度計使閱讀更容易

　　「iPhone 內建加速度計,偵測到使用者何時把裝置從直式轉
到橫式,接著據以自動改變螢幕的內容,」蘋果的媒體部門在
2007 年這麼寫:「使用者可以馬上看到完整寬度的網頁,或是
以適合的橫向高寬比來顯示一張照片。」

　　螢幕會根據你如何手持裝置而配合調整,是很新奇的效果,
即便它不是什麼特別複雜的技術,但蘋果做得很優雅。

　　加速度計是一種微型感測器,顧名思義,它是用來測量裝
置的加速度。它的歷史沒有陀螺儀那麼久,最初是在 1920 年
代被開發出來,主要用來檢測飛機與橋樑的安全性。最早的模
型有 454 公克重,而且根據業界老手派屈克・華特(Patrick L.
Walter)的說法,它「由一種 E 形框所構成,在介於框架的上端

與中間部位有一個拉壓惠斯登半橋（Wheatstone half-bridge），內含二十到五十五個碳環」。這些早期的感測器用來「紀錄飛機彈射座椅、載客電梯、飛機減震器的加速度，並且紀錄蒸氣渦輪、地下管線和爆炸威力的震動。」以 1930 年代的幣值來看，這個454 公克重的加速度計要價 420 美元。長期以來，做測試與評估的團體，為了確保基礎建設和汽車不會害死我們的產業，使加速度計得以持續進步。華特寫道：「這一群人用他們的航空和軍事規格及預算，驅動這個市場五、六十年。」到了 1970 年代，史丹佛的研究人員開發出第一個微機電系統加速度計，而從 1970年代到 2000 年代，因為汽車產業把加速度計用在安全氣囊感測器的撞擊測試中，使其成為重要的驅動者。

接著，微機電系統當然也進入了計算機產業。不過，在被放進智慧型手機以前，它們得先靠邊暫停一下。

「感測器變得很重要，」比爾布雷說：「好比運動加速度計。你知道它最早為什麼會被放進蘋果的裝置？它一開始是出現在筆電裡。」

「記不記得星際大戰光劍應用程式？」他問：「大家拿著他們的筆電揮來揮去之類的？」2006 年，有個「無用但好玩」的麥金塔應用程式，叫做麥金塔光劍（MacSaber），就是利用麥金塔電腦裡新的加速度計的強項做出來的。兩年後，這個點子變成一個手機應用程式，並且加入 iPhone「絕大部分無用但好玩」的新奇 app 大軍。當然，電腦加速度計的功能絕非只是供人用筆電光劍來戰鬥，如果有人的筆電撞到桌子或突然掉下去，加速度計會自動關閉硬碟，保護資料。

　　所以，蘋果本來就已經有個起點了。「然後就是我們想要把更多感測器放進手機裡，所以就把加速度計搬過去啦！」比爾布雷說。

距離感測器讓手機更貼心

　　讓我們回到 iPhone 最早的聲明，其中指出：「iPhone 的內建光感測器能自動配合環境光源，將螢幕的亮度調整到適當程度，以強化使用者體驗，同時節省電力。」光感測器相當簡單易懂，是從筆電的類似功能移植過來的，今天仍然在使用中。而距離感測器的背後就有個比較有意思的故事了。

　　距離感測器用來讓你的手機知道，如何在你把手機拿到耳邊時自動關閉螢幕，還有在你放下手機時自動亮起螢幕。它們靠的是發射出一波微量無形的紅外線輻射脈衝來運作。那股脈衝撞到某個物體後會反射回來，被發射器隔壁的接收器所接收，並偵測光線的強度。如果該物體（你的臉孔）很靠近，那麼強度會相當大，手機就知道應該關閉螢幕。如果接受到的光線強度低，那麼螢幕亮起來便無妨。

　　「做距離感測器真的蠻有意思的，」蘋果 iPhone 原型機的其中一位教父胡彼這麼說：「裡面真的有很多眉角。」

　　蹊蹺之處在於你需要一個適用所有使用者的距離感測器，無論他們的穿著、髮型或膚色為何。深色會吸收光線，而有光澤的表面則會反射光線。比方某個深色頭髮的人，會有根本無法啟動感測器的風險，而穿著亮片洋裝的人則可能會觸發的太過頻繁。

　　胡彼必須想出破解之道。

「有個工程師有一頭非常黑的頭髮，我就說：『去把你的頭髮剪了，拿一些過來，我要把它黏在這個小小的測試夾具上。』」工程師帶著幾撮頭髮回到工作崗位，胡彼是說真的，他們用頭髮來測試、改良這初生之犢。

頭髮幾乎完全把光線吸收掉。「光線碰到這種東西算是最糟的情境了。」胡彼說。

就算他們讓感測器開始運作，它還是很不穩定。「我記得我告訴其中一個產品設計師：『你在把這東西做進手機的時候，真的要非常小心，因為它超級敏感。』」胡彼說。幾個月後，他碰到這名設計師，他告訴胡彼：「老兄啊！你說對了。我們在弄這個麻煩的東西時，什麼問題都遇上了。只要有一點沒對準的地方，它就不能運作。」

當然，它終於成功了，而且提供另外一種精巧的觸碰功能，幫助 iPhone 更順暢輕柔地融入我們的生活日用中。

全球定位系統抓得住你

判斷你的手機與頭部的距離，可以用一台感測器來感知，而判斷它跟其他事物的距離，則需要一套橫跨全球的衛星系統。你的 iPhone 為什麼可以毫不費力的指引你到最近的一家星巴克，這個故事就跟很多好故事一樣，始於太空競賽。

1957 年 10 月 4 日，蘇聯宣布他們成功的把第一台人造衛星史普尼克一號發射到軌道上。科學家和無線電業餘玩家證實俄國人確實已經打敗其他世界強權而登上軌道，消息傳來震驚全球。為了在太空競賽中捷足先登，蘇聯避開大批他們原本想要發射上

去的厚重科學設備，只幫史普尼克一號配置了一台簡單的無線電發射器。

因此，任何有短波無線電接收器的人，都能聽出蘇聯衛星在繞行地球一周。被指派觀察史普尼克號的麻省理工學院天文學家指出，它發射出來的無線電信號頻率在靠近他們的時候會變高，當它漸漸飄走的時候，頻率則會下降。這是都卜勒效應（Doppler effect）造成的結果，他們因而明白，他們可以透過衡量無線電頻率來測得蘇聯衛星的位置，當然，也可以用來監看自己的衛星。

從那時開始，美國海軍只花了兩年時間，便開發出世界上第一個衛星導航系統「子午儀」（Transit）。在 1960 和 1970 年代，美國海軍研究實驗室孜孜矻矻地投入建立全球定位系統（GPS）。

當然，自從太空競賽以來，地理位置定位已有長足的進步，現在的 iPhone 可以非常精確地讀取到你的行蹤，還有你的個人動作、移動與身體活動。今天，每一支 iPhone 都搭載專屬 GPS 晶片，可三邊測量 Wi-Fi 訊號和基地台，以便準確讀到你的位置。

這項技術最為知名的產品就是 Google 地圖，它目前是全世界最受歡迎的地圖應用程式，恐怕也是史上最受歡迎的地圖，基本上，它已經替代掉地圖這個字眼過去曾有的每一個概念。

但事實上，Google 地圖並非源自 Google，而是由出生於丹麥的兄弟檔拉爾斯・羅斯姆森（Lars Rasmussen）與楊斯・羅斯姆森（Jens Rasmussen）領軍的專案開始的。這兩人在第一波網際網路泡沫破滅後，旋即雙雙遭到新創公司資遣。拉爾斯形容自己是所有認識的人當中「最沒有方向感」的人，並說是他的兄弟想到了這個主意，就在他搬回丹麥家中跟母親同住之後。

　　兩兄弟最後在 2004 年領導了澳洲雪梨一家叫做「去哪裡」（Where2）的公司。這項技術一直無法引起人們的興趣，大家總說他們沒辦法靠著賣地圖賺錢。多年後，他們終於把它賣給了 Google，進而得以變身成為第一代 iPhone 的一支應用程式。

　　而它恐怕是 iPhone 的第一支殺手級應用程式。

　　誠如美國科技網站 The Verge 所說的：「Google 地圖放在 iPhone 上的效果比放在任何其他平台都來得好太多。」捏拉縮放就是讓人操作起來感覺很流暢直覺。當我詢問 iPhone 的創造者們，他們認為首選必用的功能是什麼，Google 地圖是最常被提到的答案。它也是幾乎到了最後一刻才被採用，憑藉早被遺忘的早期合作關係，兩名 iPhone 軟體工程師取得 Google 的資料，花了大約三個星期創建出這個應用程式，改變了人們與引航這個世界的關係。

磁力計感測方向

　　最後，在 iPhone 的位置感測器裡還有一個磁力計（magnetometer），它是所有的感測器當中，歷史最悠久、故事性也最強的一個。因為，它基本上就是個羅盤，而羅盤的歷史至少可以回溯至漢朝，大約西元前 206 年。

　　現在，把磁力計、加速度計和陀螺儀的資料全都餵進蘋果的其中一個新的晶片：運動感測協同處理器（motion coprocessor），這個微型晶片被科技新聞網站 iMore 形容為羅賓，跟在有如蝙蝠俠的主處理機身邊。它是個不知疲倦的小跟班，計算所有的位置資訊，如此一來，iPhone 的大腦就不必親力親為，而得以省下時間、力氣與能源。iPhone 6 的晶片是由荷蘭公司恩

智浦半導體（NXP Semiconductors）所製造的，是所謂的穿戴式功能的關鍵組件，可追蹤你的日常步伐、行進距離和高度變化。它是內建在 iPhone 裡的 FitBit [1]，知道你是不是正在騎腳踏車、走路、跑步或潛水。而且，最後它還可以知道更多。

　　「長遠來看，這個晶片有助於促進手勢辨識應用程式的進步，還能讓你的智慧型手機更細微地預見你的需求，甚至你的精神狀態。」麻省理工學院的大衛・塔伯特（David Talbot）如此寫道。突然翻動你的手機？它可能知道你生氣了。而加速度計已經可以把搖晃視為一種輸入機制。

　　不過，這些功能並非完全毫無爭議，主要是因為它們能做持續性的位置追蹤，而且從技術上來說可以永不關機。拿加拿大程式設計師阿爾曼・阿敏（Arman Amin）的故事來說吧，此人在 5s 開始搭載 M 晶片之後不久，在社交網站 Reddit 上發了一篇他帶著 iPhone 去旅行的故事，無意中引起風波。

　　「我去國外旅行時，我的 iPhone 傳輸線壞掉，所以我的 5s 完全沒電，」阿敏這麼寫：「我經常用阿戈斯（Argus，一種健身應用程式）來追蹤我的步伐，因為它用的是內建在手機裡的 M7 晶片。我一放假回來就馬上充電，很驚訝地發現阿戈斯還能顯示手機沒電那四天我走了幾步。我感到非常佩服，但又有點嚇到。」

　　就算阿敏的電池沒電了，看來還是有些殘留電力足以支撐效率超高的 M7 晶片。它赤裸裸地呈現了 iPhone，還有總的來說智

[1]　譯注：FitBit 為一種智慧運動手環。

慧型手機的興起所伴隨而來的一種共同恐懼感，那就是我們的裝置正在追蹤我們的一舉一動。它提醒我們，就算你的手機關機，甚至電池沒電，還是有個晶片正在追蹤你的步伐。而 iPhone 的位置服務，也讓人對一個除非壞掉，不然會定期把你的下落寄給蘋果的裝置，油然心生疑慮。

在智慧型手機的時代精神裡，動作追蹤器有助於闡明其中一種至為關鍵的矛盾：我們需要永不斷線的便利，卻也害怕永不斷線的監視。從 GPS、加速度計到動作追蹤器，這一整套技術幾乎使紙本地圖絕蹤，也讓指引方向成為一門奄奄一息的藝術。然而，我們的動作、遷移、我們與這個空間世界的關係，卻正在被暴露、被解碼、被利用中。

超過一個世紀以來，像傅科這樣的科學家打造裝置，用來幫助人類認識我們在宇宙中的位置本質為何。那些裝置吸引了大批包含我在內的圍觀者，沐浴在十九世紀行星運動感測的雄偉展示中。隨著老擺錘的搖動，它所證得的物理學，正在決定我們口袋裡的裝置立足點。

而這樣的科技還在進步中。

「我的團隊努力擴充手機的感測器很多年了，」比爾布雷在談到蘋果先進技術部門時這麼說：「還有更多感測器跟其他東西是我不應該多談的，我們還會看到更多的感測器問世。」

| 第八章 |

全副武裝

iPhone 的腦子是怎麼長出來的

◗◗

「你想看一些舊媒體？」

蓄著灰色八字鬍的艾倫・凱咧嘴笑了起來，領著我穿過他位於布倫特伍德市（Brentwood）的家中。他家很漂亮，屋後還有一座網球場，不過以其座落於洛杉磯高級地段來看，談不上奢華闊氣。家裡住著他跟太太邦妮・麥克伯德（Bonnie MacBird），她是一名作家及女演員，曾執筆寫出電影《創：光速戰記》（Tron）的原創劇本。

凱是個人化運算（personal computing）的前輩之一，說他是活傳奇絕對當之無愧。他在同樣知名的全錄帕羅奧多研究中心指導一組研究團隊，領軍開發出影響深遠的程式語言 Smalltalk，為第一代圖形使用者介面鋪路。回到笨重的灰色大型主機年代，他也是早期的先驅，提倡把電腦當成一種學習與創意的動態裝置。靠著他的想像力，才能將電腦送進普羅大眾的手中。

那個想像力的極致精華就是「動力書」（Dynabook）（矽谷最為歷久不衰的概念性人為產物），一種手持式電腦，強大、活躍，而且簡單到小孩都會操作，不但可以學習，更能創造媒體，並且寫出自己的應用程式。1977 年，凱和他的同事愛黛兒・戈柏（Adele Goldberg）發表〈個人化動態媒體〉（Personal Dynamic

Media）一文，描述他們希望的運作模式。

「想像你擁有一台可以自給自足的知識操縱器。」他們如此引導讀者，提到語言以及對知識的看重。「假設它的威力十足，可以勝過你的視覺與聽覺，而且擁有足夠的容量，儲存以供日後檢索的數千頁參考文獻、詩歌、信件、食譜、紀錄、繪畫、動畫、樂譜、波形、動態模擬，還有任何你想要記住與更動的東西。」

動力書的規格聽來有些耳熟。「因果之間不應看出停頓，設計這類系統時，我們會用到的其中一個比喻就是樂器，好比長笛，由使用者握著，可以做出與其意志立即一致的反應。」他們如此寫道。

動力書看起來就像一台有著硬體鍵盤的 iPad，它是首波經人提出的其中一種行動電腦概念，影響力恐怕也最大，並已贏得一個不甚光采的封號，說它是不曾被打造出來名氣最大的電腦。

我前往凱的家中，請教這位行動電腦教父，iPhone 和一個有二十億人口擁有智慧型手機的世界，與他在 1960 和 1970 年代的預想有何不同。

凱認為，包括 iPhone 和 iPad 在內，還沒有什麼東西能實現動力書的初衷。賈伯斯向來崇拜凱，後者曾在 1984 年告訴《新聞周刊》（Newsweek），說麥金塔是「第一台值得一評的電腦」。1980 年代是賈伯斯待在蘋果的第一段時光，他被人請走前，曾經推動一項打造動力書的工作。直到賈伯斯辭世以前，他和凱每隔幾個月就會通上電話，而賈伯斯也邀請他參加 2007 年 1 月的 iPhone 發表會。

「他後來把手機交到我手上，說：『凱，你覺得怎樣？它值

得一評嗎？』我告訴他：『把螢幕做大一點，你就可以統治世界了。』」

*　　　*　　　*

凱把我帶進一間大房間，用側廳來形容這個寬敞的兩層樓空間可能會更好。第一層專門用來放一台雄偉堂皇的管風琴。第二層樓則擺滿了一排又一排的書，就像一間時尚的公共圖書館。舊媒體，果真不假。

我們過去兩個小時都在討論新媒體，那種用連番砲轟的連結、短片和廣告，在我們那受到動力書啟發的裝置上閃來閃去的媒體。這類媒體讓凱感到憂懼，他的已故友人尼爾・波茲曼（Neil Postman）也同感憂慮，這位學者暨評論家曾經寫過一本書《娛樂至死》（Amusing Ourselves to Death），對於正在淹沒我們的當代媒體環境，毫不留情地提出批評。1985 年，波茲曼主張，當電視成為主流媒體的設備，便扭曲了社會的其他支柱（主要是教育與政治），使之隨著娛樂業訂下的標準起舞。

凱有很多論點，其中一個最為突出的看法，是認為由於智慧型手機被設計成一種消費性裝置，由行銷部門來塑造其功能與特色，所以已經變成一種用來更加滿足人們已有想望的載具，這樣的裝置擅長模仿舊媒體，但鮮少被當成一種知識的操縱器。

這也許是它最重要的創新之處：用更快的速度，以新的形式提供我們舊的媒體。

「我記得祈禱摩爾定律會讓摩爾的估計值走到盡頭。」他談到電腦科學家暨英特爾共同創辦人戈登・摩爾（Gordon Moore）

所提出的知名定律。該定律指出，每隔兩年，每平方吋的微晶片上能塞進去的電晶體數量會加倍，這是根據一位產業領導者的研究觀察所得，絕非科學法則。奇妙的是，摩爾最早是用粗略手繪的草圖來呈現此一定律，後來卻成為某種自我實現的預言。

「摩爾定律並未成為一種記述產業進展歷程的觀察，反倒成為驅策其進步的動力。」摩爾曾經如此談到自己的定律，此言不假。初期的時候，產業循著摩爾定律而結為一體，自此之後，它便被當成規劃的目的和同步軟硬體發展的一種做法。

「摩爾只有推估三十年的時間，」凱說：「所以 1995 年，真的是很好的時間點，因為你還不太會做電視。然而，把數量級數再調大兩倍，突然之間，已經出問題的地方，讓大家感到困惑的地方，現在變得毫不費力。」

摩爾定律問世有五十年了，如今才顯現失去掌握度的跡象。它說明了何以我們能把相當於 1970 年代好幾個天花板高的超級電腦，塞進今天一台口袋大小的黑色長方塊裡，還有為什麼我們能用愈來愈纖瘦的手機，流暢地傳送高解析度影片到全世界，玩複雜 3D 圖像的遊戲，並且儲存汗牛充棟的資料。

「假使波茲曼今天重寫一次他的書，」凱如此嘲諷：「書名會叫做《分心到死》（Distracting Themselves to Death）。」

無論你認為 iPhone 是分心的引擎，連結的促成器，或者都是，若想了解它何以有能力兩者兼具，最好的起點就是電晶體。

＊　　　＊　　　＊

你可能已經聽說，現在你手機裡的電腦，比引導第一次阿波

羅登月任務的電腦還要強大。這話說得客氣了，你手機的電腦遠比它強大太多，大概強過十萬倍，而這主要拜縮小到不可思議的電晶體所賜。

　　電晶體可能是過去這個世紀影響最為深遠的發明。它是打造所有電子產品的基礎，iPhone 也包含在內，在最摩登的機款裡有著數十億顆電晶體。當然，電晶體在 1947 年被發明出來的時候，並沒有那麼微小，它是用一小片鍺和一塊塑膠三角片做成的，還帶著一個大約 1.3 公分大的黃金接觸點。你只能塞幾個到今天 iPhone 的苗條身軀裡。

　　電晶體背後的驅動原理是由尤利烏斯‧利林費爾德（Julius Lilienfeld）在 1925 年提出，不過這成果深埋在晦澀難懂的期刊裡數十年，後來才被貝爾實驗室的科學家重新發現並加以改良。1947 年，在威廉‧肖克利（William Shockley）麾下工作的約翰‧巴丁（John Bardeen）和華特‧布拉頓（Walter Brattain）做出第一個可以運作的電晶體，為機械與數位之間搭起永久的橋樑。

　　由於電腦被程式編寫為只能理解一種二進制語言（一連串的 yes 或 no、on 或 off、1 或 0），人類需要一個方法為電腦指出每個位置。電晶體可以把我們的指令詮釋給電腦，「放大」可以是 yes、on 或 1；而「不要放大」則是 no、off 或 0。

　　科學家找到方法把這些電晶體縮小到可以直接蝕刻在一塊半導體上。把多個電晶體放在半導體材料做成的單一平板上，就可以做出一片積體電路或微晶片。半導體（譬如鍺或另外一個你可能聽過的元素矽）擁有獨特的屬性，可以讓我們在電通過時控制它的流動。矽既便宜又充足（它也被叫做沙），到最後，還有一

片山谷以矽晶片來命名呢！

從最基本的層次來看，更多的電晶體意味著可以執行更複雜的指令。有趣的是，更多電晶體不表示會更耗電。事實上，因為它們變小了，所以數量更多的電晶體表示需要的能源更少。所以，總結是：隨著摩爾定律向前推進，電腦晶片變得更小、更強大，也更不那麼能源密集。

程式設計師了解到，他們可以利用多出來的電力去編寫更複雜的程式，於是開始了你知道而且說不定很討厭的循環：每一年都會出來更好的裝置，玩更多新花樣，把事情做得更好；它們可以用來玩繪圖更美的遊戲，儲存更多高解析度照片，更流暢的瀏覽網站等。

以下是一個簡要的大事紀，有助於我們了解來龍去脈。

第一個以電晶體為特色的商用產品，是雷神公司在 1952 年所製造的一款助聽器。電晶體數量：一個。

1954 年，德州儀器推出一款電晶體收音機 Regency TR-1。它接著為電晶體產業帶動一波景氣，也是當時史上最暢銷的裝置。電晶體數量：四個。

1969 年載著人類登陸月球的太空船阿波羅上有一台機載電腦：知名的阿波羅導航計算機。它的電晶體是夾纏成一團的磁繩開關，必須用人工將之編結起來。電晶體總數：一萬兩千三百個。

1971 年，英特爾推出它的第一個微晶片 4004，電晶體覆蓋在 12 平方毫米的面積上，每個電晶體之間的距離是 1 萬奈米。如《經濟學人》（Economist）幫忙做的解釋，說它：「大概是一顆紅血球的大小，小孩用一台像樣的顯微鏡，就可以數出 4004

上個別電晶體的數量。」電晶體數：兩千三百個。

　　第一代 iPhone 處理器，由蘋果及三星共同設計、後者製造的客製化晶片在 2007 年推出。電晶體數：一億三千七百五十萬個。

　　聽起來很多，可是在第一代 iPhone 推出九年後，iPhone 7 的電晶體數大約是前者的二十四倍。總數有：三十三億個。

　　這是你下載的最新應用程式，比第一次登月任務擁有更強大運算能力的原因所在。

　　今天，摩爾定律開始土崩瓦解，因為晶片製造商正面臨次元子空間的限制。在 1970 年代初期，電晶體之間的距離是 1 萬奈米；今天，它的距離是 14 奈米。到了 2020 年，可能只相隔 5 奈米；除此之外，我們在談的只不過是屈指可數的原子。如果打算讓電腦繼續變得更快，恐怕得完全改換新的方法，譬如量子運算（quantum computing）。

　　不過，電晶體只是故事的一部分，而較少被人提及的部分，則是在一塊可安裝於口袋大小裝置的晶片上，所有那些電晶體是如何作用的，以便提供足夠的效能去執行麥金塔等級的軟體，而不會在像是十四秒鐘之後就把電力耗盡。

　　整個 1990 年代都假設大多數電腦會被插上電源，所以有無限量供應的電力來執行它們的微處理器。等到為了手持裝置尋找一個適合的處理器時，市面上真的可供選擇的只剩一個：一家英國公司，幾乎靠著意外偶然發現一種劃時代的低耗能處理器，而在後來變成世界上最受歡迎的晶片架構。

＊　　　＊　　　＊

　　有時候，某項技術是心裡懷著一個明確目的而被打造出來的，因之也就能分毫不差地實現該目的。有時候，是一個僥倖發生的意外促成驚喜大躍進，而得以充分利用出乎預料的結果。有時候，則是兩者皆備。

　　1980 年代初期，英國一家快速崛起的電腦公司裡，有兩個聰明的工程師打算為桌機的中央處理器設計一套全新的晶片架構，他們得到兩個主要指示：更強大、更便宜，所憑恃的口號是：「給民眾俗擱有力的電腦」。他們的構想是做出一個大眾負擔得起的處理器，有能力每秒執行數百萬個指令（所以才俗擱有力）。直到那個時候，高效能的晶片必須為了產業特殊訂製，可是蘇菲・威爾森（Sophie Wilson）和史蒂芬・弗伯（Stephen Furber）想要做一台人人都能用得起的電腦。

　　我是從發布在 YouTube 的一段簡短訪談影片，第一次看到威爾森本人。採訪者問了她一個恐怕是身為發明家或技術先驅，比別人更常被問到的問題，也是我為了這本書做報導時，自己曾經提出不下數次的問題：你對於自己創造的東西獲得成功，覺得如何？「它蠻了不起的，而且一定很意外。你在 1983 年恐怕想不到。」

　　「呃，顯然我們那時認為是會發生的，」威爾森打斷對方，省掉一般人故作謙虛的反應。「我們想要做出一個人人能用的處理器，」她停了一下，說：「所以我們做了。」

　　這不是誇大之詞。威爾森設計的 ARM 處理器是史上最受歡迎的處理器，截至今日已經售出九百五十億個，光是 2015 年就

出貨一百五十億個。ARM 晶片無處不在：智慧型手機、電腦、腕錶、汽車、咖啡機，你說得出名號的都有。

蘇菲‧威爾森是一個變性人，出生於 1957 年，原本名叫羅傑‧威爾森。她成長於一個自己動手做的教師家庭。

「我們在雙親自己打造的世界裡長大，」威爾森這麼說，而且真的如字面上的意義：「我爸有個工作室，還有車床、鑽頭等東西，他建造汽車、船隻跟家裡大部分的傢俱。所有的細軟裝飾、衣服等，則全是我媽做的。」

威爾森喜歡動手拼拼湊湊。「我上大學那時，想要一台 hi-fi 音響，於是我就從無到有做出了一台。如果我想要數字鐘，我也會自己做一台出來。」她這麼說。

她在劍橋大學時，被數學系當掉，結果這是好事一椿，因為她轉系去念電腦科學，加入學校新成立的微處理器學會。在那裡，她認識了另外一個才華洋溢的機械通弗伯，後來變成她在好幾個重量級專案上的工程夥伴。

1970 年代中期，社會對個人電腦的興趣開始蔓延到英國，而且就跟矽谷一樣，緊接在駭客和業餘玩家之後，引起商業人士的注意。赫爾曼‧豪澤（Herman Hauser）是奧地利籍的研究生，因為快要完成劍橋的博士學位，於是四處找理由不回家鄉接下家族酒業。有一天，他出現在微處理器學會。

「豪澤是一個做事沒什麼章法的人，」威爾森說：「在 1970 年代，他很努力的用筆記本跟萬用錢包來管理他的生活。但這不是什麼聰明做法，他想要的是電子化的東西。他知道它必須低耗電，所以他去找個懂低耗電電子產品的人，那個人就是我。」

　　她同意為豪澤設計一款袖珍電腦。「我開始為他做出一些圖解，」她說：「然後，有一次我去找他，把進度給他看，我把整個文件夾都帶去，裡面放著我塗塗寫寫的所有設計：小型單板機、大型機以及各式各樣的設計。」豪澤很激動，「他問我：『這些東西能用嗎。』我說：『當然能用。』」

　　豪澤成立一家後來叫做艾康（Acorn）的公司，會取這個名字，是因為列出名單的時候，它就會被排在蘋果電腦（Apple Computer）之前。威爾森跟弗伯成為艾康的明星工程師。她從頭開始設計出第一代艾康電腦，證明大受業餘玩家的歡迎。那個時候，英國廣播公司正在規劃關於電腦革命的系列紀錄片，想要用一部新機器作為專題，並且可以在新專案「電腦素養普及計畫」中推廣，這個方案是要讓每個英國人都能接觸到個人電腦。

　　這項合約爭奪賽在一部 2009 年的紀錄片《英國電腦鼻祖》（Micro Men）中曾有所著墨，片中把當時還是羅傑的蘇菲‧威爾森描繪成一個說話速度很快的神童，以其電腦才華幫助艾康贏得合約。在跟威爾森用 FaceTime 視訊之後，我必須說電影的描寫不盡然正確；她很銳利、機智，而且散發出一種明顯受不了笨蛋的調調。

　　這部後來叫做 BBC Micro 的電腦大獲成功，很快就讓艾康公司變成英格蘭最大的科技公司。當然，威爾森跟工程師們還是閒不下來。「那是一家新創公司，努力工作的報酬就是更努力工作。」他們立即著手進行二代電腦的開發，幾乎是馬上就遇到麻煩。具體來說，當時可用的微處理器，不管哪一個他們都不喜歡。威爾森、弗伯和工程師們覺得他們必須在品質上有所犧牲，才能

做出 Micro 電腦。「主機板上下顛倒，電源供應器也不是非常好，讓人討厭的地方沒完沒了。」他們不想要再做這麼多妥協。

威爾森提議把二代電腦做成一台多處理器的機器，留下一個開口槽裝第二個處理器。這樣的話，他們就可以進行實驗，直到找到適合的處理器。當時，微處理器是一門熱門生意；IBM 和摩托羅拉主宰高階系統的商用市場，而柏克萊和史丹佛大學則正在研究 RISC。第二個插槽的實驗帶來一個重要洞見：「複雜的電腦被吹捧為適合高階語言，說多好就有多好。可是，簡單的電腦跑得比較快。」威爾森說。

接著，首批來自史丹佛、柏克萊及 IBM 的 RISC 研究論文解密，帶給威爾森新的觀念。大約那個時候，艾康的團隊到鳳凰城一家曾經幫他們設計前代處理器的公司實地考察。「我們以為會看到一棟大樓，裡面滿滿都是工程師，」威爾森回憶說：「結果我們找到的是位於鳳凰城郊區的兩棟平房，裡面有兩個資深工程師和一大群學校孩子。」威爾森隱約覺得 RISC 法符合他們的需要，但以為革新一款新的微晶片需要龐大的研究預算。可是：「嘿，如果這些傢伙可以設計微處理器，我們也可以。」於是艾康公司決定要自己設計完全符合所需的 RISC 中央處理器，並以效率為先。

「那需要一點運氣和偶然，論文發表的時間非常接近我們去鳳凰城的時間，」威爾森說：「還需要豪澤。豪澤給了我們兩樣英特爾和摩托羅拉沒有給他們員工的東西：他給我們『沒人』跟『沒錢』。所以，我們必須用盡可能簡單的方法做微處理器，這恐怕是我們能夠成功的原因所在。」

　　還有一件事情讓他們有別於競爭者：威爾森的腦子。ARM 指令集「大部分是在我腦海裡設計出來的。每到午餐時間，我跟弗伯會陪著豪澤走去酒吧那裡，聊著我們要往哪個方向走，指令集會長成什麼模樣，我們做了什麼樣的決定。」威爾森說，這對於他們說服老闆也說服自己，是很重要的時刻：他們也能做柏克萊和 IBM 在做的事情，自己打造 CPU。「我們當時可能會膽怯，可是豪澤聽我們聊天，開始相信我們知道自己在說什麼。」

　　當時，CPU 的複雜性已經超過多數普通人可以理解的程度，卻依然比今天塞滿電晶體的次原子微晶片簡單太多。不過，為了驅動 iPhone 的晶片奠定基礎的微處理器，原本是用想過一遍的方式設計出來的，還是相當了不起的事情。

　　我很好奇，對於只是使用電腦的普羅大眾來說，那個過程會是什麼樣子與感覺，所以拜託威爾森引領我回顧一遍。

　　「第一步是假想一個指令集，」她說：「自己設計一個你能理解，也能做出你想要的東西的指令集。」然後把你的點子跟同伴分享。「接著，弗伯會去試著理解指令集的實作規範。所以，憑空想像一個他不能實作的指令集，對我一點好處也沒有。那是我們兩個之間的一種動態過程，設計一個夠複雜的指令讓身為程式設計師的我開心，也夠簡單到讓身為微架構實作者的他開心。還要小到足以看到我們能成功並證明它可行。」

　　弗伯在 BBC Micro 電腦上用 BBC Basic 語言寫了一個架構。「第一代 ARM 是建置在艾康的機器上，」威爾森說：「我們用電腦做 ARM，而且只做簡單的那種。」

　　第一代 ARM 晶片在 1985 年 4 月回到艾康的辦公室。

　　弗伯做了第二個機板插在 BBC 電腦上，把 ARM 當成一種附屬設備。他已經為機板做過除錯，不過沒有 CPU 的話，他不能確定正不正確。在機器開機之後，「它該跑的都有跑出來，」威爾森說：「我們計算出圓周率，開香檳慶祝成功。」

　　可是弗伯很快就暫停慶祝。他知道他必須檢查耗電量，因為那是能不能讓電腦用便宜塑膠盒以平價出貨的關鍵所在。耗電量必須低於五瓦特。

　　他在機板上建了兩個測試點測試電流。結果發現，根本沒有電流通過。「這讓他摸不著頭緒，其他人也糊塗了，所以我們戳一下板子，發現供應處理器的五伏特電源其實並沒有接上，那是主機板的瑕疵。所以他試著測量流進五伏特供電器的電流有多少，結果什麼也沒有。」威爾森說。問題是，處理器顯然是在根本沒有電力的情況下還在運作。

　　怎麼會這樣？基本上，處理器是靠著隔壁電路漏出來的電在運轉。「今天，低耗電這個了不起的能耐，是 ARM 最有價值之處，也是它出現在大家的行動電話裡的原因，但它完全是個意外，」威爾森說：「它比弗伯期望的還要低十倍。那真的是在工具沒有弄對的情況下得到的結果。」

　　威爾森已經設計出一個強大且功能完整的三十二位元處理器，耗電量大約十分之一瓦特。

　　誠如 CPU 評論員保羅・戴蒙（Paul DeMone）指出的：「比起更複雜昂貴的設計，譬如代表先進技術的摩托羅拉 68020，ARM 相當受人青睞。」摩托羅拉的晶片上有十九萬個電晶體，而 ARM 只有兩萬五千個，可是它的用電效率高出太多，能夠以

較少的電晶體擠出更多效能。

　　不久之後，威爾森和公司在持續簡化設計的努力下，打造出第一個所謂的「系統級單晶片」（System on Chip, SoC），「它是艾康公司信手做出來的東西，渾然不知這是全世界的關鍵時刻。」基本上，SoC 把一部電腦所需的全部元件整合到一塊晶片上，所以因此得名。

　　今天，SoC 四處猖獗，你的 iPhone 裡也有一片。

＊　　＊　　＊

　　艾康的 RISC 機器是非凡的成就。隨著艾康公司的好運用盡，ARM 卻前景看好。它在 1990 年分拆出去，由艾康和它一度想要在字母排序上打敗的蘋果公司，成立合資企業安謀公司（ARM Holdings plc.）。蘋果執行長約翰・史考利（John Sculley）想要把 ARM 晶片用在蘋果的第一個行動裝置牛頓電腦上。隨著牛頓電腦曇花一現，蘋果在這家公司的股份也降低了。可是，拜低耗能晶片及獨特的商業模式之賜，ARM 晶片數量激增。威爾森堅持，是那樣的商業模式讓 ARM 晶片普及化。

　　「ARM 是因為一個完全不同的理由而成功的，那就是公司的經營方式。」她說。威爾森把它叫做「生態系模式」：安謀並不自行銷售或製造晶片，而是由設計師與客戶密切合作，配合其特定需求開發新的晶片，然後把最終設計授權給客戶。客戶可以購買授權以便存取安謀的設計型錄；他們可以訂購規格，而安謀公司則會對售出的每一個裝置收取小額專利費。

　　1997 年，諾基亞轉而找安謀公司為其經典款手機 6110 打造

晶片，這是第一支以該處理器為號召的行動電話。結果這款手機大受歡迎，有部分要感謝更先進的使用者介面，加上低耗能晶片使電池的壽命延長。噢！它還有「貪食蛇」（Snake），首批成為大眾流行文化素材的一款手機遊戲。

在整個 2000 年代初期，ARM 受歡迎的程度隨著行動電話而成長，成為智慧電子產品的首選。

「這是一家世界上所有其他公司的供應商，而且他們敢把祕密交託給它，」威爾森說：「因為夥伴們知道安謀公司會信守承諾，做一個堅實的夥伴。這麼做符合大家的利益。」

所以說到底，是雙重創新（強大、有效率、低耗能的晶片，加上以協同合作為中心、以授權為基礎的商業模式），使安謀公司比英特爾更加深入主流。然而，你可能聽過英特爾，但不一定知道安謀。

如今，威爾森是博通公司積體電路部門的總監。安謀公司從艾康分割出去時，她成為該公司的顧問。威爾森在 1992 年成為一個變性人，她行事低調，但仍然獲得 LGBT [1] 部落格的頌揚，說她鼓舞了科學、技術、工程與數學領域的女性，科技雜誌也注意到她的成就。她被《無限個人電腦》（Maximum PC）這類雜誌選為科技界十五個最重要的女性之一。《性別科學》（Gender Science）也提名她為當月酷兒科學家（Queer Scientist）之星。她破除 1980 年代蔚為主流的異性戀男發明家刻板印象，我們不免揣想，如果她更符合賈伯斯的模子，今天，她的才華會不會更

---

[1] 譯注：LGBT 是指女同性戀（Lesbian）、男同性戀（Gay）、雙性戀（Bisexual）與跨性別者（Transgender）。

廣受認同。

　　即便我知道自己是在碰運氣，但我還是問了其他運氣不好的採訪者問過她的問題：妳對於 ARM 在 2016 年的興起有什麼感想？

　　「賣出一百億個的時候，我就不覺得驚訝了。」

＊　　　＊　　　＊

　　放在低耗能 ARM 積體晶片上的電晶體，像病毒般倍增、像愛麗絲般微縮。這對我們來說代表什麼意義？

　　2007 年 iPhone 推出時，載有一百五十七萬個電晶體的 ARM 架構晶片（由一大群三星的晶片製作者就地在蘋果總部與其密切合作所設計並製造出來的，後面會有更多介紹），意味著某個你知之甚詳的東西：iOS。

　　那強大有效率的處理器驅動了一套作業系統，雖然為了在袖珍裝置上運作而有所精簡，但看起來、感覺起來仍然跟麥金塔的作業系統一樣流暢摩登。

　　它也意味著 iOS 應用程式。

　　應用程式一開始的數量並不多。2007 年的時候還沒有應用程式商店（App Store）。蘋果為這個平台做什麼，你就用什麼。

　　雖然應用程式是 iPhone 流行起來的關鍵，使之改頭換面，成為今日精采、多樣化，而且看似取之不盡、用之不竭的生態系統，不過賈伯斯一開始堅決反對蘋果以外的其他人替 iPhone 開發應用程式。是因為有為數龐大的開發者要求權限，一票堅持到底的駭客越獄翻進高牆花園[2]，來自工程師和管理階層的內部壓力，

才讓賈伯斯改弦易轍。

　　基本上，情況相當於一場群眾抗議喚醒領導者改變政策。

＊　　　　＊　　　　＊

　　事實上，賈伯斯確實在第一次的發表演講中，用了殺手級 app 這個字眼，而且描述了他心目中殺手級 app 的模樣。

　　「我們想要重新發明手機，」賈伯斯如此宣稱：「什麼是殺手級 app ？殺手級 app 就是打電話！大部分手機打電話的功能很難用，令人驚訝。」他接著展示蘋果把管理聯絡人清單、視覺化語音信箱和電話會議的功能做得多麼簡單。

　　記得，根據蘋果的定位，最早的 iPhone 是：

- 一台可觸控的寬螢幕 iPod。
- 一支行動電話。
- 一台上網裝置。

　　劃時代的「什麼樣的 app 都有」（there's an app for that）[3] 精神，在它的螢幕上還看不到。

　　「你不想讓你的手機看起來像一台個人電腦，」賈伯斯告訴《紐約時報》，「你也不想把手機做成一個開放平台，」賈伯斯在 iPhone 發表會當天告訴記者利維：「你不希望哪天早上你下載的三個 app，其中有一個搞砸了，害手機當掉。辛格勒無線公

---

[2] 譯注：高牆花園（walled garden）：泛指服務內容的提供者把使用者的使用範圍限制在特定區塊，無法接觸其他同類型的服務內容，蘋果許多的應用程式只能在 iOS 系統下運作便是一例。

[3] 譯注：蘋果在 2009 年的一則 iPhone 廣告口號，因影響深遠而被辭典收錄，蘋果也專門申請了註冊商標。

司（Cingular Wireless）也不想看到它們在西岸的網路因為某些app 而變慢。就這方面來看，這玩意更像一台 iPod，而非電腦。」

第一代 iPhone 推出時有十六個應用程式，其中有兩個是跟Google 合作而做的。配置在螢幕底端的四個定點 app 是：電話、郵件、Safari 和 iPod。主螢幕上則有訊息、行事曆、照片、相機、YouTube、股市、Google 地圖、天氣、時鐘、計算機、備忘錄和設定。沒有更多 app 可供下載，使用者也不能刪除或甚至重新排列既有的 app。第一代 iPhone 是個既封閉又靜態的裝置。

賈伯斯在暗示成就 iPhone 霸業的關鍵功能時，最接近的表現是他對 iPhone 行動上網瀏覽器 Safari 的熱情擁戴。大多數智慧型手機提供的是被他叫作「寶寶網路」的東西，整個網路上有著花團錦簇的多媒體內容，它卻只能以文字形式讓人看到其單調無聊的影子。一如賈伯斯在展示時下載《紐約時報》網站並且四處點選，Safari 可以讓你逛到貨真價實的網路。不過，讓蘋果以外的開發者運用 iPhone 的新平台，卻不在其選項之內。

「賈伯斯明白指示我們不得允許第三方開發人員上到我們的裝置，」一位做過 iPhone 的資深工程師格里尼翁說：「主要的原因在於它最重要的身分是手機。其次，如果我們讓一些笨蛋開發者在我們的裝置上寫一些蠢程式，它可能會讓整支機子當掉，而如果有人寫了很爛的 app 拖垮整支手機，以至於害你不能打電話給 119，我們可不想負這個責任。」

賈伯斯特別痛恨會斷訊的手機，這可能是早期促使他把電話功能放在第一位的原因。

「賈伯斯用的普通手機斷訊時，我人就在附近，」在蘋果先

進技術部門擔任資深經理到 2013 年的比爾布雷說：「他會因為手機當機或在他通話時中斷，而從平靜變成火冒三丈。他覺得很不能接受。他的諾基亞，或不管當時他用的是哪個牌子的手機，只要當機，他非常有可能會摔了它或砸了它。我看過他丟手機。他可是對手機非常感冒的。所以他不想讓開發者 app 上到他的手機，原因就是他不希望手機當機。」

可是開發者有鍥而不捨的精神，早在 iPhone 推出前便已如此。很多人已經開發麥金塔應用程式多年，正摩拳擦掌，想要進攻這個很有革新性的 iPhone 系統。他們把目標對準蘋果，在部落格上發文，透過社群媒體提出懇求，要求取得開發者權限。

所以，就在第一代 iPhone 上市前幾週，賈伯斯在蘋果位於舊金山的年度開發者大會上，宣布他們終究能做出 app，也算是 app 啦！他們可以用 Safari 的引擎寫「外觀與表現完全像 iPhone 上的 app」的 web 2.0 應用程式。

約翰・格魯伯（John Gruber）可能是名氣最大的蘋果部落客，本身也是開發者的他寫道：「此話一出，一片漠然。」確實如此。「你唬不了開發者，網頁 app 只能透過網路操作執行，沒有一個 app 圖標掛在 iPhone 的主頁上，沒有任何資料儲存在用戶端。如果這是幫 iPhone 寫軟體的好方法，那麼蘋果為什麼不用這個技術開發自己的 iPhone app？」他在部落格文章最後，以一段直率的評語作結：「如果你只想給我們一個臭三明治，直說無妨。不要說我們有多麼幸運，還有那個東西吃起來有多麼美味。」

即便是 iPhone 的工程師也附議。「他們把平台開放給網頁開發者，說：『它們基本上也算 app，是吧？』」格里尼翁說：「而

開發者社群的反應是，『別鬧了！我們要寫的是真正的 app。』」所以，開發者怒了。到 2007 年 6 月底 iPhone 首次亮相之時，其他智慧型手機已經允許第三方 app。開發者確實有嘗試幫 iPhone 開發網頁 app，可是，誠如賈伯斯自己可能也說過的，它們大多很瞎。「賈伯斯是這樣，他很聰明，十次有九次是對的，可是另外一次他會腦袋秀逗掉，我們會想：『誰可以去跟他說說，他錯了呀？』」比爾布雷說。

　　想要真實的、活在主頁上的、探勘 iPhone 潛能的 app，導致有進取心的駭客們入侵 iOS 系統，不為別的，只為了把自己的 app 裝在上面。

　　駭客們幾乎是馬上開始對 iPhone 越獄（後面有更多討論）。從本質上來看，iPhone 是人類所構想過最為直覺強大的行動運算裝置。可是，多虧了這一群積極進取的駭客們，才能讓消費者真正用到一支這樣的手機。由於他們的功績經常獲得科技部落格甚至主流媒體的報導，讓大眾（還有蘋果）看到這股對第三方 app 的渴求。

　　使用者的需求如此明顯，負責 iPhone 的高階主管及工程師們，尤其是 iOS 軟體部門資深副總史考特・福斯托（Scott Forstall），開始催促賈伯斯同意讓第三方 app 進來。負責作業系統的工程師，還有搭載在第一代 iPhone 的應用程式，已經為第三方 app 開發系統做好內部準備。「我想我們知道這一天總會到來，」iOS 軟體工程副總亨利・拉米雷斯（Henri Lamiraux）告訴我。可是，他說原來為了趕著推出第一代 iPhone，「我們沒有時間做好架構，把應用程式介面（API）清乾淨。」API 是給軟體應用程式用的

一組常式功能、協定及工具。「這是我們最擅長的優勢,公開的時候要非常小心。」

「所以一開始的時候,我們是仿照 iPod 來做這支手機,」尼廷・甘納杜拉(Nitin Ganatra)說:「你能做的每件事情都被內建在裡面。」

儘管如此,在初期便決定把各種功能開發成 app(郵件、網路瀏覽器、地圖),部分原因出自裡面有很多是從麥金塔作業系統移植過來的。「我們已經做好工具,所以可以用非常快的速度開發新的 app。」甘納杜拉說:「我們不會想要做這個,所以有大量的設定只是為了用來打造賈伯斯構思的下一個 app。」

換句話說,他們多少已經有了一套 iOS app 開發用的 API 在一旁待命,即便上市時它還處於粗製狀態。「事後來看,我們這種做法真是妙極了,可是在最早的時候,我們之所以這麼做,絕大部分是為了自己方便的緣故。」甘納杜拉說。

就算幾個月下來開發者的公開吶喊、駭客們有志一同的越獄行動,以及來自蘋果高層日漸高漲的內部壓力不足,也還有一個關鍵因素是賈伯斯和其他支持封閉系統的高層肯定會注意到的。

「iPhone 初試啼聲就出師不利,」比爾布雷說:「很多人並不知道。我在內部看到銷售量,iPhone 上市後的業績很淒涼。它被認為很貴,並沒有流行起來。有三到六個月的時間(前一、兩季之類的),它的表現並不好。」

比爾布雷說原因很簡單。「上面沒有 app。」

「福斯托跟賈伯斯爭辯,並說服他說,聽著,我們必須讓開發者的 app 上到手機裡。但是賈伯斯不想,」他說:「如果有個

app 在你打電話的時候搞壞手機，是不能被接受的。蘋果手機不能發生這種事。」

「福斯托說：『賈伯斯，我會把軟體整合在一起，如果有應用程式異常中止，我們會做好保護，把它隔離起來，我們不會讓手機當掉的。』」

2007 年 10 月，就在 iPhone 首度上市的四個月後，賈伯斯改變主意了。

「在此宣布，我們想讓原生的第三方應用程式上到手機，而且我們計畫在 2 月份把一份軟體開發套件（software developer's kit, SDK）交到開發者手中。」賈伯斯寫了一則聲明公布在蘋果官網：「我們對於建立一個活潑的 iPhone 第三方開發者社群，為我們的使用者創建許多新的 app，感到無比興奮。」（注意，就算在那個時候，賈伯斯，還有幾乎每一個人，都小看了 app 經濟，沒料到它會變成龐大巨獸。）

即便 iPhone 團隊的原始成員，也把賈伯斯改變心意，歸功於打開蘋果高牆花園的大眾運動。

「這是勢在必行的事，」拉米雷斯說：「我們很快就發現，我們不可能寫完大家想要的全部 app。我們會做 YouTube 是因為我們不想讓 Google 做 YouTube，可是然後呢？我們打算去寫每一家公司想做的所有 app 嗎？」

當然不會。這無疑是蘋果公司在 iPhone 上市後所做的最重要決定，而且是經過開發者、駭客、工程師和內部人一再催促下的結果。它是一種反高層的決定，並且已有前例可循，那一次，蘋果公司即便只開放一點點，也能因此獲得成功。

「原始的 iPod 很不中用，賣的不多。iPod 真正紅起來，是等到他們把支援視窗作業系統加入 iTunes 以後，因為那時候大部分人並沒有麥金塔，這麼做讓他們可以看到蘋果生態系統的價值。我有了這個播放器，我有了一個音樂商店，我有了一個視窗作業系統裝置可以順利播放。這時候，iPod 才真的紅起來。你可以說同樣事情也發生在這支手機上，」格里尼翁說：「它的佳評如潮，可是那也是在他們允許開發者進來以後，才改變了蘋果文化的遊戲規則。讓他們做自己的軟體，就是這樣，不是嗎？你有多常把你的手機當成電話在用？大部分時候，你是在雜貨店排隊時，用手機上的推特發一些廢文。你並不把它當手機用。」

沒錯，我們用的是 app。我們用臉書、Instagram、Snapchat、推特，我們用地圖，我們發簡訊，可是我們也很常使用非原生的 app，像是 Messenger、WeChat、WhatsApp。

事實上，在蘋果對這個產品所想像的使用情境中（電話、iPod、上網裝置），真正讓 iPhone 具有革新效應的只有一個。

「賈伯斯就是這樣用他的電話的，」蘋果分析師德迪烏說。想想今天大家怎樣把時間花在他們的行動裝置上，你不會想到打電話。「如今，手機的頭號任務變成社群媒體，第二名大概是娛樂，而第三名恐怕是方向、地圖或同性質的東西，」德迪烏說：「那時，有電子郵件或其他基本的溝通工具，不過社群媒體還不存在，雖然它已經被發明出來了，可是還沒行動化，也還沒有經過改造。真的，如果要拿它們來做比喻的話，是臉書想出了手機的用途。」

開發者套件在 2008 年冬末問世，接著到了夏天，當蘋果發

布它的第一個 iPhone 升級款 iPhone 3G 時， App Store 也終於千呼萬喚始出來。開發者可以把他們的 app 提送內部審查流程，檢查品質、內容與程式錯誤。一旦該應用程式被核可而且賺到錢，蘋果會抽成 30％。正是在這個時候，智慧型手機時代方才進入主流，也是在這個時候，iPhone 才發現它的殺手級 app 並不是電話，而是一個容納更多 app 的商店。

「等到 app 開始出現在手機上，銷售數字才見起色，」比爾布雷說：「突然之間，這支電話變成一種現象。它不是網路瀏覽器，它不是 iPod 播放器，它也不是手機或任何之類的東西。」

我問他怎麼能確定 app 是原因所在。

「這是一對一的相關性。當我們宣布要有 app，開始允許它們掛上來，大家才開始買 iPhone。」他說。而且銷量急劇上升。「數字曲線就像曲棍球桿的形狀那樣衝高，一開始你看到它在辛苦掙扎，然後到了那個點以後，它就一飛沖天，開始大賣。」

「app 是一座金礦。」格里尼翁說。

格里尼翁說他們觀察到成功征服新生態系統的第一支 app，並不是什麼聰明伶俐的新的生產力 app，也不是金光閃閃、有多點觸控的新電玩遊戲，而是一款放屁機。

「寫了 i 屁（iFart）的傢伙在那款 app 上賺了 100 萬美元。當然我們今天會笑它，可是老天爺，真的是 100 萬美元耶，老兄啊，從一個播放屁聲的 app。」怎麼可能呢？時機幫了大忙。「從文化的角度來看，他的 app 是第一個在深夜脫口秀被當成題目討論的 app。大家都在取笑他，但他可是開心的在銀行數錢數到手抽筋。我們就是從那時候開始，看到這些東西真的打進主流的關

聯性。情況就好像：iPhone 是很酷沒錯，不過你知道嗎？放屁app，太讚了。」

2007 年，app 的概念還沒有滲透到大眾文化；電腦使用者當然熟知軟體應用程式，不過大多數的一般使用者大概以為，它們就是用光碟安裝在硬碟裡的程式。

iPhone 有了新內建的 App Store 和直覺的使用者介面，為一套簡單、容易編寫，也容易使用的 app 創造了條件，讓人有機會去重新架構大多數使用者接觸及使用軟體程式的方式。也許那個 app 只是需要一個載具，去呈現這個平台上有著千奇百怪耍白痴的互動軟體，也許它需要用可笑至極的內容去踹開大門。

「我們不是踹門而入，我們是破門而入，」赫赫有名的 i 屁創作者喬爾·柯姆（Joel Comm）說：「精彩的雙關語可真多呀！」

1990 年代起，柯姆便已經在經營網路事業，當蘋果在 2008年公布開發者套件時，他馬上讓自己小小的作戰部隊 InfoMedia 動起來。「我們的第一支 app 不是 i 屁，而是 iVote，是 2008 年首批問世的數千支應用程式中的一個。」但這個有公民意識的 app 並沒有帶給人們太大印象。「我們在白板上畫了好多其他點子。你知道寶可夢嗎？我們在 2008 年就有一個像那樣的點子是用來抓鬼的。可是，有個成員說：『我們來做個放屁機吧！』大家笑到不行。所以我說：『就做吧！』」

當他們快要完成時，看到另外一個放屁app「我要放屁」（Pull My Finger）被退回了。首先，他們很驚訝已經有人嘗試在做一款放屁 app（雖然他們認為自己的比較好）。其次，他們覺得很悶：「蘋果是不會核准放屁 app 的。」柯姆說：「『放著吧！我

們可不想讓蘋果大神不開心。」所以我們真的把它擱在一旁，改做別的東西。」不過，過了一陣子，只要團隊有人提到 i 屁，大家還是會笑個不停。因此，柯姆決定放手一搏。「要嘛就送審，要嘛就算了，不要占著茅坑不拉屎，」他說：「他們就這麼幹了。」

蘋果對於自己的脹氣政策顯然改變心意。他們很快就得到消息，說「i 屁和其他三款放屁 app 都核准了，其中一個是『我要放屁』。我馬上發出新聞稿。我們的 app 在各方面都技高一籌，所以衝上了排行榜。」他們為這款 app 訂的價錢是 99 美分，他說，到聖誕節時已經賣出大約三萬個。一如格里尼翁提到的，媒體發現了它。「於是它登上排行榜的榜首，全世界第一名，而且高居榜首超過三個禮拜。」喬治・克隆尼（George Clooney）曾宣稱它是他最喜歡的 app。比爾・馬厄（Bill Maher）[4] 則說：「如果你的手機會放屁，你也脫不了干係。」

i 屁的成功，預示了在一塊新的數位經濟西部荒野上，即將興起一股淘金熱。「我大概淨賺 50 萬美元，在宣傳、公關和信用方面得到的價值更高。下載超過兩百萬次以上。」總的來說，那是少數幾個人工作三個禮拜的結果。

「它不是什麼天才之作，」柯姆說：「是時機正好的關係，『我們來讓這東西放屁吧，而且把它做得精緻一點。』我想是它的新奇，它的製作，還有媒體報導的關係。它不複雜，它是個發聲機。」做一個數位放屁坐墊的利潤是 50 萬美元，一方面看似

---

[4] 譯注：馬厄為美國著名獨角喜劇演員、談話性節目主持人、作家，也是社會及時事評論員。現為 HBO 談話性節目《馬厄脫口秀》（Real Time With Bill Maher）的主持人。（摘錄自維基百科）

乎很蠢，可是它也是先驅，為開發者和一種新的市場規則，揭開了充滿契機的新紀元。顯然，早期突圍而出的 app 並沒有那麼膚淺，很多初期成功案例都是遊戲，如音樂節奏遊戲「Tap Tap Revenge」、「超級猴子球」（Super Monkey Ball）和「德州撲克」（Texas Hold' Em poker），而且有很多是真的扣人心弦的，譬如「潘朵拉電台」（Pandora Radio）和「音樂神搜」（Shazam），到現在都還是很成功。

　　「當然，現在大家都在寫放屁 app，不過他是第一人，」格里尼翁說：「蘋果已經創造出這個新經濟，而早來的淘金者賺最大。」

＊　　　＊　　　＊

　　這個新經濟現在口頭上被叫做 app 經濟，已經演進成一個有著數十億美元的市場，由矽谷的暴發戶企業所主宰，如優步、臉書、Snapchat 和 Airbnb。App Store 是一個浩瀚無垠的宇宙，容納了充滿希望的新創公司、浪費時間的遊戲、媒體平台、無性繁殖的垃圾郵件、老企業、藝術專案和新介面的實驗之作。

　　不過，考慮到 iPhone 已經讓 app 成為全球通用語的程度之深，我認為值得去評判 app 的核心到底是什麼，還有這個名氣很大的新市場代表什麼意義。所以，我聯繫了亞當‧羅斯汀（Adam Rothstein），他是在波特蘭工作的數位典藏人和媒體理論家，曾經研究過早期的 app。他蒐集一套轉盤（volvelle），其中有些是最原始的版本，已經存在數百年之久。

　　「一個方式是把 app 看成『視覺化資料的簡化介面』，」羅

斯汀說：「任何 app，不管是社群媒體、地圖、天氣或甚至遊戲也好，都是透過一個小型介面呈現大量資料，以各式各樣的按鈕或手勢來駕馭和操控那些資料。轉盤也是一樣。它把一張表格上的資料呈現在一個有計算尺刻度的圓形介面上，讓使用者能輕鬆地檢視不同的資料關係。」

形式最簡單的轉盤基本上就是上面刻有一套資料集的紙製轉輪，然後黏附在另外一個紙輪上，上面也有自己的資料集。透過操作轉輪，就能產生關於這個世界容易解析的資訊。

它們是中世紀的伊斯蘭天文學家發明的，用來當成參考工具、導航設備及計算機。「它們第一次出現在十一、十二世紀時，是很有創新性的，靠著相對高科技的紙張，還有專家和書本裝訂商的知識，來讓這個東西運作起來。」羅斯汀說。

所以，有些最早的行動 app 是用紙做的。「幾個世紀以來，我們一直在把資訊卸載到外部腦子裡，從硬紙板到觸控螢幕，很高興在其連貫性中感受到傳承。」羅斯汀如此提到。事實上，有些歷史學家認為轉盤是古時候的類比式電腦。「安提基瑟拉儀（Antikythera）（科學家至今還無法判定確切起源的神祕希臘星盤，是已知最早的運算裝置）更古老，而且還有算盤和計數針。不過，轉盤絕對是一種老牌 app。」

重點是幾個世紀以來，人們向來會利用工具去簡化運用資料，並且調配出解決方法。以優步為例：這個 app 的重大創新之處，在於有效率的將司機與乘客配對的能力，它讀取川流不息的資料集，藉由司機的 GPS 信號，得知某個區域可提供服務的司機數量，然後跟想要搭車的乘客數量交叉比對，從這些資料集的

交集便可比對出你和符合你搭車需求的司機。優步是一種靠著 GPS 和 Google 地圖驅動的賺錢用轉盤。

有三個移動物件的轉盤，分別代表黃道帶、太陽和月亮，以顯示它們的相對位置與月亮的盈虧以及天文圖像（大英博物館）。

「我認為當我們在開發新技術的時候，應該記住在人類歷史上，已經開發出無數個類似的技術。我們也許想出一個比較好的技術，可是我們用它來解決的，基本上往往是一模一樣的問題。

就算我們想要拿新技術做出全新的應用，也應該記得即便我們重新發明了輪子，輪子還是輪子。許多基本的人類需要，遠比我們願意承認的還要久遠永恆。」羅斯汀說。

今天，人們也許正在使用以次原子層次布局在一個先進微處理器內部的數十億個電晶體，可是很多時候（說不定是大部分時候），我們運用那樣的運算能力，完成的是跟中古世紀的早期採用者同樣的事情。

＊　　＊　　＊

在思考 app 經濟時，這一點應謹記在心。

畢竟，今天的 App Store 裡有超過兩百萬個 app。「蘋果在 2008 年推出 App Store，點燃了 app 革命。」該公司在自己的官網上這麼寫：「不過六年時間，iOS 生態系統已經協助創造了超過六十二萬七千個工作，而美國本地的開發者也已經從行銷全球的 App Store 賺到超過 80 億美元。」

2016 年的一份報告估計，app 經濟價值 510 億美元，而且這個數字到 2020 年還會翻倍。在 2017 年初，蘋果宣布它在 2016 年已經支付 200 億美元給開發者，而 1 月 1 日是該公司 App Store 單日銷售金額史上最高的一天；大家下載了價值高達 2.4 億美元的 app。Snapchat（一個傳送視訊訊息的 app）價值 160 億美元。Airbnb 價值 250 億美元。Instagram，五年前被臉書以 10 億美元收購，據說現在價值 350 億美元。而所有的 app 公司當中，規模最大的優步如今價值 625 億美元。

「app 產業的規模現在大過好萊塢，」德迪烏告訴我：「可

是沒有人真的去談它。」考慮到蘋果是一個如此龐大的企業，又絕大部分營業額來自 iPhone，他們在 App Store 業務上的成功是被低估的。要記得，僅僅憑著提供平台，他們就能收取銷售金額的 30%。「大家會問，蘋果能變成一家服務商嗎？說來很妙，他們已經在這方面做得相當成功了，因為他們正從這方面的業績賺到 400 億美元。」德迪烏說蘋果「光靠著服務」便能登上財星百大企業：「我還沒算過數字，不過我認為他們在這些服務上賺到的錢比臉書還多，說不定也贏過亞馬遜（Amazon）。」

真是了不起。蘋果靠著經營 App Store，賺到的錢便比其他兩家最大的科技公司在全世界的總收入還多。

為了從歷史脈絡對 App Store 取得更好的理解，我聯繫一位牛津大學的科技歷史學家艾傑頓，他是《老科技的全球史》（The Shock of the Old）一書的作者，該書一路娓娓道來，告訴我們形塑生活的通常是歷久不衰的老科技。談到 iPhone 和 app 經濟，他在電子郵件裡說：「一個最大的問題是過去幾十年來，幾乎所有經濟上的變化都被歸功於 IT，」IT 指的是資訊科技（information technology）。「有時候，它已經在修辭上成為改變的唯一起因。這顯然很荒謬。」他談的是很多金融分析師和經濟觀察家有強烈的傾向，喜歡把成長與進步歸功於科技，歸功於 iPhone 和 app 經濟。

「其中一個真正大規模的全球變遷來自市場自由化，尤其是勞動市場。說優步是 IT 造成的，跟說它是一股慾望想要極大化計程車和司機的工作，讓他們陷入彼此間無止無盡的競爭造成的，是很不一樣的。」他又寫說：「也要注意到，高科技曾經帶給我們一個悠閒的世界，如今，它帶給我們毫不停歇的工作。」

　　app 經濟是一股多麼強大又具有變革性的力量？它是否從根本改變了生活？還是它只是重新安置了一個鐵達尼號模擬器 app 上的甲板休閒椅？

　　發現真相的唯一方法，是盡量遠離矽谷泡沫，到一個在地人相信此一變革力量的地方「矽原」（Silicon Savanna）[5] 走動走動。

*　　*　　*

　　在飛機下降時從窗外遠眺奈洛比（Nairobi），隨著城市逼近，你會看到一個凌亂蔓延、一望無際到出人意表的大草原。運氣好的話，瞇起眼睛也許可以看到一隻長頸鹿。飛機場離奈洛比國家公園只有幾公里遠，這是世上唯一一座落在大都會裡的保護區。從你的窗戶往外看，你會看到一個熙來攘往的城市正在劇烈變形，摩天大樓、公寓建築、道路及各式各樣的基礎建設在施工中。

　　看風景的機會很多。奈洛比的交通似乎永遠處在打結狀態，沿街都是賣香蕉和甘蔗的小販。有一次，我們卡在路上十分鐘一動也不動，司機還搖下車窗，幫我們買了一袋甘蔗，而城裡有名的馬它圖（matatu）公車，精心裝飾著紮染彩繪或也許是一幅肯伊．威斯特（Kanye West）[6] 人像，緩緩地從一旁轉過去。靠近城中心，你會看到大批看板和公車廣告在兜售行動商品與服務。

　　我旅行到此，是為了理解 app 對開發中國家的影響有多大，而我覺得這個被譽為非洲最精通科技的國家是個好去處。

　　肯亞的行動化是獨一無二的（我猜除了傳統概念外，在其

5　譯注：矽原也譯為矽大草原、矽薩凡納或東非矽谷。
6　譯注：威斯特為美國饒舌歌手。

他各方面也都是）。2007 年，iPhone 首度亮相的同一年，肯亞的國家電信公司薩法利通信（Safaricom）和跨國企業沃達豐（Vodafone）結盟發行了 M-Pesa（peas 在斯瓦西里語〈Swahili〉中是「錢」的意思），這是一種行動支付系統，讓肯亞人可以用他們的手機輕鬆轉帳。根據研究顯示，就在這套系統實施不久後，肯亞人已經把通話時間當成貨幣彼此移轉，M-Pesa 廣受歡迎。從那時開始，由於 M-Pesa 大行其道，肯亞已經快要成為全球首批採用無紙化貨幣的國家之一。

也是 2007 年，在一場被獨立評論員認為「有瑕疵」的爭議選舉過後，現任總統拒絕下台，肯亞的動盪局勢蔓延開來。抗議活動四起，雖然大多數很平和，可是警方卻用暴力鎮壓他們，數百人遭到槍擊身亡。同時，種族間的暴力逐漸升高，很快便宣告進入危機狀態。

隨著暴力鎮壓的報導浮上檯面，肯亞的部落客們開始採取行動。艾瑞克‧赫爾斯曼（Erik Hersman）、茱利安娜‧羅蒂奇（Juliana Rotich）、奧芮‧奧科羅（Ory Okolloh）和大衛‧科比亞（David Kobia）打造了一個叫做「烏沙希迪」（Ushahidi，斯瓦西里語的「證言」）的平台，供使用者以手機報導事件。接著，這些報導會被整理在一張地圖上，以便使用者可以標出暴力位置，保持安全。烏沙希迪很快在國際間流行起來，被用來追蹤南非的反移民暴亂，監看墨西哥和印度的選舉，也用於 2010 年海地地震和英國石油公司（British Petroleum, BP）墨西哥灣漏油事件的餘波中。

這個行動化平台使肯亞獲得國際注目，被譽為創新的溫床。

《彭博商業周刊》把奈洛比稱為「非洲科技樞紐」，而矽谷流言的大仲裁家科技媒體 TechCrunch 則指出：「大多數有關非洲科技運動圈起源的討論，都會回到肯亞。」當 Google 想要進入這塊大陸時，它選擇在奈洛比開張。《時代》雜誌則盛讚它是「矽原」，而這個名號就此定型。肯亞的行動服務成功的時間軸和新興的 app 熱潮同步，帶動具備行動意識的投資者、創業家、慈善團體和社會企業來到奈洛比。

「2008 年到 2012 年正處於行動革命的高峰期，所以什麼東西都得冠上行動這個字眼，行動書、行動什麼的。」穆蘇里‧基亞姆（Muthuri Kinyamu）這麼告訴我。他管理耐斯特全球（Nest Global）的通訊與程式部門，是奈洛比科技圈的老手。在那段時間，很多有興趣的團體想要資助行動新創業者，創造出一個像「烏沙希迪」那樣的成功故事。

為了幫助肯亞的創業家、開發者和新創公司善加運用這股興起的熱潮，將所開發的系統推出市場，2010 年，赫爾斯曼和他在烏沙希迪的共同創辦人創立了 iHub，原本是自籌資金，但後來收到 eBay 創辦人的慈善投資公司歐米迪亞網路（Omidyar Network）140 萬美元的資金挹注。iHub 提供配備高速網路的共同工作空間，鼓勵新創業者和開發者在此聯合他們的技能與資源。

「它有助於催化，讓事情動得快一點。」赫爾斯曼說。他是美國人，成長於肯亞和蘇丹，長期在自己的網站「非洲白人」（White African）發表有關該地區的文章。「我認為肯亞在這一塊做得比較好的原因是，奈及利亞有人，南非有錢，可是肯亞這個族群多年來已經緊密結合，所以大家往往會攜手合作把事情做

好。這是非常肯亞的作風，是一種帕莫加（pamoja）的概念，斯瓦西里語的意思就是『在一起』」。

　　就算是在奈洛比，iHub 的名氣也不響亮，我的優步司機儘管有 GPS 導航，但他其實並不知道 iHub 是什麼名堂或位於何處。我們沿著灰塵飄揚的半泥巴路尋找，終於在利昂路的一條主要幹道上找到它，它的標誌就高高掛在一棟彩色辦公大樓的四樓。我走進去，裡面既擁擠又很電子化。每張桌上都有筆電，角落有咖啡吧，興高采烈的對話聲此起彼落。如果只看內部設計、裝潢和氣氛，我也有可能是在帕羅奧多（Palo Alto）[7]。

　　我會晤一個叫做尼爾森・夸米（Nelson Kwame）的創業家，此人一面經營一家新創公司 Web4All，一面也做程式開發的工作。在父親逃離將國家一分為二的戰爭後，夸米於 1991 年出生於蘇丹。他來到肯亞上大學，相信這個地方的未來，就在於流暢的技術能力，並且為此深受鼓舞。夸米利用 iHub 尋找潛在夥伴和打工機會，他說：「譬如我朋友是個開發者，他舅舅工作的公司需要一個 app。」而夸米就會有興趣做。「我做很多網站，還有很多 app。」他衷心相信，寫程式、網站開發以及愈來愈多的 app 開發，是促進這個區域成長的重要技能。他的新創公司在不同地區開辦全天課程，教寫程式、開發和創業技能。他才剛在肯亞的海港大城蒙巴薩（Mombasa）教了一堂課，課堂爆滿。

　　很多這類工作來自想要用 app 去接觸到國際化受眾的開發團體或企業。我碰到一個叫做甘迺迪・基爾迪（Kennedy Kirdi）的

---

[7] 譯注：帕羅奧多位於加州，Google 和臉書等高科技公司座落於此。

年輕人，在 iHub 顧問部門工作，他正在寫一個由聯合國出資的app，幫助公園巡守員對抗盜獵者。

還有很多是由上而下的：美國官方、投資者、開發商和立意良善的慈善機構，把 app 當成一種善巧的載具，用來刺激開發中國家的變革與成長。非洲向來以突飛猛進的固網和大量使用手機聞名於世，所以有很多 app 熱潮下的意識形態，起初是被全盤複製到這個區域的，即便那時大多數肯亞人都還沒有智慧型手機。

「市場占有率還沒有大到足以支撐一個智慧型手機經濟，」曾經深入 iHub 工作的賓州大學學者艾莉諾‧馬強特（Eleanor Marchant）告訴我：「開發 app 只是在趕時髦。」

「認知真的會影響事情的做法，」她說：「就算是錯誤的認知。有個對肯亞的認知是它在行動方面很強，結果這是一種假對等的概念。」馬強特說，很多早期捐助型的新創企業並沒有成功。這麼多年來，它們並沒有變成另一個烏沙希迪或 M-Pesa。「比方說，就算是 M-Pesa，它本身的介面也很慢，因為它是為了老式諾基亞手機而設計的，app 在上面不能運作或無法真的發揮作用。它是一種文字型介入的做法，現在還是這樣。」

換言之，行動革命或基於 app 的革命，在歐美是一種文化現象，但這個觀念被拙劣的移植到肯亞，面臨的卻是迥然不同的現實。最主要的還是，民眾普遍負擔不起智慧型手機。

「它沒辦法就這樣落地生根。」基亞姆說。我造訪基亞姆新闢的科技空間，即將盛大開幕的「創辦人俱樂部」。一對猴子在停車場的樹上跳上跳下，開心地在樹枝間擺盪。「我們這裡有兩種人，譬如在美國創業然後回到這裡的當地人，我們也有從歐美

來這邊湊出一筆資金的傢伙，」他說：「這些人很多其實都虧錢。他們不是非洲人，非常理想化，對非洲興致勃勃，也嘗試很多東西，從駭客松（hackathon，編程馬拉松）、系統開發到戰鬥營。不過有很多失誤。因為出發點不對。」

「由於它是由捐助者所驅動的，所以他們說『我們來找一些有能量的東西』，然後就把錢砸進來，」他說：「所有這些，聯合國、非營利組織、做決定的人，認為『這是非洲需要的』，這種錢也很多，而且必須在 2015 年以前就花掉或完成部署。這種很多都是從供給面驅動的，大家更認為這是一種慈善個案，所以只要你會做就好，很蠢，可是它可以講出一套更好聽的故事。」

「沒錯，你拿到這 100 萬美元補助金，然後呢？」他說：「不公平就是在這裡產生的：沒有公平的競爭環境。如果你接觸不到這層網絡、這些會議、這些有錢的人，而他們的根據地又往往不在這裡，你就沒戲唱。」

他說，部分問題出在投資者和捐助者想要把矽谷心態進口到奈洛比。「在此之前，是一些來說教的外國人。你知道的：『這是矽谷成功的做法，對你們也應該有效。』」

可是，肯亞人不能只是做出一個殺手級 app，就期望投資者會注意到它，然後像在舊金山那樣被人用幾百萬美元收購。「大家就是不明白他們在玩的是什麼樣的局。在這裡，創業更攸關生存，真的很辛苦。新創公司很辛苦，可是在這裡更辛苦。因為你在收政府本來就該做好的爛攤子。」

因此，app 的故事從具有普遍性的、改變世界的 app，搖身一變成為提供更在地化的功能。「很多新東西已經某種程度在地

化了，納入適用此地的情境脈絡。在做軟體以前，你更需要了解，你打算修補系統的哪個部分。你必須給自己一年時間去做些曝光展示。你很早就要考慮營收的事，所以顧客是你唯一的金錢來源。這樣的話，真的腳踏實地的創辦人就會確實為了生活而做，它跟我需要做出成果來付租金、養兩三個員工、把公司經營下去有關，而不是為了被收購。」基亞姆說。

因此，最新一波的新創業者似乎把目標明確鎖定在肯亞人的福祉上。有個一直成為討論話題的 app 是 Sendy。「基本上它是利用你到處看得到的小摩托車，把它們變成送貨節點。」赫爾斯曼說：「他們正在把這條送貨鏈升級成一個自己的優步。」基亞姆則努力透過以推特為基礎的平台「這算條路嗎？」（What Is a Road?），提高大家對於肯亞基礎建設不足的注意，鼓勵使用者紀錄路上的坑洞，建立一個持續累積的資料庫。而近期一個快速崛起而且最為成功的 app，是為了幫助路邊的水果攤跟農夫進行協調之用。赫爾斯曼和羅蒂奇新近投資的 BRCK，則是一個堅固的行動路由器，可以從遠端提供智慧型手機 Wi-Fi 連線。

今天，有 88％的肯亞人擁有手機，而根據非洲科技新聞網站 Human IPO 的報導，在肯亞賣出的所有新手機中，有 67％是智慧型手機，肯亞是非洲大陸採用率最快的國家。凡此種種，皆有所助益。政府已經核准資金給一個有爭議性的康薩城（Konza City），用 140 億美元打造出「科技城」，理想上可以提供高達二十萬個 IT 工作機會。資訊科技占經濟產值的 12％，比起五年前，多出了 8％。蘋果在這裡的知名度不高，不過，我認識的企業家們告訴我，創辦人和其他業內人士會揮舞著 iPhone，當成社

會地位的象徵，也會在重要的會議中拿出來炫耀。

　　而許多開發者似乎熱衷於縮短獲利和社會企業之間的距離。「出現一種覺醒是說，嘿，把新創企業看成獲利和社會企業這兩種二元對立的運作是錯的，」夸米說：「有人覺得社會企業也需要獲利，至少可以永續經營。」所以它走另外一條路。「整個體系不再只是為了賺大錢，而正在朝著這種綜效移動。」他估計，只有30%的新創企業會依循捐贈性資助、社會企業的模式。

　　有些開發app的核心價值變得更為重要顯眼，像夸米這類開發者不再僅僅為了追求補助，而把更多重心放在有興趣的事物上。「當你做出東西而大家會用，你會『哇！』」他說：「然後，有一種被肯定的感覺。」

　　我在奈洛比發現的「行動革命」故事難有定論；一如既往，它是由幾個思想前瞻的創新之作（由公民部落格和國家電信公司所創）、良好的行銷與敘事、把城市神聖化成矽原的緩慢進步所結成的一張網。儘管那種名號的實質影響是複雜的，而app經濟恐怕也還沒有讓大多數肯亞人受惠太多，但這樣的認知，不管是在iHub的牆內或牆外，已經讓它的科技風貌感染上一股驅策感與身分認同感。

　　這裡沒有長途跋涉到舊金山，想要做出一支app改變世界的富家子弟。我在此地認識的人，大多是非常聰明、有企圖心的開發者（如果他們人在矽谷，而非矽原的話，恐怕已經是百萬富翁），賺到的錢只夠餬口，努力讓家鄉更接近他們所允諾的改變。

＊　　＊　　＊

　　最起碼，app 已經重塑了人們對於提供軟體及核心服務的看法。不過，關於 app 經濟還有另外一事：它幾乎全是遊戲。2015年，遊戲占了 App Store 營收的 85％，高達 345 億美元。這也許不令人意外，因為有些最受歡迎的 app 就是遊戲，像「憤怒鳥」（Angry Birds）或「糖果傳奇」（Candy Crush）就無所不在到不可思議的地步。只是 app 經濟向來以引領創新的革命性能量自詡，而非一個揮霍時間玩付費益智遊戲的地方。

　　App Store 也成為孤狼行動能在一夕之間創造爆炸性成功的地方。有個越南籍的開發者叫阮哈東（Dong Nguyen），做了一個簡單的像素化遊戲叫做「瘋鳥」（Flappy Bird），成為 App Store 其中一個獲得熱烈下載的 app。這個遊戲很困難，而且如今極具指標性，它的快速崛起引起媒體廣泛討論。據估計，靠著玩遊戲時出現在螢幕上的橫幅廣告，這個遊戲一天可賺進 5 萬美元。

　　除了遊戲之外，app 市場另外一個主要收入來源是訂閱服務。截至 2017 年初，Netflix、潘朵拉、HBO Go、Spotify、YouTube、Hulu 全都登上 App Store 收入最高的前二十名排行榜，而除了 Tinder 這個約會 app 之外，剩下的都是遊戲。

　　這也和基於手勢的多點觸控帶來的流暢感、相機的無所不在、社交性網絡串連一樣，是一個新出現在我們生活裡的常態元素，無法視而不見；你永遠可以選擇讓自己的感官溶化在一個令人喪失心神的 app 裡，敲擊螢幕，靠著晉級為自己贏得一點少少的多巴胺。面對所有關於創新 app 使經濟產生徹底變革的談論，切記在心，只要我們確實言行一致，那麼我們有 85％ 的時候，是在花錢買分心。

　　這並不是說沒有傑出的 app 能幫助這個裝置成為一種凱曾經想像的知識操縱器，或大量免費 app 提供有價值的文化貢獻卻未能帶來太多收入。不過，有太多 app 的錢流向遊戲和串流媒體，而這些服務都是設計來盡可能讓人上癮的。

　　幾乎就在「瘋鳥」博得國際知名度的同時，阮哈東決定把它賜死。「『瘋鳥』原本是設計用來在你放鬆的時候玩個幾分鐘用的，」他在一場《富比世》（Forbes）的採訪中說：「可是它不巧變成一種上癮產品。我覺得它已經造成問題。」評論家無法想像他為什麼會放棄一天 5 萬美元的收入。他已經自己把 app 做出來，可以靠它致富。然而，他壓力很大而且深感愧疚，這個 app 太令人沉迷了。「為了解決問題，最好的辦法就是把『瘋鳥』下架。它永遠消失了。」

＊　　　＊　　　＊

　　這把我們帶回凱。「新媒體終究只是在模仿既有媒體，」他說：「摩爾定律奏效。在消費者的購買習慣裡，你最終只落得一個相對便宜的東西，那可以是以一個便利的工具呈現出所有的舊媒體，而且根本不必端出新媒體的姿態，」這說明了何以我們使用手上的尖端新裝置來追劇和打電動。

　　「所以，如果去探究電腦到底好在哪裡，它的重要性或關鍵性在什麼地方，其實和印刷機沒有什麼兩樣，」他說：「其實只需要影響歐洲的自學者，而且還不知道他們人在何方。所以，它需要大量生產觀念，讓少數人口可以得到觀念，如此一來，便足以改造歐洲。雖然不會使歐洲大部分的人轉變，但它改變的是有

能力一呼百諾的人。然後事情就發生了。」

有些觀察家也不約而同注意到，一度機會均等的 App Store 如今更迎合大企業，於是大企業可以透過其他平台或 App Store 上已經流行起來的 app，來替自己的 app 打廣告。

iPhone 那廣大無邊的可攜式運算能力，大體來說是作為消費用的。你大多拿你的手機來幹嘛？根據德迪烏的說法，如果你符合一般使用者的輪廓，那麼你是用它來查看社群媒體和發文、從事娛樂活動、當成導航工具，而且順序如上。查看朋友動態、看影片、指引周邊環境。它是個出色的、例行性再下單的便利工具，也是絕佳的娛樂來源。它是一個了不起的加速器。一如凱所說的：「摩爾定律奏效。」不過，他也對智慧型手機被設計用來鼓勵更高效、更有創意的互動而感到悲痛。「有誰會花很多時間在一個6吋大的螢幕上繪畫或創作藝術？角度完全錯了。」他說。

凱談的更多是一種哲學問題，而非硬體問題。他說如今，我們擁有技術能量與能力去打造出一個真正的動力書，可是在消費主義的需索下，尤其經過科技公司行銷部門的整頓，我們最具行動力的電腦，已經恰如其分地變成了消費裝置。我們那威力更大、行動力更強的電腦，能流暢地播放影音，圖片也更美，已經使我們深深上癮。那麼，我們還能有什麼樣不同的作為呢？

「我們應該在上面貼警示標語。」他笑著這麼說。

| 第九章 |

從噪音到訊號
我們如何打造終極網路

　　一座十幾公尺高的基地台自寬闊開放的平原拔地而起，你發誓，從頂端便可看到地球本身的表面曲線，地平線往遠方延伸而去，在視野消失之處緩緩地彎曲。至少，在 YouTube 上看起來是如此，而我從來不曾接近基地台的頂端，短期之內也不會這麼做。

　　2008 年，職業安全衛生署的署長艾德溫・富爾克（Edwin Foulke）認為，「美國最危險的職業」是攀爬高塔，而非採煤、高速公路養護或消防滅火。不難看出原因為何。沿著狹窄的金屬梯拾級攀爬 12.7 公尺的高塔，皮帶上掛著一個 13.6 公斤重的工具包在你下方搖來晃去，若你突然以終端速度落下，卻只能仰賴一個寒酸的安全扣，想來便令人不寒而慄。然而，為了保養網路，有人天天做這檔事，讓我們的智慧型手機得以連線。

　　畢竟，沒有訊號，我們的 iPhone 就什麼也不是。

　　網路使我們的手機保持在一個近乎恆常不斷的連線狀態，只有在變慢、變糟或整個斷訊的時候，我們才會感覺到它的存在。訊號覆蓋範圍已經如此漫天覆地，以至於在已開發地區，我們把它視為一種近乎普遍的要求：我們對訊號的期待，相當於我們要求要有柏油路和交通號誌一樣。這種期待逐漸擴展到無線數據，

當然，也延伸到 Wi-Fi 上：我們連帶認為家裡、機場、連鎖咖啡廳和公共空間也將可以無線上網。然而，我們卻甚少關心為了讓所有的人連線，而曾經投入，而且仍舊投入中的人力資本。

截至 2016 年為止，在全世界的七十四億三千萬人口中，有七十四億手機用戶（包含十二億 LTE 無線數據用戶）。而他們之所以能相對容易打電話給對方，是一個政治、基礎建設與技術方面的驚人成就。首先，這表示要有非常多的基地台，光是美國便至少有十五萬座（這是某個產業團體的估計；由於很難追蹤所有的基地台，所以好的基台資訊非常稀少）。全世界，則有幾百萬座基地台。

這些巨大網路的根源可回溯至超過一個世紀以前，當時這項技術初次興起，由民族國家提供財務資助，為獨占企業所控制。「二十世紀大部分時間，」研究無線技術演進的歷史學家艾格說，全世界的電信通訊「是由大型單一的全國性或國家級技術供應商所籌劃。」譬如貝爾電話公司所經營的電信網路，是我們的老朋友貝爾在 1890 年代所創設的，再加上那個「最有價值的專利」，使該公司成為美國史上最大的企業，直到它於 1984 年破產為止。艾格說：「從那個世界轉變到現在這個世界，期間歷經許多不同形態的個別私人企業。」使我們最終來到 iPhone。誠如前任蘋果高階主管讓—路易・加西（Jean-Louise Gassee）曾說過的，是 iPhone「讓電信業者忙得團團轉」。

＊　　＊　　＊

義大利的無線電先驅古列爾莫・馬可尼（Guglielmo Marconi）

打造首批上線運作的無線電發報機，而且是在富有的民族國家，英國皇家海軍的命令下做的。像這樣一個富裕的帝國，幾乎是當時唯一負擔得了這項技術的實體。所以，英國承擔起開發無線通訊技術的高額成本，而這主要是為了讓他們的軍艦在通過經常瀰漫大霧的區域時，能保持聯繫。開發如此大規模、基礎設施密集、昂貴又籌劃困難的網路，沒有太多其他方法：你需要國家介入，你還需要有建設網路的堅強理由，譬如美國警方的無線電。

貝爾實驗室宣布了電晶體和蜂巢式行動電話（cell phone）技術（它的發明者覺得網路結構看起來很像生理細胞，所以才會有cellular 這個用詞）這兩項發明之後不久，聯邦政府便率先敞臂擁抱之。這是有些最早的無線電話會安裝在美國警車裡的緣故，警官外出巡邏時，會用它們來跟警局通話。你可能仍然熟知這套系統的痕跡，即便在數位通訊的時代，它還是繼續為人所用，一般你還能想到哪些車輛，會配備無線電調度設備呢？

整個 1950 年代大多數時候，無線技術的運用仍然屬於國家的範疇，除了一個新浮現的例外：富有的商人。今天，最高檔的行動設備也許看似昂貴，可是比起第一個私人無線通訊系統，可就小巫見大巫了，後者的成本真的跟一棟房子一樣高。有錢人當然不是用無線電來打擊犯罪，而是用來建立司機網絡，供他們協調私人司機，也作為公務之用。

到 1973 年，網路已經廣設，而技術也進步到足以使摩托羅拉的馬丁·古柏（Martin Cooper）有能力發表第一個行動電話原型機，並且使用那支烤麵包機大小的塑膠手機，公開打出一通名聞遐邇的電話。不過，唯一能商業化的行動電話是車用電話，直

到 1980 年代中期摩托羅拉的 DynaTAC 問世之後方才改觀，卡諾瓦就是用這一系列行動電話來實驗出第一支智慧型手機。這些手機還是極其昂貴而且稀少，只能滿足少數利基市場的需求：有未來觀的有錢商人，或在電影《華爾街》（Wall Street）裡演出的馬丁・辛（Martin Sheen），差不多就這樣了。直到 1990 年代以前，還沒有出現大規模的行動電話消費市場。

　　早期提供服務的行動網路是由上而下進行規劃的電信公司所經營的，很像貝爾電話公司在最早的時候所建造的廣大固網。行動市場還是緊扣著區域或國家維運的基地台，除了一個例外：更為平等主義、消費者導向的北歐行動電話系統（Nordic Mobile Telephony system）。

＊　　　＊　　　＊

　　斯堪地納維亞國家純粹出於必要，才比別人率先發展無線技術，因為在崎嶇多雪的廣袤地帶鋪設電話線很是困難。歐洲其他國家的電信模式是死板傳統的，由國有的電信業者來提供國有的系統。北歐國家就不是這樣，瑞典人、芬蘭人、挪威人、丹麥人希望他們的車用電話跨越邊界還能使用，於是種下漫遊的種子。建造於 1981 年的北歐行動電話系統為電話進行了一次再觀念化（re-conception），認為它可以（也應該）超越邊界，進而重塑人們對行動通訊的看法，從只能在當地市場使用，變成一種更一般化、更普及化的工具。事實上，北歐行動電話網路的公開目標就是打造一個「人人都能互通電話」的系統。它使用一種電腦化註冊法，在人們漫遊時監看並紀錄他們的位置，後來變成第一代

自動化行動網路，也成為所有先進無線網路依循的模式。

　　「它有些特色真的是影響深遠，」艾格說：「在設計上秉持北歐的共通價值，以開放的態度面對技術。其中一個決定性的地方是願意摒棄某些純粹的國家利益，而更加走向消費者導向。譬如在國家之間漫遊。」果不其然，比較開放而不設限的系統更受歡迎，事實上，因為太受歡迎了，還成功的為行動標準創造出隨後征服全世界的模式。

　　1982 年，歐洲的電信工程師和行政官員在行動通訊研究小組（Groupe Spécial Mobile, GSM）的大旗下，齊聚商討歐陸行動通訊的未來，探究在技術和政治上是否可能有個統一的行動標準。明白嗎？歐盟想要為全歐洲做到像北歐行動電話為北歐國家做到的事情。討論龐雜、緩慢的繁文縟節不是什麼樂事，不過行動通訊研究小組是一次政治協作的驚人勝利。儘管為了精心調和行動通訊研究小組的測試計畫，完成技術規格，並且進行政治協調而花了十年時間，但它是技術合作與外交磋商的大工程。以極為過度簡化的方式來講，有人想要追求一個更強大、更團結的歐洲，而有人則主張自己的國家應該更獨立；行動通訊研究小組可以用來把歐洲團結在一條船上，因此受到歐盟的支持。「作為一個有政治色彩的歐洲專案，對行動通訊研究小組最好的闡釋就是漫遊能力，」艾格說：「就跟北歐行動電話網路一樣，漫遊是有辦法在不同的網路下使用同樣的終端機，即便成本高昂，也被列為優先事項，因為這樣可以展現政治上的團結。」如果不同歐洲國家的公民可以在路上打電話給對方，或者在海外時很容易打電話回家，這個由各式各樣國家集結起來的效應，可能比較會讓他們覺

得自己是同屬於鄰近地區的一分子。

　　當行動通訊研究小組終於在 1992 年啟動的時候，涵蓋了八個歐盟國家。不到三年內，便幾乎將整個歐洲收入囊中。它更名為全球行動通訊系統（Global System for Mobile），而且很快就做到言如其實，無愧於此一名號。儘管行動通訊研究小組通常不是唯一可用的標準，但到 1996 年底，它已經被包括美國在內的一百零三個國家所採用。今天，它可說是無所不在，據估計，在兩百一十三個國家所打出的行動電話中，有超過九成是透過行動通訊研究小組的網路通訊。（美國市場是少數幾個分成兩半的國家；威瑞森通訊〈Verizon〉和斯普林特電信〈Sprint〉使用一個與之競爭的標準，叫做 CDMA，而 T-Mobile 和 AT&T 則使用行動通訊研究小組的系統。有個辨識你的手機是不是行動通訊研究小組系統的簡單方法，是手機會跟著一個可輕易移除的用戶識別模組：一張 SIM 卡。）

　　若沒有歐盟致力於將行動標準化，並且推動統一的標準，我們可能看不到行動電話被如此大規模的快速採用。批評者曾經抱怨某些行動通訊研究小組的規格過度複雜，它也得到一個「軟體大怪獸」的渾號，還有人說它是「自巴別塔以來，人類造過最為複雜的系統」，這話也許形容的貼切，但是把全球大部分地區的網路接取標準化，俾使「人人都能互通電話」，仍然是一樁意義非凡的壯舉。

＊　　　＊　　　＊

　　儘管無線行動網路是從政府支持的大型計畫演變而來，但

我們的手機主要上網方式，卻是從一個地處偏遠的學術權宜之計開始的。Wi-Fi遠從我們知道網路存在以前就開始了，而且其實跟阿帕網（Advanced Research Projects Agency Network, ARPAnet）的發展時間軸同步一致。無線網路的起源要回溯至1968年的夏威夷大學，當時有個叫做諾曼·艾布拉姆森（Norman Abramson）的教授遇到一個後勤上的問題。該所大學只有一台電腦在檀香山的總校區，可是他的學生和同事卻散布在其他島嶼的系所及研究站。當時的網際網路是走乙太網路線（Ethernet cable），而為了連接研究站，在水底下鋪設幾百公里遠的乙太纜線並非可行之計。

　　和嚴酷的北地驅策斯堪地納維亞人發展出無線技術若合符節，幅員廣闊的太平洋也逼得艾布拉姆森創意大爆發。他的團隊提出一個構想，運用無線通訊技術從小島上的終端機將資料送到檀香山的電腦上，反之亦然。這個專案發展成一個取名貼切的網路，叫做「阿囉哈網」，也是Wi-Fi的前身。若說阿帕網是終將突變成網際網路的網路，那麼以同樣方式形容阿囉哈網之於Wi-Fi並不為過。

　　那個時候，從遠端連接到大型資料處理系統（一台電腦）的方式是取道專線或撥接式電話的有線線路。「阿囉哈系統的目標是提供系統設計師另外一種替代方案，並且對出現無線通訊優於傳統有線通訊的情況進行判定。」艾布拉姆森在一篇1970年的論文中描述此一早期進展。這是一份直白、著重解決方案的宣告，就跟強森的觸控螢幕專利一樣，輕描淡寫（或低估）了其所描述的創新潛能。

　　在共享一條可用頻道的時候（這在網路覆蓋率較低的夏威夷是一種稀少資源），大多數無線電營運商的處理方式若不是切割時槽（time slot），不然就是切割頻段（frequency band），然後將其中之一分派給每一個不易捉摸的站台。每一方都只有在取得頻段或時槽之後，才能進行通訊。

　　不過在夏威夷，因為大學的主機速度很慢，上述做法會使得資料傳輸慢如龜速。所以，阿囉哈網的主要革新之處在於：它被設計成只有兩個高速超高頻（Ultra High Frequency, UHF）頻道，一個是上行連接（uplink），一個是下行連接（downlink）。頻道容量會全部開放給所有人，這表示如果有兩個人想要同時使用的話，傳輸可能會失敗。如此一來，他們就只能再嘗試連接一次。這套系統後來被稱為隨機存取協定（random access protocols）。阿帕網的節點只能跟某條纜線（或衛星電路）另一端的節點直接溝通。「阿帕網的每一個節點只能直接跟一條纜線或衛星電路另一端的某個節點交談，阿囉哈網不一樣，所有的客戶端節點都可以在同樣的頻率上跟集線器溝通。」

　　1985 年，美國聯邦通信委員會開放工業、科學與醫療領域的免執照頻段給已經在這麼做的相關團體。1990 年代，一群科技公司齊聚訂定出一套標準，行銷宣傳人員為了炮製 Hi-Fi 的發音效果，給了它一個完全沒有意義的名稱，叫做「無線保真」（wireless fidelity），Wi-Fi 於焉誕生。

＊　　　＊　　　＊

隨著行動通訊研究小組在歐洲及全世界成長發展，加上行動

電話的成本下降，自然而然有更多使用者接觸到這項技術。而且，就像艾格說的：「是使用者發現技術的關鍵用途，而他們的腦袋不盡然比設計者更優秀。」所以，不用多久時間，那些使用者便能發現某項功能，提出後見之明，進而演變成我們今日如何使用電話的基礎。這也是挪威青少年讓簡訊流行起來，而我們應該為此感謝的原因所在。

一位叫做費德海姆‧希勒布蘭德（Friedhelm Hillebrand）的研究人員，也是行動通訊研究小組非語音服務委員會的主席，曾經針對訊息長度在他的家鄉德國波昂進行非正式實驗。他計算自己敲打出來的大部分訊息的字數，發現文本長度落在一百六十這個神奇數字上。「這樣就很夠了。」他這麼想。1986 年，他推動一項強制要求，規定使用行動通訊研究小組網路的手機必須提供簡訊服務。接著，他把簡訊塞進一條次級數據通道來傳送，這原本是用來發送網路狀態更新資訊給使用者的。

發明者認為，簡訊對於在外檢查故障線路的工程師會有幫助，他們可以把訊息發送回總部，所以幾乎像是一種維修用的功能，艾格這麼說。不過，也是因為如此，才讓簡訊功能出現在大部分手機上。對不斷擴張中的行動通訊研究小組來說，這是很小的一部分，而且工程師很少發訊。可是青少年發現了該項功能，臣服於這種暗中快速發訊的做法。艾格說，挪威青少年的發訊數量遠超過任何一個網路工程師。在 1990 年代，簡訊成為青少年文化的主要溝通管道。

在科技史中，這樣的原理一再上演：設計師、行銷人員或企業創造出一項產品或服務，使用者決定他們到底打算拿來做

什麼。二十世紀之交的日本也發生同樣情況：電信業者 NTT DoCoMo 做了一個行動網路的訂閱服務，叫做 i-Mode，目標鎖定在商務人士。這家公司精心策劃了一個可以在螢幕上看的網站，推銷機票訂位和電子郵件之類的服務。雖然它進攻商務客層大大失敗，卻受到二十多歲年輕人的歡迎，進而幫助智慧型手機在日本大爆發，比美國還早了十年。

使用者接管的現象在 iPhone 身上也發生好幾次：賈伯斯說 iPhone 的殺手級 app 是打電話（多虧了他，視覺化語音信箱這類以電話為主的功能，一度有過長足的進步），第三方 app 則不可以進來。然而，最後還是由使用者來發號施令，認定 app 才是王道，而打電話的優先性沒有那麼高。

隨著人人開始相互通話，青少年開始發訊，我們也都能接觸到 App Store，無線網路的範圍延伸全球。接下來就會有人需要來建造、服務與維護這使得每一個人都能連線的無數基塔。

＊　　　＊　　　＊

二十八歲的喬爾・梅茲（Joel Metz）是四個孩子的父親，2014 年夏天，身為基地台維修工人的他在肯塔基一座訊號塔上工作，離地面 73 公尺高。他正在更換一根舊的吊臂時，他的同事聽到一聲巨大爆裂聲；一條纜線突然鬆脫飛開來，重挫梅茲的頭部與右臂，使他的身體懸掛在數十公尺的高空搖晃六個小時。

可嘆的是，這可怕的悲劇並非偶發事件，這也是照著規律時程介紹此一通力合作、進步與創新的故事，中斷於此處絕對有其必要的原因所在，因為要提醒讀者，凡事都有代價，實現無線技

術的基礎設施，實際上是由人冒著極高的風險所建造的，而擴建與維護那樣的網路，是會犧牲人命的。太多人了。梅茲的死只是過去十年來，基地台攀塔人遭逢不幸的其中一道傷痕罷了。

自 2003 年以來，站台設計、建造與維修的重要產業入口網站「無線測量師」（Wireless Estimator），曾經計算出這類意外死亡人數達一百三十人。2012 年，美國公共電視網的《前線》（Frontline）節目和網路媒體 ProPublica 合作調查此一令人擔憂的趨勢。根據職業安全衛生署的紀錄顯示，在這個產業裡，攀爬基塔的死亡率是建造基塔的十倍。調查員發現，攀塔人被送到聳立於地面幾百公尺高的結構上進行維修工作以前，並沒有接受足夠的訓練，安全設備也不完善。如果你想要體驗看看這些工人是攀爬到多什麼令人膽寒的高度，YouTube 上不愁沒有影片；去看看吧！在他們協助維持運轉的 LTE 網路上，感同身受那種暈眩。

調查發現，有一家電信業者的死亡人數比起所有主要競爭者的死亡人數加起來還多。猜猜是誰？又是在何時？「自 2003 年以來，有十五位 AT&T 的攀塔人死於工作。同一時期，T-Mobile 死了五個攀塔人，威瑞森通訊死了兩個，斯普林特則是一個。」該報告指出：「死亡人數在 2006 到 2008 年間達到高峰，這是因為 AT&T 合併了辛格勒無線公司的網路，還要慌忙應付因為 iPhone 帶來的流量。」在這段會促期，有十一個攀塔人死亡。

你可能還記得，iPhone 問世後，有大量針對 AT&T 網路的抱怨湧入；網路很快就超載，據說賈伯斯為此暴怒。根據 ProPublica 的報導，AT&T 隨後匆忙興建更多站台基礎設施，加劇工作環境的危險性，也使得死亡人數比平常高。

　　接下來幾年的死亡人數較少,到 2012 年下降到只有一個。可惜的是,至此之後又見一波高峰,而在 2013 年死亡人數達到十四人。隔年,美國勞工部提出「勞工死亡人數增多令人憂心」的警告。大型電信業者一般會把塔台建設與維護外包給第三方下包商,而後者的安全紀錄往往不盡理想。「我們不能以塔台工人的性命,作為我們提高無線通訊的代價。」職業安全衛生署的大衛・麥可斯(David Michaels)在一份聲明中這麼說。

　　眾所周知,攀爬基地台是一項高風險、高報酬的工作。做過的人曾經用「西部荒野」來形容其工作環境,而有一小部分死於意外的人曾被檢測出來有酒精及毒品反應。然而,下包商很少因為發生死亡事件而受重罰,有鑑於死亡率未見顯著下降,我們只得假設,除非監管機構祭出鐵碗,或者基地台的擴張率減緩,否則人命的損失還會繼續下去。

　　我們在看待技術如何運作時,必須把這樣的風險與損失加入觀點中。沒有馬可尼,我們可能不會發展出無實體線路的無線電通訊技術,沒有貝爾實驗室,就沒有手機,沒有歐盟的倡導者們,也不會有一個標準化的網路,而沒有諸如梅茲這些工人的犧牲,我們也收不到訊號。沒有以上種種,我們的 iPhone 也就沒有一個網路可以在上面運轉。

　　這些力量集結起來,促成智慧型手機的大量擴張:2005 年,美國有三百五十萬智慧型手機用戶,到了 2016 年,這個數字是一億九千八百萬。那是 iPhone 的重力在發揮作用,它的效應及於過去的網路,也如漣漪般擴散成建造未來之塔的本能慾望。

第三篇

啟動 iPhone
滑動解鎖

　　如果 2000 年代中期，你曾在蘋果工作過，可能會注意到一個奇怪現象：員工在消失中。一開始是慢慢發生的，有一天，一位傑出工程師坐過的位置，空了；團隊某個重要成員，不見了。沒有人能確切說得出來他們的下落。

　　「我聽過一些耳語，正在做什麼東西並不清楚，但很清楚的是，很多來自優秀團隊的優秀工程師被唏哩呼嚕的移到那個神祕團隊去。」當時在蘋果擔任軟體工程師的艾文・杜爾（Evan Doll）這麼說。

　　發生在那些傑出工程師身上的狀況是這樣的。一開始，兩名主管無預警的出現在他們的辦公室，關上身後的門。譬如軟體工程協理拉米雷斯和軟體協理李察・威廉森（Richard Williamson）。

　　安德烈・鮑爾（Andre Boule）就是遇到這種事的其中一人。他進公司不過幾個月時間。「拉米雷斯跟我走進他的辦公室，」威廉森回憶說：「我們說：『鮑爾，你不清楚我們是誰，不過我們聽過很多你的事，我們知道你是個優秀的工程師，希望你來跟我們一起工作，可是不能跟你講做什麼案子。而且你現在就要做決定。今天之內。』」

　　鮑爾起先不敢相信，接著感覺事有蹊蹺。「鮑爾說：『我可以想一下嗎？』」威廉森說：「而我們說：『不行！』」他們不會、也不能給他更多細節。不過，那天結束前，鮑爾加入了。「我們在全公司一次又一次的這麼做。」威廉森說。有些工程師喜歡自己的工作，所以拒絕了，繼續留在原位。像鮑爾那樣說好的人，則去做了 iPhone。

他們的生活就此改觀，至少未來兩年半是如此。他們不但必須加班工作，共同錘煉出這個世代最有影響力的消費科技產品，而且也做不了別的事。他們的私人生活消失了，也不能跟別人說他們正在做什麼。賈伯斯「不希望任何人離開公司之後洩漏此事，」協助打造 iPhone 的一名蘋果高階主管法戴爾說：「他不希望有任何人說出任何事情。他就是不想，他天生很多疑偏執。」

賈伯斯對後來成為 iPhone 軟體部門主管的福斯托說，不管是在公司內外，關於這支手機，即便是他也一個字都不能透露給任何不在團隊裡的人。「基於保密的關係，他不希望我從外面聘人來做使用者介面，」福斯托說：「不過他說我可以調動任何公司裡的人來這個團隊。」因此，他指派拉米雷斯和威廉森這些經理人去幫他找最優秀的人選。而且，他會確保可能的新成員事先知道利害關係。「我們在啟動一項新專案，」他告訴他們：「它非常機密，所以我不能告訴你是什麼。我也不能告訴你，你會替誰工作。我能講的是如果你選擇接受，你會做得比這輩子任何時候都來得辛苦，我們在做這個產品的時候，你大概會有兩年時間必須放棄晚上和週末的生活。」

而套用福斯托的說法，「令人喜出望外的是」，公司裡有些頂尖人才願意加入。「說實在的，團隊裡的人都很聰明。」威廉森這麼告訴我。團隊裡有設計師老手、程式設計師新秀、跟隨賈伯斯多年的經理、從來沒碰過賈伯斯的工程師，這些人最後組成了二十一世紀其中一支傑出卻沒沒無聞的創意大軍。

蘋果有一個最大的優勢是讓它的技術看起來、也感覺起來好用。雖然 iPhone 的創造者們都說，打造 iPhone 的過程經常讓人

感到振奮，但是這絕非一件等閒之事。

福斯托對 iPhone 所做的預言成真。

「iPhone 是造成我離婚的原因。」一位資深 iPhone 工程師格里尼翁這麼告訴我。我對 iPhone 的主要設計師及工程師進行數十次訪談，過程中聽過這樣的心情不只一次。「是啊！ iPhone 可是毀掉不少婚姻。」另外一個也說。

「真的很緊繃，恐怕是我職業生涯中最慘的一段時光。」格里尼翁說：「因為你拿不可能的時程、不可能的任務，為一群真的很聰明的人造了一個壓力鍋，然後你還聽說整個公司的未來都靠它，真是苦難一場。」格里尼翁說：「根本不會有時間把腳翹在桌子上，說：『今天真是個美好的一天。』而是：『我的天啊！我們死定了。』每次你一轉身，就會看到這個計畫死期將近的隱憂潛伏在角落。」

做出 iPhone

iPhone 始於 2004 年底賈伯斯在蘋果核准的一項專案。不過，如我們已經看到的，它的基因在久遠以前便已開始成形。

「我想，很多人看到版型（form factor）會覺得它跟其他電腦不像，不過它是電腦，就跟別的電腦一樣。」威廉森說：「事實上，就軟體而言，它比許多其他電腦更加複雜，上面的作業系統就跟任何現代電腦的作業系統一樣精巧。不過，它是我們過去三十年來所開發的作業系統進化版。」

如同許多被大規模採用的高獲利技術一樣，iPhone 也有幾個相互競爭的起源故事。到了 2000 年代中期，便有高達五個

iPhone 或 iPhone 相關專案在蘋果冒出來，從小型研究工作到完整成熟的企業結盟皆有。不過。我這麼努力的從實質上或象徵意義上將 iPhone 大卸八塊，要說我有從中學到什麼啟發，那就是不管什麼樣的產品或技術，向來少有具體的開端可言，他們是從先前形形色色的創意、觀念與發明演變而來的，被悸動的心靈與獲利的動機所激發，並且歷經反覆激盪，從而形成新的風貌。就算是叫公司的高階主管們站上聯邦法庭宣誓作證，他們指出來的起始點也不只一個。

「在蘋果，有很多事情導致 iPhone 的開發，」全球行銷資深副總席勒在 2012 年這麼說：「首先，蘋果多年來以創造出麥金塔而聞名，它是電腦，而且是很棒的電腦，不過市場占有率不大，」他說：「然後我們推出一個叫做 iPod 的熱銷產品，iPod 硬體加上 iTunes 軟體，大大的改變了人們對蘋果的看法，公司內外都是。所以大家開始問了，如果你們可以做出這麼成功的 iPod，還可以做出什麼呢？於是人人提出各種點子，做相機、做車子，什麼樣瘋狂的想法都有。」

當然，還有做手機。

一窺 iPod 小歷史

賈伯斯在 1997 年回歸重掌毫無章法的蘋果，博得眾人喝采。他大砍產品線，讓麥金塔業務回到正軌，賺到一點微薄的利潤。不過，蘋果還沒能再度以重要的文化與經濟力量之姿現身，直到 iPod 問世，成為第一個進攻消費電子產品的獲利之作，也是 iPhone 發展過程中的藍圖與跳板。

　　「沒有 iPod 就沒有 iPhone。」某個曾經參與創造這兩種產品的人這麼說。法戴爾，有時也被媒體叫做「Pod 之父」（Podfather），是創造出蘋果多年來第一個貨真價實的熱門裝置的推手。從這個角度來看，沒有太多比他更好的人選，能夠作為介接這兩種熱門裝置的橋樑。我們在一間優雅時尚的餐館圖米厄小酒館（Brasserie Thoumieux）碰面，地點位於巴黎富裕的第七區，當時他就住在那裡。

　　在矽谷的現代傳說裡，法戴爾是一號模糊又森然的人物，而且是蘋果歷史上引發分裂的人。胡彼和斯特里肯對他大膽無畏、注重成效的管理風格讚譽有加（「推出一項產品不要用超過一年時間」），也認為他是少數意志堅強到足以面對賈伯斯的人。其他人則對於他攬了 iPod 和 iPhone 上市的功勞而感到惱火；他曾經被人叫做「東尼瞎扯淡」，還有一個前任蘋果高層建議我：「法戴爾說的話一個字都別相信。」他在 2008 年離開蘋果後，與別人共同創立了 Nest，一家製造智慧居家裝置，譬如智慧學習自動調溫器（learning thermostat）的公司，被 Google 以 32 億美元收購。

　　法戴爾準時的大步走進來；剃光的頭上留有一點髮渣，冰冷的藍色眼珠，以及合身的毛衣。他曾經以賽博龐克（cyberpunk）風格、桀驁不馴的態度，以及經常被人拿來和賈伯斯相比的壞脾氣而著稱。

＊　　＊　　＊

　　「iPhone 的起源，呃，讓我們從 iPod 主宰市場開始說起

吧！」法戴爾說：「它占了蘋果營收的一半。」不過，iPod 起初在 2001 年上市時，幾乎沒有什麼人注意到它。「花了兩年時間，」法戴爾說：「它只能適用於麥金塔，在美國的市占率不到 1%。他們喜歡用『低個位數』（low single digits）這個字眼。」消費者需要 iTunes 軟體來下載和管理歌曲及播放清單，而那樣的軟體只能在麥金塔上運作。

當法戴爾推動視窗版 iTunes 的構想時，賈伯斯曾對他說：「只要我還活著，你就別想做 PC 版的 iTunes。」然而，法戴爾還是背地裡讓團隊做出可使 iTunes 和視窗系統相容的軟體。「數字難看了兩年，賈伯斯才終於醒來。接著我們就開始起飛，然後音樂商店大獲成功。」成功到擁有 iPod 的人數多達幾億，比擁有麥金塔的人還多。不但如此，iPod 是以打入時尚主流的方式紅起來的，讓整間蘋果公司憑添一種酷酷的姿態。法戴爾節節高昇，主管新產品部門。

iPod 在 2001 年推出，2003 年暢銷，但早在 2004 年便被認為處境岌岌可危，因為被視為威脅的行動電話也能播放 MP3。「所以如果只能帶一個裝置，你會選哪一個？」這也是摩托羅拉音樂手機 Rokr 會出現的原因所在。

隨著音樂搖擺

2004 年，摩托羅拉正在製造市場上最受歡迎的手機，超薄 Razr 翻蓋機。該公司新任執行長艾華・贊德爾（Ed Zander）對賈伯斯很友善，賈伯斯很喜歡 Razr 的設計，於是兩人著手研究蘋果和摩托羅拉可以如何合作。（2003 年，蘋果高層曾經考慮

買下摩托羅拉，可是認為它太貴了。）「iTunes 手機」於焉誕生。
蘋果和摩托羅拉及電信業者辛格勒結盟，於同年夏天宣布推出
Rokr 機。

　　賈伯斯曾經公開堅拒手機的構想。「手機的問題，」賈伯斯
在 2005 年說：「在於我們並不擅長穿過洞口去接觸到最終消費
者。」他所謂的洞口，指的是像威瑞森通訊和 AT&T 這類電信業
者，哪些手機可以進入他們的網路，由這些人說了算。「從跟手
機製造商的權力關係來看，電信業者現在已經占了上風，」他接
著說：「所以手機製造商其實是接收電信業者那邊來的一大疊厚
厚的規格書，告訴他們手機要做成什麼樣子。我們不擅長這個。」
私底下，他還有其他保留意見。一位曾經天天跟賈伯斯開會的蘋
果前任高層告訴我，電信業者的問題不是他最大的懸念，他擔心
的是公司失去重心，而且「他認為智慧型手機只是給那些我們以
前叫做『口袋護套族』（pocket protector crowd）[1] 的人用的。」

　　與摩托羅拉合作，是一種嘗試幫 iPod 消滅威脅的簡單做法，
由摩托羅拉來製造手機，由蘋果來負責 iTunes 軟體。「那時是想，
我們要怎樣給人嘗個小小的甜頭，讓他們還是必須來買 iPod？
給他們體驗一下 iTunes，基本上把它變成一台 iPod Shuffle，這樣
他們就會想要升級成一台正牌的 iPod。這是當初的盤算，」法戴
爾說：「那時是想，『iPod 賣得正好，我們可別造成同類相殘。』」

　　合作案一經公開，虎視眈眈的蘋果流言製造機便馬上嗡嗡啟

---

[1] 譯注：口袋護套是塑膠製用來保護口袋的形狀完整而且不會被筆的墨水髒汙，
　所以口袋護套族一般會被認為是書呆子（nerd）或技客（Geek）的標準配備，
　同時也有在服裝上不講究時尚的意思。

動。iTunes 手機即將問世，部落格上開始有人預測會出現一個已經發展好一段時間的革命性行動裝置。

不過，蘋果內部對 Rokr 機的評價卻是低到極點。「我們全都知道它有多糟，」法戴爾說：「它們很慢，不能變更，也會限制歌曲數量。」今天，法戴爾說起 Rokr 機時，大聲笑了起來。「所有這些通通湊在一起，把它的使用者體驗搞得慘不忍睹。」

不過，蘋果高層之所以容忍 Rokr 機顯現出來的爛，還有另外一個原因。「賈伯斯在跟摩托羅拉及辛格勒的會議中蒐集資訊。」威廉森說。他想要搞清楚如何達成一個讓蘋果擁有手機控制權的交易。他考慮過由蘋果買下自己的頻寬，自己來做行動虛擬網路營運商（mobile virtual network operator, MVNO）。同時，辛格勒的高層則拼湊出另外一種賈伯斯可能真的會接受的方案：給辛德勒獨家銷售權，我們就讓你完全掌控這個裝置。

痛恨它就修好它

從賈伯斯、艾夫、法戴爾到蘋果的工程師、設計師及經理們，iPhone 神話裡有個部分是人人都會同意的：在 iPhone 問世以前，蘋果公司裡的人都覺得行動電話「很爛」。「它們『糟透了』。」「只是一塊廢物。」我們已經知道，賈伯斯對電話斷訊的感想為何。

「蘋果最厲害的地方在於把大家痛恨的東西給修理好。」克里斯帝這麼告訴我。iPod 出來以前，沒有人能領會到如何使用數位音樂播放器；當線上音樂服務 Napster 快速發展起來的時候，大家是隨身帶著會跳針的可攜式 CD 播放機，裡面裝著燒錄下來的專輯。而在 Apple II 個人電腦問世以前，大多數人都認為電腦

對一般民眾來說太過複雜笨重。

「在展開 iPhone 專案的工作之前，至少有一年時間，我們都在抱怨外面賣的這些手機有多麼爛，連蘋果內部也是怨聲載道。」在做 iPhone 以前，負責管理蘋果電子郵件團隊的甘納杜拉這麼說。這只是飲水機旁的閒談，不過卻也反映出公司內部愈來愈有一種感覺，既然蘋果曾經成功的修補某個重要品類，加以改造，然後主宰之，它也可以再做一次。

「那時，」甘納杜拉說：「大家的想法是『天呀！我們也得進來這個市場整頓一下。蘋果何不做支手機？』」

全員啟動

格里尼翁是個閒不下來的人。這位多才多藝的工程師已經在蘋果工作多年，待過不同部門，也參與過形形色色的專案。他是個渾身充滿歡樂氣息的人物，理個大光頭，興高采烈，活像一隻友善的熊。從打造驅動 iPod 的軟體，到為了某個視訊會議專案和 iChat 而製作的軟體，他無役不與。在和明日之星法戴爾一起做 iSight 相機時，兩人結為好友。

當格里尼翁撰寫完暱稱為「他的寶貝」的麥金塔功能儀表板（Dashboard，上面布滿計算機、行事曆等小工具的螢幕），又一次完成大型專案之後，正在尋找新的方向。「法戴爾來找我，說：『你想加入 iPod 團隊嗎？我們有些很酷的東西。我有另外一個真的很想做的案子，可是還需要一些時間才能說服賈伯斯同意，我覺得你是很棒的人選。』」

格里尼翁活潑好動、工作勤奮，而且說話方式就像個矽谷

人。「所以我調部門了，」格里尼翁說：「去做他的祕密案子。我們先是白費力氣的做一些無線喇叭之類的鳥東西，可是接著專案開始具體成形。當然了，法戴爾講的是手機。」法戴爾知道賈伯斯對手機的立場開始有所轉變，而他想要做好準備。「我們的想法是：把 Wi-Fi 放進 iPod 裡面不是很棒嗎？」格里尼翁說。整個 2004 年，法戴爾、格里尼翁和團隊其他人做了幾次初期努力，把 iPod 和上網裝置融為一體。

「那是我展示給賈伯斯看的其中一個早期原型機。我們把 iPod 開膛破肚，在硬體上加了 Wi-Fi 的部分，所以它變成一大塊塑膠破爛，然後我們修改了軟體。」早在 2004 年，iPod 上面就有按鍵轉盤（click-wheel）可以用來笨拙的上網。「按一下轉盤，你就可以捲動頁面，如果網頁上有個連結，它會把它標示出來，然後你就可以按一下連進去那個網頁，」格里尼翁說：「那是我們最早一次開始以這種版型來實驗無線上網。」

那也是賈伯斯第一次看到網際網路在 iPod 上運作。「他大概是這樣說：『這是狗屁。』之後馬上就這樣講它：『我不想要這個。我知道它可以動，我了解，很好，謝謝，可是用起來的感覺很差。』」格里尼翁說。

同時，格里尼翁說：「管理團隊試著想要說服賈伯斯，做手機對蘋果公司來說是一個很好的主意。只是他完全看不到這條成功之道。」

其中一名說客是麥克（Mike Bell）。麥克是蘋果公司和摩托羅拉無線領域的老手，在蘋果工作十五年了，他很確定電腦、音樂播放器和手機正無可避免地走向合流。他已經遊說賈伯斯做手

機好幾個月，一位副總史帝夫・薩柯曼（Steve Sakoman）也是，此人曾經負責身世坎坷的牛頓電腦。

「我們這段時間都在把 iPod 功能放進摩托羅拉手機裡，」麥克說：「在我來看這是顛三倒四的做法。只要把 iPod 的使用者體驗跟其他一些我們正在做的東西兜起來，我們就能掌握手機市場。」這個道理是愈來愈難反駁了。最近一批問世的 MP3 手機看起來愈發地像 iPod 的競爭者，而跟電信業者之間的協議也出現新的替代方案。同時，麥克看到艾夫最新的 iPod 設計，已經有一些具備 iPhone 的雛型。

2004 年 11 月 7 日，麥克在深夜發了一封信給賈伯斯。「史帝夫，我知道你不想做手機，」他這麼寫著：「可是我們覺得應該做的原因是這樣：艾夫有一些未來的 iPod 設計，真的很酷，還沒人看過。我們應該拿其中一個，把蘋果的一些軟體放進去，自己做一支手機，而不是把我們的東西放到別人的手機裡。」

賈伯斯馬上回電給他。他們來來回回爭執好幾個小時。麥克詳細說明他的合流理論，肯定也提到全球行動電話市場正在大爆發，賈伯斯則是批評得體無完膚。最後，他還是軟化了。

「好吧！我想我們應該做手機。」他說。

「所以賈伯斯和我、艾夫、薩柯曼三、四天後一起共進午餐，啟動了 iPhone 專案。」

ENRI 的回歸

在無窮迴圈二號，觸控平板專案還在按部就班的進行當中，奧爾丁、喬德里和同伴們仍然在探索以觸控為主的使用者介面的

輪廓。

　　有一天，奧爾丁接到賈伯斯打來的電話，說：「我們要來做手機。」

　　賈伯斯沒有忘記多點觸控互動展示和 Q79 平板專案，不過它因為糾結難解的障礙（其中最大的問題是太貴了）而胎死腹中。不過，用比較小的螢幕和降低規格的系統，Q79 做成手機也許可行。

　　「它會有一個小螢幕，只能用觸控螢幕，不會有任何按鍵，而且什麼東西都要在上面運作。」賈伯斯這麼告訴奧爾丁。他要求這位 UI 巫師做出一個展示版本，用多點觸控在一個虛擬通訊錄上捲動。「我超級興奮的，」奧爾丁說：「我心裡想，耶！它看起來有點不太可能，可是光是試試看就覺得很好玩。」他坐下來，在麥金塔螢幕上「以滑鼠隔出」一塊手機大小的區域，用它來為 iPhone 的表面建模。那些年待在觸控螢幕的荒野中磨練身手，就要有所回報了。

　　「我們已經有些別的試作版，比方說一個網頁，它只是一張圖片，可以讓你做帶有衝力的捲動。」奧爾丁說：「東西大概就是這樣開始的。」有個很出名的效果是拉到某一頁的頂端或尾端時，你的螢幕會彈起來一下，之所以會誕生這個效果，是因為奧爾丁無法分辨他何時已經拉到頁面最頂端。「我以為我的程式沒有在跑，因為我試著捲動，可是卻一動也不動。」他說。然後，他發現自己滑錯方向了。「那時我就開始在想，我要怎麼做，才能讓你看到或感覺到已經滑到底了？是吧？不要讓人覺得是掛掉了，沒有反應。」

　　這些我們如今視為理所當然的小細節，是經過徹底修補和驗證概念的實驗產物。譬如慣性捲動（inertial scrolling）這個聽起來不太牢靠，但現在卻很普及的效果，讓你在捲動通訊錄時，看起來、也感覺起來像在翻閱旋轉式名片架。

　　「我必須做各種嘗試，然後搞定一些數學計算，」奧爾丁說：「並非全都那麼複雜，不過你必須做出對的組合，棘手的地方就在這裡。」奧爾丁終於把它做得很自然。

　　「幾個禮拜後他回電給我，說他做出慣性捲動，」賈伯斯說：「當我看到橡皮筋、慣性捲動跟其他幾個東西，我心想：『我的老天，我們可以用這個來做支手機。』」

＊　　　＊　　　＊

　　接近 2004 年底，福斯托也來到克里斯帝的辦公室，告訴他這個消息：賈伯斯想要做手機。他可是等了十年才聽到這些話。

　　克里斯帝為人認真且疾言厲色，他的身材粗壯，眼神銳利，給人感覺充滿了動力。1990 年代，公司正在走下坡，他來到蘋果，只為了做當時市場上前景最看好的一種行動裝置：牛頓電腦。那時，他甚至想要在蘋果公司推動牛頓手機。「我確定我提議了十幾次，」克里斯帝說：「網際網路正冒出頭來，這會是個了不得的東西：行動、網路、電話。」

　　如今，他的人機介面部門，即將著手接受最徹底的挑戰。成員齊聚在無窮迴圈二號二樓，就在老舊的使用者測試實驗室樓上，動手擴充 ENRI 平板老案子所做出來的特色、功能與外觀。幾個設計師與工程師在一間單調的辦公室設置工作室，裡面原來

擺滿髒汙的地毯、老舊的傢俱，隔壁還有一間漏水的浴室。牆上除了一塊白板，和不知何故貼上的一張一隻雞的海報之外，別無他物。

賈伯斯喜歡這個空間，因為它很隱密、沒有窗戶，可以避開隨意遊蕩的眼光。這位執行長使這剛萌芽的 iPhone 專案從頭到腳充滿極機密的氣息。「知道嗎？由於沿著牆面這些滑動白板的關係，清潔人員也不許進來。」克里斯帝說。團隊會把點子畫在上面，好的構想會被留下來。「我們不會擦掉，它們成為設計對話的一部分。」

對話的內容是有關如何把觸控式使用者介面，和智慧型手機的功能結合起來。

當然，幸運的是他們已經搶得先機，手上有了 ENRI 成員的多點觸控展示版本，不過，喬德里也負責領導儀表板的設計，上面滿滿都是小工具（天氣、股市、計算機、便條紙、行事曆），很適合放在手機上。「有關手機的初期構想，都是關於怎樣把這些小工具放進你的口袋裡。」喬德里說。所以，就把它們通通移植過來。

這些圖標的原始設計，有很多其實是在開發儀表板的時候，用一個晚上做出來的。「那是其中一個逼死人的賈伯斯截止期限，」喬德里說：「因為他想要看到全部的功能。」所以，他和剛加入人機介面部門的弗雷迪・安左斯（Freddy Anzures），經過一個漫漫長夜，為小工具發想出四方形的設計概念，幾年後成為 iPhone 的圖標設計。「很好玩，用了十年的智慧型手機圖示的外觀，是在幾個小時內聊出來的。」

　　而且，他們也把基本原則建立好了；比方說，你叫醒手機的時候，它看起來應該是什麼樣子？今天，一格一格的應用程式，似乎是管理智慧型手機功能理所當然的做法，就如同喬德里說的，跟水一樣自然，可是，它原來並非必然如此。「我們試過其他做法，」奧爾丁說：「也許是一排圖示的清單，後面跟著名稱。」可是早期出線成為標準的是一種後來叫做 Springboard 的桌面。「它們基本上就是小小的芝蘭口香糖（Chiclets），」奧爾丁說：「如今，那也是喬德里的化身，它是很棒的點子，看起來真的很優。」

　　喬德里請工業設計團隊做了幾個狀似 iPhone 的木製模型，如此一來，他才能替手指觸控設計出最理想的圖標大小。

　　雖然多點觸控展示版本的效果看好，風格也開始成形。可是團隊缺乏的是內聚力，一種觸控式手機將是什麼模樣的一致性構想。

　　「它其實只是草圖，」克里斯帝說：「好像餐前小菜，小小片段的概念，這裡一點，那裡一點。可以是通訊錄的一個環節，或是瀏覽器 Safari 的一小部分。」餐前小菜顯然無法滿足賈伯斯，他要的是全餐，因此，報告內容讓他愈來愈不開心。

　　「就在 1 月份，過新年那個時候，他發飆了，說我們沒有搞清楚狀況。」克里斯帝說。這些片段也許令人驚豔，可是沒有一個故事把各自為政的環節串連起來；它是混成一團的應用程式半成品及概念。沒有故事。

　　「就好像你提了一個故事給編輯，從前言抽兩句話，從主文拿個幾段，然後再從結論中間拿點東西出來。可是，這些都不是

總結性的陳述。」

這樣還不夠。「賈伯斯給我們下了最後通牒,」克里斯帝說:「他說,你們有兩個禮拜時間。當時是 2005 年 2 月,我們踏上了為期兩週的死亡行軍。」

克里斯帝於是召集人機介面團隊,表達了大家應該跟他一起向前衝的理由。

「做手機是我一直夢寐以求的事情,」他說:「我想你們大家也想做。不過,這是最後一次的機會,我們只有兩個禮拜時間。而我是真的很想做。」

他不是開玩笑,這十年來,克里斯帝始終相信行動運算注定將與行動電話聚合。他不但可以藉著這個機會證明自己是對的,更能激發出火花。

這個小型團隊全員就位:奧爾丁、喬德里和另外三位設計師:史蒂芬·勒梅(Stephen LeMay)、馬賽爾·范歐斯(Marcel van Os)、安左斯,另外加上一位專案經理派屈克·考夫曼(Patrick Coffman)。他們日以繼夜的工作,將那些片段連結成一個完整成熟的敘事。

「我們根本是拼了命的放手一搏。」克里斯帝這麼說。每位設計師都有一塊未完成的部分要去實現,以便做出有血有肉的應用程式。團隊兩個星期不眠不休,務使剛萌芽的 iPhone 外型與感覺更臻完善。死亡行軍邁入尾聲之時,一個與那萬中選一的裝置形似的身影,從人機介面樓層一片疲累不堪的迷霧當中逐漸浮現。

「我敢說,如果我能讓展示版本復活,現在重現一次給你看

的話，你能認出那是一台 iPhone 無誤。」克里斯帝說。它有主頁鍵（home button，那時候還是做在軟體上）、捲動以及多點觸控式的媒體操控功能。

「我們把整個故事的梗概展示給賈伯斯看。給他看主頁，給他看一通電話如何打進來，怎樣進入你的通訊錄，還有『這是 Safari 的樣子』，這是一個小小的點擊。我們不是只有引用幾段聰明伶俐的句子，而是說出一個故事。」

賈伯斯確實喜歡好故事。

「它獲得空前的成功，」克里斯帝說：「他想要再看第二次。任誰看了都會覺得它很讚。它真的很讚。」

這意味著專案馬上被列入最高機密。2 月份展示過後，位於無窮迴圈二號二樓的人機介面部門走道兩側便被裝上門禁。「它進入一級封鎖狀態（lockdown），」克里斯帝說：「有監獄暴動的時候你們會這樣說，是吧？就是這個說法，沒錯，我們都被一級封鎖起來。」

這也意味著他們有更多工作要做。假使 ENRI 聚會是序曲，平板原型機是第一幕，那麼這就是 iPhone 的第二幕，後面還有很多章節要寫。可是現在，賈伯斯非常看重這個故事，他想要用高規格展示給公司其他人看。「我們要做一個『大型展示』，我們是這麼叫它的。」奧爾丁說。賈伯斯想要在蘋果內部的頂尖百人大會（Top 100 meeting）上展示此一 iPhone 原型。「他們偶爾會跟所有重要員工開一次這樣的會，說明公司的方向是什麼。」奧爾丁這麼告訴我。賈伯斯會邀請在他眼中表現前一百名的員工去一個祕密的度假村，在那裡報告和討論即將問世的產品與策

略。對於漸露頭角的蘋果人來說，這是一次不成功便成仁的職涯契機。而對賈伯斯來說，這次報告必須比照對外公開的產品發表會那樣審慎為之。

「從那時開始直到 5 月，又是一段嚴酷的路途要走，去理出個起承轉合，」克里斯帝說：「好！我們要有什麼樣的 app？放到你手上的行事曆看起來應該是什麼樣子？電子郵件呢？這段旅程，每走一步，都讓它變得更具體，更真實。用你的 iTunes 播放歌曲，以及媒體播放功能等。iPhone 的軟體，是在我們這裡，跟我的團隊從一個設計專案開始的。」克里斯帝研究了最新款的 iPod，以便設計師對於放在裝置上的應用程式可能是什麼模樣有個感覺。展示版本開始成形。「你可以輕敲郵件應用程式去看它怎麼運作，還有網路瀏覽器，」奧爾丁說：「它的功能不全，不過足以讓你有個概念了。」

你可能已經注意到，克里斯帝最常使用一個字眼來形容團隊如何晝夜不休的工作。它是個「嚴酷、累人的工作。我讓大家住到旅館去，因為我不希望他們開車回家，同仁也會借宿我家。」他說，「不過，它同時也是一個讓人感到極度振奮與高興的工作。」

他們的成果已經讓賈伯斯為之傾倒，很快地，也將風靡每一個人。在頂尖百人大會上的報告，又是一次空前成功。

iPod 人的逆襲

當法戴爾聽說有個手機專案正在成形，他抓起自主祕密進行的 iPod 手機原型設計，帶著它前去參加一次高層會議。

　　「有一場會議在討論手機專案的團隊組成，」格里尼翁說：「法戴爾手上握有這個祕密武器，有個團隊已經在做硬體跟電路圖，全部的設計都有。一旦他們得到賈伯斯的批准，法戴爾打算這樣，『喔！等一下，其實……』嘩啦！他拿出法寶，『這是我們已經在思考的原型機』，而它基本上是個完全成熟的設計。」

　　表面上，這個邏輯看來無懈可擊：iPod 是蘋果最成功的產品，手機即將蠶食鯨吞 iPod 的市場，那麼，何不做一支 iPod 手機？「保留 iPod 的精華，然後把手機放進來。」法戴爾說：「如此一來，你既可以進行行動通訊，又能把音樂帶在身邊，而我們也不會喪失掉所有已經建構在 iPod 之上的品牌意識，為了讓全世界認識它而花掉的 5 億美元。」就是這麼簡單。

　　要記得，儘管蘋果內部愈來愈清楚他們打算做手機，可是，這手機看起來或感覺起來應該是什麼模樣，或是在各個層面上它會怎麼運作，卻根本毫無頭緒。

　　「大約在 2005 年初那段時間，法戴爾開始說公司談到關於他們做手機的事情，」當時負責掌管 iPod 硬體部門的大衛·圖普曼（David Tupman）說：「我接著說：『我真的很想做手機，我想要領導這個案子。』圖普曼笑了起來：『你不能做。』可是他們面談了一堆人，我猜他們找不到人，所以我就『哈囉！還有我！』法戴爾就說：『好吧！就是你了。』」

　　iPod 團隊對於已經在人機介面團隊展開的工作毫無所悉。

　　「那時，我們即將打造大家以為我們應該要做的產品：把電話栓進一支 iPod 裡。」格里尼翁說。而他們確實就是這樣起頭的。

何去何從？

威廉森人在賈伯斯的辦公室裡，他來談的，剛好是不會有人想要跟賈伯斯談的事情：離開蘋果。

多年來，威廉森一直在領導團隊負責開發驅動 Safari 的框架，叫做 WebKit 引擎。關於 WebKit 引擎有個有趣的事情：它是開源碼。還有，直到 2013 年，Google 自己的 Chrome 瀏覽器也是以 WebKit 作為框架基礎。換句話說，這是個很重要的軟體。而照《富比世》的說法，威廉森是「矽谷通常所謂的『某某搖滾巨星』」。不過，他對於一直在做同一個平台的升級，漸漸感到疲乏。

「我們已經做出三到四個版本的 WebKit，如今我正考慮換到 Google 工作，」他說：「所以賈伯斯把我找去。」

他很不開心。

*　　*　　*

當你想到「成功的電腦工程師」時，腦海裡冒出來的圖庫照片，差不多就是威廉森的模樣：戴著眼鏡，頑固不化的技客調調，腦筋很好，穿著一件有鈕扣領的襯衫。我們在帕羅奧多的一間壽司店碰面做訪談，那間店可以免去服務生的服務，用嵌在桌上的 iPad 自動點餐，正是適得其所。

威廉森說話輕聲細語，帶著一點英國腔。他看起來很親切，但是害羞，言談中隱隱帶著一點輕微的焦慮感，而且他顯然是個敏銳的人，一下子就能從深厚的程式知識、產業敏銳度與技術理

念中劈里啪啦講出一堆想法，有時連換氣都不用。他於 1966 年出生於英國，之後舉家遷到鳳凰城。「我是大概十一歲的時候開始寫程式，」他說：「我爸在漢威聯合（Honeywell）工作，當時他們製造大型電腦。回到那個時候，唯一能存取大型主機的方式差不多就是用一台電傳打字終端機，而我爸就在家裡放了一台，那種很大、很老式的電傳打字機，」他如此回憶：「而且你會用一台聲音數據機來撥接主機，你把電話插在那些老東西的插口上，經過接收器和一台傳輸器，它就會發出吱吱嘎嘎的噪音。」

　　他著迷了。「我花很多時間編寫程式，你知道，我是一個標準的書呆子、技客。」他會自己寫純文字的冒險遊戲。然而，這個耗費他所有心力的電腦癖好造成一些問題：「我花太多時間在上面，把電腦紙都用光了。」一個十一歲的孩子買不起大量電腦紙。「我其實是駭進主機的儲位系統（spooling system）[2]，這個系統會多工緩衝處理大量列印，而你可以把經過多工緩衝處理的列印工作寄到指定位置，」他說：「所以我可以一卷又一卷的列印出來，寄到我家裡，這樣我就可以一直使用印表機來連接主機。」

　　上大學時，一位教授看中他的技能，找他幫忙建立第一套電腦科學課程。「我是這樣學會如何用一台電腦做出幾乎任何我想要做的事情。」他說。一位朋友勸他開一間公司，為一種早期個人電腦阿米加（Commodore Amiga）開發軟體。「我們寫了一個

---

[2] 譯注：spool（Simultaneous Peripheral Operation On-Line）一種線上同時周邊處理的技術，利用緩衝區暫存周邊裝置的資料，使得無法多工處理的系統也能加強中央處理器與輸入／輸出的並行處理，加強系統效能，經常應用在印表機上。

叫做「黑吃黑」（Marauder）的軟體，為防拷貝磁碟製作檔案備份。」他笑了起來：「這是一種委婉的說法。」基本上，他們做了一個讓使用者可以盜版軟體的工具。「所以我們靠著這個賺到一些固定收入。」他頑皮地這麼說。

1985 年，賈伯斯離開蘋果後創立的公司 NeXT 還是一間小公司，急需好的工程師。威廉森在那裡認識了兩個 NeXT 的高階主管和賈伯斯本人，他給他們看了他在阿米加電腦上做的一些成果，他們當場錄取他。這位年輕的程式設計師此後二十五年便進入賈伯斯，還有 NeXT 團隊的軌道，他所致力開發的軟體，後來成為 iPhone 不可分割的一部分。

*　　*　　*

根據威廉森的說法，賈伯斯說：「別走，我們有一個新案子，我想你可能會有興趣。」

威廉森要求看看案子。「這時候，專案裡還沒有從軟體角度出發的人，它只是賈伯斯腦袋裡的一個概念。」這對威廉森而言，似乎不是什麼有說服力的理由，足以讓他放棄誘人的新工作。「Google 也想給我一些很有趣的工作，所以，那是一個十分關鍵的時刻。」他說。

「所以我說：『嗯……沒有螢幕，也不完全有顯示技術。』可是賈伯斯說服我說有，該有的都會有。」威廉森停頓一下。「有關賈伯斯的事情都是真的，」威廉森臉上閃過一抹微笑，說：「我從 NeXT 時代就跟著他了，我已經懾服在他的光芒之下非常多次。」

那麼結果呢？當然，威廉森留下來了。「所以，我變成倡導者，主張開發一種可以瀏覽網頁的裝置。」

要做哪一種手機

「賈伯斯想要做手機，而且愈快愈好。」威廉森說。可是，做哪一種呢？

有兩個選擇：1. 改造受人喜愛且家喻戶曉的 iPod，使之身兼手機的功能（這在技術上是比較簡單的做法，而且賈伯斯並沒有把 iPhone 想像成行動運算裝置，只是想做一台經過加料的手機）；2. 把麥金塔變形成可以打電話的微型觸控平板（這是個令人興奮的點子，但其中的未來抽象性也讓人很害怕）。

「在大型展示之後，」奧爾丁說：「工程師們開始研究，實際上要費多少工才能讓它成真？從硬體面，也從軟體面看。」奧爾丁說。初次檢視的工程師對它的短期可行性抱持懷疑態度，這已經算是保守說法了。「他們是：『我的老天啊！這個……我不知道，這會是個大工程。我們甚至不知道有多少工作要做。』」

有太多事情需要完成，才能把這一堆多點觸控麥金塔的東西，變成一項產品，其中還有這麼多未經驗證的新技術，連提出一張藍圖，把它的種種片段全部兜在一起都很困難。

Rokr 機的命運

整個 2005 年，Rokr 機的開發持續進行。「我們全都覺得 Rokr 機是個笑話。」威廉森說。以事必躬親出了名的執行長，直到 2005 年 9 月初，即將對全世界公開這支機子的前夕才看到

成品。他驚呆了。「他的反應是，『我們還能做什麼？我們可以怎樣補救？』他知道它的水準欠佳，但是不清楚狀況有多麼糟糕。等到終於走到這一步，他甚至不想上台展示，因為他覺得很丟臉。」法戴爾說。

展示過程中，賈伯斯好像拿著一隻沒洗過的襪子那樣拿著手機。曾有一度，Rokr 機無法從打電話切換到播放音樂，賈伯斯的焦慮明顯寫在臉上。所以，就在對媒體公開「世界上第一支搭載 iTunes 的行動電話」時，他也決心淘汰它。

「他走下舞台的時候，一副『嗯』的感覺，真的很悶。」法戴爾說。Rokr 機是一場災難，連《連線》（Wired）雜誌都在封面下一個標題說：「你說這是未來的手機？」很快地，它的退貨率就比業界平均水準高出六倍。它爛到極點讓賈伯斯措手不及，但憤怒也激勵他更堅定意志做蘋果自己的手機。「不是在它失敗以後，而是在它一上市之後。」法戴爾說。「這東西做不起來的，我受夠了跟這些做手機的笨傢伙打交道。」賈伯斯在展示後這麼告訴法戴爾。「那是最後一根稻草，」法戴爾說：「他說：『真是的，我們自己來。』」

*　　　*　　　*

「賈伯斯召開一次大型會議，」奧爾丁說：「大家都來了，席勒、艾夫，通通都來了。」他說：「聽好，我們要改變計畫。我們要來做這個以 iPod 為基底的東西，把它做成一支手機，因為這樣比較可行，比較可以預料。」那是法戴爾的案子。觸控螢幕的工作並未被放棄，不過就在工程師努力讓它成形的同時，賈

伯斯也指示奧爾丁、喬德里和 UI 團隊的成員們，替 iPod 手機設計一款介面，運用該裝置通過考驗的按鍵轉盤，來撥號、挑選聯絡人和瀏覽網頁。

現在有兩個案子在競爭 iPhone 寶座，好比某個工程師形容的，這是一場「烘焙大賽」。兩個手機專案分道揚鑣，分別取名代號為 P1 和 P2，而且均列為最高機密。P1 是 iPod 手機，P2 則是還在實驗階段的多點觸控技術與麥金塔軟體混血版。

若要追溯後來吞噬這個專案的政治鬥爭原爆點的話，恐怕就是這個時候所做的決定了，把團隊一分為二，一邊是法戴爾的 iPod 部門，除了製作 iPod 手機的原型機之外，還要負責原產品線的升級；另一邊則是福斯托的麥金塔作業系統軟體老手，並且要他們相互競爭（人機介面的設計師們則同時為 P1 和 P2 工作）。

最後，iPhone 最重要的元素：軟體、硬體與工業設計的管理高層幾乎無法忍受彼此共處一室。一個會離職，一個會被炒魷魚，另外一人（恐怕也只此一人）則穩穩的出線，成為後賈伯斯時代的蘋果精神新面孔。值此同時，在政治傾軋下的設計師、工程師與程式人員們，則將孜孜不倦地工作，想盡辦法把 P 手機變成可以運作的裝置。

紫色領導者

任何值得大搞陰謀的極機密專案都有個代號。iPhone 的代號是紫（Purple）。

「我們把蘋果總部的一棟大樓鎖了起來，」已經在掌管 Mac OS X 軟體，而且即將負責整個 iPhone 軟體計畫的福斯托說：「我

們從一樓開始，把整層樓鎖起來，我們在門上安裝讀卡機，我想應該還有監視器。要去我們的某些實驗室，你必須刷四次卡才到得了。」他把這棟大樓叫做紫色宿舍，因為「它就像一棟宿舍一樣，大家一直待在裡面。」

他們「放了一個『鬥陣俱樂部』（Fight Club）的牌子，因為在電影裡，鬥陣俱樂部的第一條規則是不准討論鬥陣俱樂部，而紫色專案的第一條規則，就是出了這些門，就不能討論專案內容。」福斯托說。

為什麼叫做「紫」？很少人想得起來。有一說是根據史考特・赫茲（Scott Herz）的一隻紫色袋鼠玩具來命名的，此人是首批來做 iPhone 的工程師之一，把那個玩具當成「雷達」（Radar）系統的吉祥物，而雷達是蘋果工程師用來追蹤全公司軟體問題與障礙的系統。「蘋果所有的程式問題都用雷達來追蹤，很多人有權限可以進入，」威廉森說：「所以如果你是個有好奇心的工程師，可以到這個問題追蹤系統來探險，發掘別人都在做些什麼事情。而如果你做的是祕密專案，就得思考如何在這裡掩蓋行蹤。」

出生於 1969 年的福斯托，這輩子向來一直把蘋果下載到他的腦袋裡。他念高中時便因為早熟的數學與科學能力，而得以參加大學先修課，接觸到一台 Apple IIe 電腦。他學會寫程式，而且寫得很好。不過，福斯托不符合典型的電腦技客模樣，他是辯論隊冠軍的成員，也參加高中音樂劇的演出，在《瘋狂理髮師》（Sweeney Todd）裡擔綱演出主角。福斯托 1992 年畢業於史丹佛大學，取得電腦科學碩士學位，在 NeXT 找到一份工作。

發表了一款鎖定高階教育市場但訂價過高的電腦後，

NeXT 作為硬體公司而言是失敗的，不過，它靠著授權強大的 NeXTSTEP 作業系統而存活下來。1996 年，蘋果買下 NeXT，把賈伯斯請回公司，並且決定用 NeXTSTEP 來翻修麥金塔的老邁作業系統，使它成為麥金塔電腦（還有 iPhone）現在還在運作的基礎。福斯托在賈伯斯領導的蘋果公司節節高升，他模仿偶像的管理風格與獨特品味，《商業周刊》（BusinessWeek）還叫他是「魔法師的學徒」。

一位過去的同僚稱讚他是聰明幹練的領導者，不過，他對賈伯斯的崇拜太過頭了，「他一般來說是個很棒的人，可是有時候，只要做自己就好了。」福斯托脫穎而出，擔任把麥金塔軟體改造成適用觸控螢幕手機的領導者。雖然有人覺得他的自負和赤裸裸的野心讓人反感，一個同事說他「非常需要被奉承」，另一個人則叫他「星法客」（starfucker）[3]，不過，很少人會質疑他的才幹和工作道德。「我不知道別人怎麼說他，」拉米雷斯說：「但我跟他合作愉快。」

福斯托把很多從 NeXT 時期就共事至今的頂尖工程師（其中有拉米雷斯、威廉森）帶進 P2 專案。威廉森還戲稱這組人是「NeXT 黑手黨」。他們也確實人如其名，表現出來的舉止，不時讓人感覺這是一個既團結又神祕（而且高效率）的團體。

P1 一波未平，一波又起

法戴爾是福斯托的主要競爭對手。

---

[3] 譯注：starfuckeer 原意是指追星族。

「從政治上來看，法戴爾想要擁有完整的體驗，」格里尼翁說：「軟體、硬體，一旦大家開始看到這個案子對蘋果的重要性，每一個人都想把手伸進來。法戴爾和福斯托的大對抗就是這樣開始的。」

格里尼翁曾經在做「儀表板」的時候和福斯托合作過，因此處在一個介接雙方團隊的獨特位置上。「從我們的角度來看，我們一直都不看好福斯托和他的團隊，是他們一副想要擠進來的樣子，」格里尼翁說：「我們有充分的信心，我們堆砌出來的東西會成功，因為這是法戴爾的案子啊！而法戴爾可是負責幾千幾百萬支 iPod 的營業額呢！」

於是，pod 團隊照著蘋果極為盛行的音樂播放器的模子，動手製作一支新的 pod 機。他們的構想是做出一台分成兩種模式的 iPod：音樂播放器和手機。「我們做出一種新的原型，」格里尼翁談到這個早期裝置：「就是這個有趣的東西，它還是有觸碰感應式的按鍵轉盤，沒錯，加上播放／暫停／上一首／下一首的按鈕，透出藍色的背光。當你經由介面進入手機模式，那個光源就會有點淡去的感覺，然後慢慢轉成橘色。像老式轉盤電話那樣，在按鍵轉盤上有 0 到 9 的數字，你知道，沿著邊緣則有 ABCDEFG 這些字母。」

「我們成功的把無線電話放進一台有喇叭和耳機的 iPod Mini 裡，用的還是觸控轉盤介面。」圖普曼說。

「當你輸入內容，它會撥號，而且電話會通！」格里尼翁說：「所以我們做了兩百支這種機子。」

問題是它們當成電話很難用。「我們完成第一輪的軟體製作

後，就很清楚它沒有希望，」法戴爾說：「因為轉盤介面的關係。它行不通的，你不會想要用旋轉撥號的方式打電話。」

設計團隊苦心積慮地想要兜出一個解決方案。

「我想到一些預測打字的點子。」奧爾丁說。螢幕底端會有一張字母表，供使用者用轉盤來挑選字母。「然後你就可以這樣點、點、點、點：『哈囉！你好嗎？』所以，我就實際上做了一個在你打字的時候可以學習的東西，它會創建出一套互相參照的字彙資料庫。」可是，這個過程還是太冗長了。

「顯然我們在按鍵轉盤上放了太多東西，」格里尼翁說：「輸入文字和電話號碼，簡直是一團糟。」

「我們什麼都試過，」法戴爾說：「沒有一個行得通。賈伯斯一直在逼，一直在逼，我們只能說：『賈伯斯又來了』。他是在推著石頭上山[4]。這麼說吧：我想他知道，我從他的眼神看得出來他知道狀況；他只是希望它能成功。」他說：「他就是一直在死馬當活馬醫。」

「別這樣，一定有辦法的。」賈伯斯會這麼告訴法戴爾。「他就是不想放棄，所以一直逼到沒有東西為止。」法戴爾說。

他們甚至為這個命運多舛的裝置申請專利，幾十支可以用的iPod 手機，就四散在蘋果總部的辦公室與實驗室裡。「我們真的用它來打電話。」格里尼翁說。

結果，第一通從蘋果手機打出去的電話，並不是用未來的精

---

[4] 譯注：這是取自希臘神話的悲劇故事，主角薛西佛斯（Sisyphus）因為得罪諸神而被懲罰每天推著石頭上山，意旨重複做一件徒勞無功的事情。

巧觸控螢幕介面,而是用蒸氣龐克式(steampunk)[5]的旋轉撥號盤。「我們非常接近了,」奧爾丁說:「我們原本可以完工,用 iPod 做出一個產品,可是那時,我猜賈伯斯一定是有天醒來,突然想說:『這沒有觸控平板那麼炫。』」

「對我們硬體團隊的人來說,那是一次很棒的經驗,」圖普曼說:「我們得做出無線射頻電路板,這逼得我們去挑選供應商,也促使我們把所有東西都做到位。」事實上,iPod 手機的元素最後都被移植到 iPhone 成品上,它就像 0.1 版的 iPhone,圖普曼這麼說。例如:「iPhone 實際上搭載的就是 iPod 手機裡的無線電通訊系統。」

放手一搏

法戴爾第一次看到 P2 的觸控平板裝置發揮作用,既大感驚豔,也大惑不解。「當 iPod 手機的各種嘗試都失敗後,賈伯斯把我拉進一間房間,說:『來看看這個。』」賈伯斯給他看 ENRI 團隊的多點觸控原型機。「他們已經在背地裡做出觸控麥金塔了。不過那不是一台觸控麥金塔,它實際上是一間房間,裡面有張乒乓球桌,一台投影機,還有這個東西,當成大大的觸控螢幕。」

「這個就是我想放到手機上的。」賈伯斯說。

「是喔,賈伯斯,」法戴爾回他說:「它離量產還很遠。它是一台原型機,而且還不是照比例的原型機,只是一張原型桌。

---

[5] 譯注:蒸氣龐克是流行於 1980 年代到 1990 年代的科幻類型,建構在一種類似十九世紀維多利亞時代的生活風格,和以蒸汽發動機為基礎驅動出遠超過現代的科技水準上。

這是個研究案，大概只有完成 8%。」

圖普曼比較樂觀。「我的反應是：『噢！哇！耶～我們必須想辦法讓它成功。』」他相信這個工程困難是可以解決的。「我說：『我們坐下來，看過一遍數字，把它做出來吧！』」

iPod 手機漸漸失去支持。高階主管們為了做哪一種手機爭執不休，而蘋果的行銷老大席勒的答案卻是：都不要。他想要一個有實體按鍵的鍵盤。黑莓機（BlackBerry）毫無疑問是第一支風行起來的智慧型手機，上面有電子郵件用戶端程式和一個小小的實體鍵盤。包括法戴爾在內，幾乎人人都開始認同多點觸控是未來的方向時，席勒還在孤軍奮戰。

「他每次就是坐在那裡砲火四射，說：『不行，我們一定要有個實體鍵盤。不行。要有實體鍵盤。』而且他聽不進理由，我們大家都說：『席勒，現在這個可行。』而他就是說：『你們一定要有實體鍵盤！』」法戴爾說。

席勒的科技敏銳度不如許多其他高階主管。「席勒不是技術咖，」蘋果先進技術部門的前任主管比爾布雷說：「有段時間，你要像教小學生那樣解釋事情給他聽。」比爾布雷覺得賈伯斯喜歡他，是因為「他會用一般美國人的角度看技術，像阿公阿嬤那樣。」

當團隊其他人已經決定繼續往多點觸控和虛擬鍵盤的方向前進時，席勒的態度轉趨強硬。「在一次大型會議上，我們終於決定方向，」法戴爾說：「結果他爆發了。」

「我們做錯決定了！」席勒如此咆哮。

「賈伯斯看著他，說：『我受夠了這些事情，可不可以不要

再吵？」然後賈伯斯把他轟出會議室，」法戴爾回想當時，「後來，賈伯斯跟他到外面走廊上講，意思是他要嘛就跟進，要嘛就滾蛋。最後，他屈服了。」

態勢終於明朗了：手機將以觸控螢幕作為基礎。「我們都知道這就是我們想要做的東西，」賈伯斯在會議上說：「那麼，讓我們把它做出來吧！」

第二回合

在 iPod 團隊和麥金塔 OS 成員之間，「對手機進行了一場全面性的宗教戰爭。」一位前任蘋果高階主管這麼告訴我。當 iPod 的轉盤出局而觸控勝出之後，新的問題是如何創建手機的作業系統。這是一個形勢急迫的關鍵時刻，將決定 iPhone 會被定位成一種配件或是一台行動電腦。

「法戴爾和他的團隊主張應該朝著 iPod 的方向去演進它的作業系統，當時那個作業系統還非常初階，不太成熟，」威廉森說：「而我自己和拉米雷斯、福斯托，我們都認為應該把 OS X（在蘋果的桌機和筆電上運作的主要作業系統），拿來縮小。」

「在決定怎麼做的時候，出現了一些極為龐大的、理念性的對抗。」威廉森說。

NeXT 黑手黨認為這是發展真正行動運算裝置的契機，想要把麥金塔作業系統加上整套麥金塔應用程式，通通塞進手機裡。這套作業系統是以他們已經做了超過十年的程式為基礎，所以他們對它瞭如指掌。「我們很肯定有足夠的效能可以跑一個現代化的作業系統。」威廉森說，而且他們相信可以用一種小巧的

ARM 處理器（威爾森的低耗能晶片架構），打造出手機用的精簡版電腦。

iPod 團隊則認為這麼做野心太大，手機應該用一種 Linux 版本，這套開源碼系統受到開發者和開源碼倡導者的歡迎，而且已經用了低耗能的 ARM 晶片。「現在我們已經做出這支手機，」格里尼翁說：「可是我們對於手機應該建構在什麼樣的作業系統上，有了這麼大的爭執。因為我們一開始做的是 iPod 型的手機，對吧？沒有人在乎 iPod 裡的作業系統是什麼，iPod 是一種家用裝置，一種配件。我們也是這樣看待手機的。」

要記得，即便在 iPhone 上市後，賈伯斯也說它「更像一台 iPod」，而非電腦。不過，那些曾經親上火線實驗觸控介面的人，莫不對於它在個人運算方面，以及演化成人機介面所展現的可能性，感到振奮不已。

「肯定會有討論，有人說，這是一台有電話功能的 iPod，而我們說，不是，這是一個有電話功能的 OS X，」拉米雷斯說：「我們跟 iPod 團隊之間很多的衝突就是這樣造成的，因為他們覺得自己才是清楚小型裝置上所有軟體的人，而我們卻說，不對，它就是一台電腦。」

「到了這個時候，我們根本不在意手機，」威廉森說：「手機的部分大多無關緊要，它基本上就是一台數據機。不過，『作業系統應該是什麼樣子？要創造什麼樣的互動典範？』」從他們的意見中，你可以看到這場理念衝突的根源所在：軟體工程師不把 P2 當成是在做手機，而認為是一個機會，把手機形狀的裝置當成特洛伊木馬，偷渡一台遠遠更為複雜的行動電腦。

縮小到不可思議的作業系統

兩大系統陣營剛剛擺開對陣架勢，行動運算方面就沒有進展得很好。

「呃，光是下載時間就很可笑，」格里尼翁這麼說，他的 Linux 版又快又簡單。「像放屁一樣，噗的就開機了。」而 Mac 團隊第一次編譯出來的作業系統，「好像只跑了六行主題標籤，滴一滴一滴一滴一滴，然後就停住不動，連個屁都沒有，接著才終於又回來了，你會想，這是在開玩笑吧？只是一台裝置的開機就搞成這樣？真的假的？」

「那時候，就要靠我們來證明」OS X 的變體版可以用在這台裝置上，威廉森這麼說。黑手黨捲起袖子工作，競爭也變得白熱化。「我們希望蘋果即將推出的手機，用的是我們的版本，」甘納杜拉說：「我們不想讓 iPod 團隊先做出那款 iPod 調調的手機。」

其中一個當務之急，是證明當初讓賈伯斯驚豔的捲動可以在簡約版作業系統上運作。威廉森和奧爾丁攜手詳談，達成共識。「它成功了，而且效果出奇的逼真。當你觸碰螢幕，它能完全追蹤到你的手指，你往下拉，它也跟著往下拉。」

威廉森說，這給了 Linux pod 致命的一擊。「一旦我們把 OS X 移植過來，這些基本的捲動式互動也牢牢的做上去，就大勢底定了：我們不會用 iPod 那堆東西，我們要用的是 OS X。」

iPhone 軟體將由福斯托的 NeXT 黑手黨負責，硬體則是法戴爾的團隊來做。iPhone 會有觸控螢幕這個亮點，並且內建一台行

動電腦的效能。當然,他們要能把這東西做出來才行。

法戴爾又看了這個多點觸控的新鮮玩意一眼,「我沒有說『當然了』,我也沒有說『不行』。我說的是:『好吧!我們有很多工作要做,』」他說:「為了做出這台原型機,我們必須開一家基本上完全不同的公司才行。」

＊　　　＊　　　＊

iPhone 不但需要在蘋果內部創建出這種「不同的公司」,它上市很久以後,也將導致外面的企業一波全新的吸收與合併。它將帶來新的突破、新的創意與新的障礙。接下來的章節,將觸及這個被 iPhone 所重組的世界,從 Siri 的進化、安全飛地(Secure Enclave)加密裝置,到這萬中選一的裝置的製造、行銷與報廢。

| 第十章 |

嘿！Siri
人工智慧助理誕生地

如果想要跟 Siri 的其中一位創造者，就人工智慧的演進進行一次深入交談，我想像得到的第一個會面地點，怎樣都不會是繞著巴布亞紐幾內亞航行的郵輪。可是我們確實人在這裡，在國家地理獵戶座號（National Geographic Orion）的客艙內，嗡嗡作響的引擎為我們的談話配上貼切的人工背景聲，窗外是廣袤的綠藍色熱帶海洋。

「我要看看我在這份談話紀錄裡講了什麼。」格魯伯（Tom Gruber）閃過一抹微笑，朝著我的錄音機點點頭這麼說，因為格魯伯是蘋果 Siri 先進開發部門的負責人。我們倆都參加了「藍色使命」（Mission Blue）之旅，這是由當紅演講機構 TED 和海洋學家席薇亞‧厄爾（Sylvia Earle）所發起的一次航海遠征隊，旨在喚起人們對海洋保育問題的意識。晚上，郵輪上會舉辦 TED 演講，白天則有浮潛活動。

不難認出格魯伯，他就是那個蓄著山羊鬍、駕馭無人機的瘋狂科學家，看起來好像無時無刻不在掃視室內、蒐集情報的模樣。他說話的聲音輕柔，但是速度頗快，常常接二連三地中斷一個想法，再切到另一個想法上。「我對於人機介面很感興趣，」他說：「我的精力都放在這上面。我認為，人工智慧是用來服務

人機介面的。」

　　他談的是 Siri，蘋果的人工智慧個人助理，行筆至此，恐怕需要先來為它做點介紹。

　　Siri 其實匯聚多個功能於一身：語音辨識軟體、自然語言使用者介面，還有一種人工智慧個人助理。當你問了 Siri 一個問題，後面發生的事情是這樣：你的聲音經過數位化後被傳送到雲端（Cloud）裡的一台蘋果伺服器，同時，一個用戶端語音辨識器會在你的 iPhone 上進行掃描。語音辨識軟體把你說的話轉換成文字，自然語言處理會去分析語法，而 Siri 則會把你的問題拿去諮詢科技記者利維所謂的 iBrain，大約兩百 MB 有關你的偏好、你說話的方式以及其他細節資料。如果電話自己就可以回答問題（「幫我設早上八點的鬧鐘好嗎？」），對雲端的請求便會取消。如果 Siri 需要從網路上拉資料（「明天會下雨嗎？」）送到雲端去，那麼這個請求就會由另外一組模型與工具來分析。

　　Siri 還沒有成為 iPhone 的核心功能以前，是 App Store 上的一個應用程式，由一家資金充足的矽谷新創公司所發行。在此之前，它是史丹佛大學由國防部所支持的一項研究計畫，目標在於發展人工智慧助理。而在此之前，它是一個在科技業、流行文化與學術殿堂裡到處流竄了幾十年的點子；蘋果自己在 1980 年代就有一個語音介面人工智慧的初期構想。

　　而在那之前，則是 Hearsay II，一種原始版 Siri 的語音辨識系統。格魯伯說，它就是 Siri 的主要靈感來源。

＊　　　＊　　　＊

拉吉・瑞迪（Dabbala Rajagopal "Raj" Reddy）1937 年出生於印度馬德拉斯（Madras）[1] 南方一座五百人的村莊。大約那個時候，該地區遭到連續七年乾旱與隨之而來的饑荒侵襲。瑞迪說，他是靠著在沙上刻字而學會書寫的。進入大學後，他從說方言的環境轉換到只說英語的課堂上，教授們說話帶著愛爾蘭、蘇格蘭和義大利腔，使他遭遇到語言上的困難。瑞迪讀的是馬德拉斯大學工程學院，畢業後在澳洲找到一份實習工作，那時是 1959 年，他第一次認識到電腦的概念。

在取得新南威爾斯大學的碩士文憑後，瑞迪在 IBM 工作三年，然後搬到史丹佛，最後在那裡取得博士學位。他被剛出現的人工智慧研究所吸引，教授要他挑個題目挑戰，而他特別傾心於語音辨識。

「我會選這個題目，是因為我對語言有興趣，那時我來自印度，而且我必須學習三到四種語言。」1991 年，他在一次為查爾斯・巴貝奇研究所所做的訪談中這麼說：「說話，對人類而言是無所不在的，當時我不知道它會成為我這輩子的功課，我以為只是一次課堂作業。」

接下來幾年，他嘗試建立一套孤立詞（isolated word）辨識系統，這是一種可以了解人類說出來的字詞的電腦。他說，他和同事在 1960 年代後期所建立的這套系統，「是我所知當時最大的系統，有五百六十個字左右，辨識效能相當好，大概 92％。」就跟當時史丹佛多數的先進電腦研究一樣，他的計畫也是由美國

---

[1] 譯注：馬德拉斯現在已經改名為清奈（Chennai）。

高等研究計畫署（ARPA）所出資，這個機構在 1970 年代資助了多項語音辨識計畫，對人工智慧領域的興趣持續了好幾十年。1969 年，瑞迪搬到卡內基美隆大學繼續他的研究工作。他在那裡取得更多美國高等研究計畫署的資金，發起了 Hearsay 計畫。實際上來看，它就是最原始形態的 Siri。「諷刺的是，它是一種語音介面，」格魯伯說：「一種 Siri 之類的東西。那時應該是 1975 年，很狂的東西。」

Hearsay II 絕大多數時候可以正確理解一千個英文字。

＊　　＊　　＊

「我只是覺得人類的心智是這個星球上最有趣的東西。」格魯伯這麼說。在他發現自己的電腦本領以前，是在紐奧良的洛約拉大學念心理學，當時，電腦才剛在學術界興起。當學校拿到一台穆格的電子合成器後，他為它做了一個電腦介面，而且還創建一套電腦輔助教學系統，洛約拉大學心理系現在還在使用中。然後，格魯伯偶然發現卡內基美隆大學一群科學家發表的論文，領軍的人正是瑞迪。

他在論文裡看到的是人工智慧的根：一種能夠進行符號推論（symbolic reasoning）的語音辨識系統，幾十年後將變成 Siri 的源頭。訓練一台電腦去辨識聲音，然後跟儲存在資料庫裡的資料比對是一回事，可是瑞迪的團隊想要研究的是，這語言可以如何在一台電腦裡被表示出來，以便機器可以拿來做些有用的事情。就這方面來說，它必須學會辨識及拆解一句話的各個部分。

「符號推論」描述人類的心智如何運用符號來表示數字與邏

輯關係，以便解決或簡單或複雜的問題。

比方說：「『我們在兩點有一場採訪。』」格魯伯說，這句話提到我們為了談話所預留的時間。「這是在陳述事實，可以用知識表徵的詞彙來表示，可是卻不能當成一種資料庫輸入來表示，除非整個資料庫裡面都是那個事實的案例。」他的意思是，你可以建立一套龐大的資料庫，整個資料庫裡只存放各種可能的日期與時間，教導電腦去辨認它，然後再來逐一比對。「不過，這樣不是知識表徵。知識表徵是『你（人類）、我（人類），在某時間和某地點碰面，說不定還有個明顯的見面目的』，而這就是智慧的基礎。」

格魯伯在 1981 年以最優學業成績畢業後，前往麻塞諸塞大學阿默斯特分校攻讀碩士，研究運用人工智慧幫助語音障礙者的方法。「我的第一個計畫是一個使用人工智慧的人機介面，用來輔助所謂的溝通補綴器（communication prosthesis）。」他說。這套人工智慧會去分析受言語障礙所苦的人，譬如腦性麻痺患者說出來的字詞，然後去預測他們想要說的話是什麼。「它其實就是我稱為『語意自動完成』（semantic autocomplete）之類的前身。」

「我後來把它用在 Siri 上，」格魯伯說：「同樣的點子，只是被現代化了。」

*　　*　　*

自動化個人助理也是我們另一個由來已久的企圖心與幻想。

「他在打造三腳凳，總共有二十個，沿著堅固的廳堂牆邊盡

立著，他在每個凳子的基底安裝黃金輪，三腳凳可以遵其意志自動前往眾神聚會之處，然後再回返家中，令人嘖嘖稱奇。」這恐怕是最早有紀錄可循的自動機械助理想像物，而且是出現在荷馬的《伊利亞德》（Iliad），寫於西元前八世紀。希臘的鐵匠之神赫菲斯托斯（Hephaestus），曾經發明一小隊有黃金輪子的三腳凳，可以接受指令往來於眾神的宴會之間（荷馬風格的機器人奴僕）。

Siri，基本上也是一種機械奴僕。誠如美國人工智慧協會的創始會員布魯斯‧布坎南（Bruce G. Buchanan）所說的：「AI 的歷史是一個從幻想、可能、論證，走到承諾的歷史。」人類還沒能從技術上找到任何方法打造模擬人類的機器以前，就已經忙著在想像，如果做得到的話會發生什麼事情。

猶太人的泥人傳說流傳幾世紀之久，從泥土中召喚出來的泥人是作為保護者與勞動工人之用，可是通常最後以失控發狂作收。雪萊的《科學怪人》是用屍體和閃電拼湊起來的人工智慧。遠至西元前三世紀，在一本名為《列子》的古籍裡，描述一位「工匠」曾經把栩栩如生的機器人呈給王上，它實際上就是一具能歌善舞的機械假人。robot 這個字眼第一次出現，是劇作家卡雷爾‧恰佩克（Karel Čapek）在 1922 年的作品《羅森的萬能機器人》（Rossum's Universal Robots）裡，用來指稱同名的主角。恰佩克發明的新字眼，源自 robota 這個字，意思是「強迫勞動者」。自此之後，robot 這個字便被用來形容名義上具有智慧的機器，為人類執行工作。從《摩登家庭》裡的機器人女傭蘿絲，到星際大戰裡的機器人，基本上，它們都算是機械化助理。

　　經過幾百年來的幻想與可能性的妝點下，約莫二十世紀中期，人類已經具備足夠計算能力之後，實際研究人工智慧的科學工作便就此展開。艾倫・圖靈（Alan Turing）在他發表於 1950年的論文〈運算機器與人類智能〉（Computing Machinery and Intelligence）裡，以一句開場白引起共鳴：「我建議諸君考慮這個問題：『機器能思考嗎？』」為即將出現的大多數辯論立下框架。該論文討論他那有名的「模仿遊戲」，如今以通俗的「圖靈測試」（Turing Test）廣為人知，提出一台機器是否可視為具備足夠「智慧」的判斷標準。傳播理論學者克勞德・夏農（Claude Shannon）則發表他在資訊理論上的重大成果，引進位元（bit）的觀念和一種人類可用來說給電腦聽的語言。1956 年，史丹佛的約翰・麥卡錫（John McCarthy）和他的同僚為一種新學門創造了人工智慧（artificial intelligence）這個字眼，而我們就此開始了人工智慧的競賽。

　　接下來的十年間，隨著人工智慧的科學研究開始吸引大眾興趣，電腦終端機也同時成為一種更加普及的人機介面，這兩股未來趨勢（螢幕式介面與人工智慧）合而為一，而過往的人形奴隸機器人也脫去了實體。在原始版《星際爭霸戰》第一季裡，寇克艦長對著一個方塊形狀的電腦說話。而《2001 太空漫遊》裡的哈兒，當然就是一台無所不在的電腦，可透過語音指令來加以控制（一小段時間）。

　　「如今，Siri 更像是個擔任助理的傳統人工智慧，」格魯伯說：「這種擁有一個人工智慧助理的核心想法已經存在很久了。我曾經出示過從蘋果〈知識領航員〉（Knowledge Navigator）影

片裡所擷取出來的片段。」他提到的影片在某些科技圈裡赫赫有名，是史考利時代的蘋果公司，所推出一個早期虛構設計的偶爾神來之作。片中描述一名教授，在一間富麗堂皇、外觀如長春藤名校的辦公室裡，透過說話方式諮詢他的平板（即便現在，格魯伯也說它是動力書，而艾倫・凱顯然擔任就是〈知識領航員〉這個案子的顧問）。他的電腦是用一位打著領結的高雅男士來呈現，通知這位嚴肅教授即將到來的約會，以及同事們近期發表的文章。「那就是一種 Siri 的模型，1987 年就有了。」

*　　　*　　　*

格魯伯在 1989 年發表的論文是〈策略性知識的擷取〉（The Acquisition of Strategic Knowledge），後來擴充成一本書，內容描述訓練一名人工智慧助理從人類專家取得知識。

格魯伯說，他念研究所那段期間是「兩種人工智慧符號法的高峰期。事實上就是純粹邏輯表示法（pure logical representation）與通用推理法（generic reasoning）。」

以邏輯驅動的人工智慧法，嘗試教導一台電腦運用有如英文句子裡的那種符號式組成單位來進行推理。另外一種方法則是由資料所驅動，那種模型認為：「不，其實問題在於記憶的展現，推理只占一小部分，」格魯伯說：「所以，比方律師之所以成為傑出的律師，不是因為他們擁有深度思考的心智，能像愛因斯坦那樣解謎。而是因為他們博古通今，他們有資料庫，可以快速進行搜尋，做出正確的配對，找到對的解決方法。」

格魯伯屬於邏輯陣營，而這個方法「已經不流行了。今天，

大家並不想要知識，只要很多的資料和機器學習。」

這是個微妙但重大的分野。當格魯伯說知識的時候，我想他的意思是紮實牢固地掌握這個世界的運作與推理方式。今天，研究人員沒那麼有興趣發展人工智慧的推理能力，而更有意讓它們做愈來愈多複雜的機器學習，這跟自動化的資料採礦沒有什麼兩樣。你可能聽過深度學習這個字眼，像 Google 的「深度心智」（DeepMind）神經網路這類計畫，其做法基本上就是盡可能吸納更多資料，然後在模擬預期結果時做得愈來愈好。藉由處理龐大的資料量，譬如梵谷的畫作，就可以訓練這種系統去創作一幅梵谷的作品，而它就會吐出看起來有那麼點像梵谷的東西。資料驅動法之所以有別於邏輯驅動法，在於這台電腦對梵谷毫無認識，也不知道藝術家是什麼意思。它只是在模仿過去曾經看過的模式，而且往往表現得很好。

「這東西的好處在於感知，」格魯伯說：「電腦視覺、電腦語音、理解、模式辨識，知識表徵法在這幾個方面的表現不好，資料處理和訊號處理技術會做得比較好，情況就是這樣。機器學習運用訓練案例來進行歸納的能力真的很好。」

不過，那種方法當然也有缺陷。「機器學習式的模型，沒有人真的了解這種模型知道什麼，或它們的意思是什麼；它們只是照著符合一組訓練集的目標函數來運作。」就跟產製梵谷畫作的情況一樣。

科學家對於人類的感知（perception）如何運作已經有相當好的掌握，並且可以頗為流暢地加以模式化。當然，他們對於我們的腦袋如何運作就沒有那樣的認識。比方說，人類是如何理解語

言的，便沒有科學上的定見。資料庫可以對我們的聽跟看依樣畫葫蘆，可是無法模仿我們怎麼思考。「所以，很多人以為那是人工智慧，但那只是感知。」

從阿默斯特畢業之後，格魯伯去念了史丹佛，在那裡發明了超郵件（hyper-mail）。1994 年，他開了自己的第一家公司 Intraspect，「基本上，這是一種追求企業化的集體心理。」接下來大約有十年時間，他在新創公司與研究領域之間來回奔波。然後，他遇見 Siri，或者更確切的說，他遇見了即將成為 Siri 的東西。走到這一步，可是花了好長的時間。

* * *

在談到 Siri 以前，讓我們先回到國防高等研究計畫署。國防高等研究計畫署曾在 1960 年代資助了數項人工智慧及語音辨識計畫，把瑞迪等人導向這個領域的開發，也啟發了格魯伯這類人物參與其中。幾十年後，在 2003 年，國防高等研究計畫署出人意料地再度回到人工智慧的戰場。

該機構給了非營利研究團隊史丹佛國際研究院大約 2 億美元，組織五百位頂尖科學家進行協同研究，打造一個虛擬的人工智慧。計畫命名為「會學習和組織的認知助理」（Cognitive Assistant that Learns and Organizes, CALO），這是企圖以 calonis 為材料拼出來的縮寫，前者是拉丁文「士兵的奴僕」的意思，帶有一點不祥的意味。截至 2000 年代，人工智慧已經退燒，只剩下學術上的追求，所以如此大規模的投入，讓該領域的某些人士大感意外。「CALO 是在很多人都說人工智慧浪費時間的時候被組合起來

的。」史丹佛大學的科技預測學者保羅・沙福（Paul Saffo）告訴《赫芬頓郵報》（Huffington Post）：「它已經失敗多次，懷疑的聲浪很高，很多人覺得這是個蠢主意。」

國防部突然對人工智慧發生興趣，原本有個原因是從 2003 年開始的伊拉克戰爭情勢加劇而來，確實，有些 CALO 所開發出來的技術，成為陸軍「未來指揮所」軟體系統的一部分，而被使用在伊拉克。無論如何，人工智慧從半冬眠狀態甦醒，成為一門重要領域。CALO「不管怎麼看，都是歷史上最大的人工智慧計畫。」其中一位主研究員大衛・以色列（David Israel）這麼說。大約有三十間大學派了他們最好的人工智慧研究人員加入，人工智慧各種重要方法的提倡者首度攜手合作。「史丹佛國際研究院主持這個計畫，」格魯伯說：「政府付了 2 億美元讓他們去執行計畫，創建出一種感測式辦公室助理，幫你安排會議和做投影片之類的事情。他們想要推動人工智慧這門技藝。」

當計畫在 2008 年接近尾聲時，它的首席架構師亞當・柴爾（Adam Cheyer）和一位主要高階主管達格・吉特勞斯（Dag Kittlaus）決定把研究的一些基本元件分割出來，成立一家新創公司。

「你如何把一個助理需要知道的所有位元表示出來？他們想出了一個架構。比方說，你如何辨識語音？你如何辨識人類的語言？你如何了解像 Yelp 這類服務供應商或你的行事曆 app？你又如何將這些輸入與任務意圖結合起來？」格魯伯說。

柴爾和吉特勞斯想像他們的助理是一個「辦事引擎」（do engine）的領航員，將取代搜尋引擎這個人們逛網路時的主流做

法。比方說，早期的 Siri 不但能掃描網路，還能根據指令，派一輛車去接你。不過，最早的時候，它並沒有被設想為語音介面，格魯伯這麼說。

「它是個助理，它會理解語言，但不能做語音辨識，」他說：「當你輸入文字的時候，它會做一些自然語言理解。不過，它更專注在安排時程、為你認識的人製作小檔案之類的事情。」

「這是個很酷的計畫，不過它是為了在電腦上打字的人做的。」

專案還在「早期原型腦力激盪階段」，格魯伯加入團隊，認識了兩位共同創辦人。「我說，這是個非常好的構想，可是這是要給消費者用的，我們需要幫它做個介面，」格魯伯說：「我在 Siri 的小小團隊打造了那個聊天介面。所以你現在看到的整個做法，大家在使用的同一種範式就是這些對話線，中間有對話的內容。」Siri 的設計並沒有為了盡量追求效率而只有指令與回應。它會對你說話。「裡面還有釐清意義的對話。口語化來回對答助理的概念，就是從這裡出來的。」

第一代 iPhone 上市後那一年，專案便已經開始了，隨著 Siri 具體成形，它的目標顯然鎖定在智慧型手機。「打從一開始，Siri 的主場就是行動電話，」他說：「我們來做個助理，而且是行動助理。然後，當語音好了以後，我們就把語音加上去，到了第二年，語音辨識技術已經好到可以授權出去。」

現在，格魯伯和他的團隊必須思考，人們會怎樣對著一個人工智慧的介面說話，這在消費市場是前所未見的情況。他們必須想好如何教會大家知道，在 Siri 的眼中或耳中，什麼才是可行的

指令。

「我們必須教會大家什麼可以對它說，什麼又不行，這部分現在還是個問題，不過我覺得我們在新創公司時的表現，比我們目前做得還要好。」格魯伯說。Siri 常常會變得很遲鈍，因為它需要時間來處理指令及調配答案。「Siri 回應你的時候，可以講出一些俏皮的話，會有這個點子，是因為大部分事情 Siri 都不知道，為了處理這個問題，才會自然衍生出這樣的結果。所以，你不是求助於網路搜尋，不然就是讓 Siri 在不知道答案的情況下，看起來就像一副知道什麼的模樣。」基本上，Siri 是在爭取時間。「比方說，Siri 會像是一個人其實不認識你，但是裝得一副認識你的模樣跟你說話，不過，這是一種很好的假象。」而 Siri 愈是適應你的聲音，這樣的假象就愈不需要了。

他們還必須思考促進互動的最佳做法，讓大家有興趣回答 Siri。「這就是重點，因為你想要互動，」格魯伯說：「所以我們用了一個相對簡單的方式做對話，不過我們放了很多心血在內容上，不是只有形式。」

「如果給你一個東西讓你對著它問問題，前十個問題會是什麼？大家會問『生命的意義是什麼？』還有『你願意跟我結婚嗎？』全是那類事情。我們很快就發現有哪些是常問的問題，然後寫了很讚的答案。我請了一個聰明的傢伙來寫對話。」格魯伯不能告訴我此人是誰，因為他還在蘋果工作，但所有的跡象都指向哈利‧薩德勒（Harry Sadler），他的 LinkedIn 頁面上寫著，他是負責 Siri 對話互動設計的經理。今天，有一整組團隊在寫 Siri 對話，花費大量時間微調它的口氣。

「我們把它的個性設計的沒有特定性別，甚至沒有特定種族，試著假裝人類是有趣的物種，」格魯伯說，它「覺得他們很幽默，有好奇心。」Siri 原本比較生動，它會摺髒話，更主動的逗弄使用者，性格比較誇張。不過，這是個沒有定論的課題。我們希望人工智慧個人助理聽起來是什麼樣子？我們每天想要跟什麼樣的對象說話？我們又希望對方怎麼跟我們說話？

「我的意思是，這是個大哉問，沒錯吧？」他說：「你有了這麼一大群對象，而你只要寫些俏皮的東西，他們就會愛上它。想像你正在寫一本書，你要發展一個角色。想想，這個角色的職業是什麼？呃，它是個不了解人類文化的助理，對人類文化很好奇，不過它會盡最大的努力，它很專業。你可以羞辱它，它不會覺得怎樣，也不會回擊，它必須如此，因為蘋果不打算引用冒犯人的話，連回嘴都不行，就算我們寫得出來也不行。所以，寫那些東西真的是一門藝術。」

不管是誰設計的，格魯伯都把完善 Siri 這個角色的功勞歸於此人。「終究是他掌握了它，他創造出對話的語調。身為撰寫的人，他真的明白你需要的是一個人格。」

儘管如此，還是要有人賦予這個人格一個聲音。那就是蘇珊・班奈特（Susan Bennett），她是位六十八歲的配音員，住在亞特蘭大郊區。整個 2005 年 7 月，班奈特天天為一家叫做「掃描軟體」（Scan Soft）的公司，錄製每一個可以發得出音的字詞和母音。這是個費力又乏味的工作。「有些人就是可以連著幾小時的念下去，毫無問題。如果是我，我一定覺得無聊死了。」班奈特說。一口氣保持仿人機器人的單調音調好幾個小時，也是一件難事。

「這是為什麼 Siri 有時候聽起來有些微不耐的原因之一。」掃描軟體公司之後改名為紐安斯（Nuance），它的語音辨識系統，還有 Siri 的聲音，被蘋果之前的 Siri 公司買下來，以便開發 app 時用。她渾然不知自己即將為人工智慧發聲，直到 2011 年有人寄電子郵件告訴她，她才發現自己是 Siri。蘋果不願證實班奈特是否牽涉其中，不過語音分析家已經說那就是她的聲音。「我的心情非常矛盾，」她說：「我被選為蘋果在北美的代表聲音，覺得受寵若驚，可是在不知情的情況下被選中的感覺很怪。特別是因為我的聲音出現在幾百萬、幾千萬台的裝置上。」

＊　　＊　　＊

「即使名稱也是經過非常謹慎的文化測試，」格魯伯說：「它好發音、沒有挑釁意味，而且在我們見過的所有語言裡，它都有很好的含義，我想這是蘋果保留它的原因之一，因為它真的是個好名字。」

根據吉特勞斯的說法，Siri 在挪威語裡的意思是「指引你贏得勝利的美麗顧問」，是他本來想給女兒取的名字，不過他生的是兒子，所以，Siri 就這樣誕生了。那麼，即將誕生的它（不是她），Siri 肯定不是女的，但也不是男的，那麼是什麼呢？

「你要怎麼想都可以，不過基本上它不是人類。只要看看對話內容就知道了，譬如『你最喜歡的顏色是什麼？』它會說：『不在你看得到的光譜裡』或諸如此類的答案。它有點像是你做出一個人工智慧會有的反應，它不是從牙牙學語開始長大的，它有一套不同的感測器。所以，它有點像是試著把自己知道的東西解釋

給凡人聽。」

人工智慧，出於虛構的想像，也已經體現了此一想像。

2010 年，名字一經選定而語音辨識系統也準備好粉墨登場之後，他們發表了這款 app，而且馬上大獲成功。「真的蠻酷的，」格魯伯說：「我們以新創業者在 App Store 上架後，看到它擄獲人心，一天內就衝上那個類別的第一名。」

蘋果沒多久就來敲門了。「那之後，我們真的很快就接到蘋果的電話，」格魯伯說。電話直接來自賈伯斯本人。Siri 是他去世前所監管的最後一批收購案之一。據報蘋果以 2 億美元搶下這款 app，大約是國防高等研究計畫署在打下 Siri 基礎的 CALO 五年計畫上所花的錢。

一開始，Siri 會誤解指令是眾人皆知之事，而也許語音啟動型的人工智慧帶給人新奇感，壓過了效用不彰的問題。2014 年，蘋果把 Siri 插入一個神經網路裡，以便它一方面可以利用機器學習技術和深度神經網路，同時又能保有之前的許多技術。它的效能逐漸改進。

＊　　　＊　　　＊

那麼，Siri 可以變得多聰明？「沒有藉口說它不具備超能力，」格魯伯說：「你知道，它從來不睡覺，它連網的速度可以比你快十倍，任何你想要虛擬助理發揮的威力它都有，可是它不認識你。」

格魯伯說 Siri 沒有情緒智慧，還沒有。他說他們必須先找到一個可編寫程式的理論。「你不能提出要求說，喔，『做一個更

好的女朋友』或『做一個更好的傾聽者』。那不是一個可編寫程式的陳述。你可以說的是『觀察這些人的行為』，還有『這是你為了讓他們高興，所要去觀察的事情；這是一件不好的事情；還有，做些事情讓他們高興一點。』這樣人工智慧就會去做。」

現在，Siri 只限於執行它所在裝置的基本功能。「它能做很多事情，可是不是一個助理能做的所有事情它都能做。我們把它想成是，呃，大家會拿蘋果設備來做什麼？你用來導航，你播放音樂，這就是 Siri 現在擅長做的事情。」格魯伯和蘋果公司正在仔細檢視它定期收到的要求種類。如今，每週有高達二十億個要求被提出來。「如果你在玩人工智慧這個領域，就像處在超脫的境界，是吧？」格魯伯說：「關於人們在生活裡想要什麼，他們對一台電腦想說什麼，還有他們對一個助理想說什麼，我們現在知道的很多。」

「我們的資料不會提供給公司以外的任何人，我們有很嚴格的隱私政策。大多數資料甚至不會被保留在伺服器上，如果有的話，也不會留太久，語音辨識已經進步非常多，因為我們真的去檢視資料，在上面做實驗。」

他也充分了解 Siri 的缺點。「如果語音辨識出問題，或者你問了一個不常見的問題，或不用一般通用的說法去提出要求，Siri 所營造的假象就會破滅。它多能聊？它到底可以多麼像你的同伴？它的說話對象是誰？它是小孩嗎？它是宅男宅女嗎？」

「有些事情你看得出它是做不來的。譬如你不能說：『嘿！Siri，不要忘了我的房號是 404。』還有『我餓了的話，提醒我要吃東西，或我渴了要提醒我喝水。』它不能做這些事情。它不了

解這個世界，不會像我們這樣看世界。但是，如果它跟能這麼做的感測器掛鉤的話，就沒有理由做不到。」

那麼，格魯伯想要怎樣改變 Siri 呢？「我的偏好是，首先，它跟你說話的方式需要更自然一點。」他希望讓 Siri 的一舉一動更像我們。「我想要讓它更像個人類，不要嗶嗶叫，也不要說『現在換你了』這類蠢話。這話可以說，但是要自然而然地說。我的興趣主要在人類的需求上，這是為什麼我們有文字介面，也有不用動手的介面。大家在開車的時候不要用到打字，是真的很有必要。但大家也有處理複雜事情的需求。因為目前很難做到這個，所以 Siri 有點是圖形化使用介面的剋星，可以打破所有這些複雜的介面，只要說：『我到家時，提醒我打電話給我媽。』而它可以知道你到家了，然後說：『提醒你，點一下這裡，打電話給你媽。』沒錯，它知道你到家了，只要你在地址簿裡輸入地址，那麼它就可以從 GPS 知道你人在家裡。它知道『我媽』是什麼意思，它知道你媽是誰，它知道她的電話號碼，所有這些它都知道。」

這麼說來，Siri 能接觸到更多我們最私密的資料，我注意到這件事，於是問他是否擔心 Siri 或任何其他的人工智慧會用那些資訊做出有害的事情。我想知道，一般來說，Siri 之父到底擔不擔心真正的人工智慧降臨？

「我並不害怕電腦裡的通用智慧（general intelligence），」格魯伯說：「它會發生，而且我也樂見它發生，我很期待。這跟害怕核能是一樣的，你知道，如果我們在設計策劃核技術的時候，知道我們現在所知道的東西，很可能就可以讓它更安全。」然而，批評者如馬斯克和史蒂芬·霍金（Stephen Hawking）已經

表示疑慮，認為人工智慧可能演化太快，超出我們的控制，而對人類造成生存威脅。

「喔！很好啊！」格魯伯對這類討論的反應是：「我們現在已經有點走到馬斯克所說的那個世界，『注意，這東西會強大到毀滅地球。我們現在想要怎麼處理這個技術？』我並不喜歡我們處理核技術的做法，可是它還沒有害死我們。我認為我們可以做得更好，不過我們已經成功地克服挑戰，度過了冷戰，沒有害死自己。」總之，我們不必擔心 Siri。「Siri 其實無關通用智慧，而是跟介面智慧有關。在我來看，這是個大問題。我們的情報，我們的介面很難用，大可不必如此才對。」

人工智慧還有很多可以對世界有益的地方，事實上，這也是格魯伯人會在這裡的原因。他登上 TED 郵輪，看看是否有任何方法可以運用他的專業來幫助海洋保育。截至目前為止，他已經跟團隊討論到運用圖形辨識軟體和 Google 地球（Google Earth）來取締盜獵者和汙染者。

「那有點像是幾年前只會出現在科幻小說裡的超能力。」他這麼說。所以我問了這位 Siri 的共同創造者，他會使用自己的人工智慧嗎？怎麼用？

「會呀！整天都在用。」他說：「我一天會用個二、三十次。我是說，我一起床：交通狀況如何？我用呼叫名稱的方式打開一個 app，用 Siri 跟別人來來回回的發簡訊。我也用呼叫名字的方式打電話。上車以後，我叫 Siri 讀通知給我聽，回覆簡訊，當然也會叫它導航。所以，開車時，我會用來查詢我要去的地方。上班的路上去加油，我會問：『Siri，這個加油站在哪裡？帶我去

上班。』到了公司，『Siri，我的下個會議是什麼？』你知道，『把兩點改成三點』。所有那類事情，整天都會用到。」

那麼，我自忖，是時候提出這個大哉問了：「你比較認識 Siri 還是 Siri 比較認識你？或 Siri 有變得更認識你嗎？」

「這是個有趣的問題。恐怕我們的技術還處在我認識 Siri 比較多的階段，」格魯伯說：「不過，我希望情勢很快就能逆轉。」

| 第十一章 |

安全飛地
駭進黑色鏡面以後

現身在世界駭客大賽（Def Con）半個小時後，我的 iPhone 就被駭了。

參加這個北美地區最大的駭客論壇，首要規則就是關掉你身上所有裝置的 Wi-Fi 和藍芽。我兩個都沒做。很快地，手機就在未經我的同意之下，加入一個公開的 Wi-Fi 網路。

當我試著用 Google 時，我的 Safari 出了問題，不但沒有出現搜尋結果，還似乎因為下載一個完全不同的網頁而在過程中當掉了。

不過，在世界駭客大賽被駭的好處，是你身邊有好幾千個資訊安全專家，他們大部分很樂意、也能滔滔不絕告訴你，你到底是怎麼被「攻破」（pwned）的。

「你大概是被鳳梨了（Pineapple）」，在一間裝潢著人造戶外風景、法式主題、拉斯維加斯賭場才看得到的荒謬自助餐廳裡，羅尼‧托卡佐斯基（Ronnie Tokazowski）這麼告訴我，他是一名資安工程師，來自西維吉尼亞州一間叫做 PhishMe 的網路安全公司。同桌還有資深駭客暨魔術師泰瑞‧諾利斯（Terry Nowles）和一對來自明尼蘇達州的父子檔；父親是牙醫，兒子則是來參加大會的。

「Wi-Fi 鳳梨的做法是，只要你的手機送出一個信標（beacon）尋找存取點，不像 Wi-Fi 點會說『我是接口』，無線的鳳梨會說『沒錯，就是我，連進來吧！』」托卡佐斯基說：「一旦你連線到鳳梨，他們就可以亂搞你的連線，把你的流量重新導到別的地方，他們可以中斷你的流量，發覺你的密碼。」

「基本上，他們能看到我在手機上做了什麼。」我說。

「沒錯。」

「那麼他們能真的在我的手機上做任何更動嗎？」

「這樣他們就會有辦法竊聽（sniff）流量，」他說，意思是攔截到經過網路的資料，「一旦你連進這個網路，他們就可以開始對你的手機發動攻擊，不過大部分時候，鳳梨的目的更多是在竊聽流量。」比方說，如果我登入 Gmail，駭客就可以強迫我連到別的地方，一個他們選定的網址。然後，他們就可以發動一個中間人攻擊（man-in-the-middle attack）。「如果你去臉書，還有去了你的銀行帳戶，他們也能看到這些資訊，」他說：「所以，沒錯，你要很小心，別連到任何 Wi-Fi 上。」

好吧！可是，這種情況到底有多普遍？

「鳳梨嗎？」托卡佐斯基說：「我用 100、120 美元就可以買到一個。它們真的非常普遍。尤其是在這裡。」

世界駭客大賽是世界上最大也最遠近馳名的駭客集會。每年一次，每次為期一星期，有兩萬個駭客降臨拉斯維加斯，聆聽來自這個領域傑出人士的演講，和同輩人物交流，並抓緊機會學習最新的漏洞和系統弱點，還有互相駭來駭去。

如果你想要涉獵 iPhone 和全球使用者所面臨的安全議題，這

裡也是最好的去處之一。由於有更多人開始把智慧型手機當成他
們的主要上網工具，在上面處理更多私人敏感事務，智慧型手機
日漸成為駭客、身分竊盜犯和怒氣騰騰的前愛人鎖定的目標。

　　Def Con 還有個規模比較小、收費比較貴，而且對企業比較
友善的姊妹會議，叫做黑帽大會（Black Hat）。稍早，黑帽大會
發布一則令人驚喜的聲明，說蘋果的安全工程與架構部門的主管
伊凡・克斯迪克（Ivan Krstić）將蒞臨現場發表一場罕見的演講，
談論 iOS 的安全性。

＊　　　＊　　　＊

　　2015 年 12 月，法魯克（Syed Rizwan Farook）和瑪莉克
（Tashfeen Malik）這對夫妻以 ISIS 之名，在先生工作的聖貝納
迪諾郡的公共衛生部門耶誕派對上，開槍殺死十四個人，另有超
過二十二人受到重傷。當局宣布這次突發事件為恐怖行動，在當
時是九一一以來最嚴重的一起本土攻擊。

　　聯邦調查局（FBI）的探員在調查過程中，還原了一支 iphone
手機。這支機子屬於郡所有，是國有財產，但是因為派發給法魯
克使用，所以被個人密碼鎖住了，FBI 打不開。

　　你的手機大概也有設定密碼（又如果你是智慧型手機使用者
裡 34% 不肯設密碼的人之一，那你真該設一個！），密碼的長度
從四個數字（強度為弱）到新預設的六個字元或更長不等。如果
你輸入錯誤的密碼，螢幕就會晃動鬼叫，有點像是科幻老電影裡
被魚雷打到的那種感覺。接著，手機會讓你等個 0.08 秒，才允
許你再試一次。你每輸錯一次，手機軟體就會強迫你等久一點才

能再試，直到你成功解碼為止。

　　駭客破解密碼的做法有兩種。第一種是社交工程，監看（或「竊聽」）某個目標，以便蒐集足夠的資訊來猜出密碼；第二種是暴力破解法（bruteforcing），有條有序地猜測每一種密碼組合，直到猜對為止。駭客跟資安探員可以使用精巧的軟體成功破解密碼，但這種做法曠日費時（想想在一個密碼鎖上盲目嘗試每一種可能組合）。法魯克在跟警方的槍戰中身亡，FBI 別無他法，只好用暴力破解他的手機。

　　可是，iPhone 具有抵抗暴力攻擊的設計，而且比較新款的 iPhone 最後乾脆把加密金鑰給刪除了，使人無法取得資料，所以 FBI 必須另覓他途。他們先是找國安局來破解手機，國安局做不到，他們就要求蘋果公司幫他們把手機打開。蘋果公司拒絕了，最後還直接了當的做出一個公開回應，大體上的意思是說，「就算我們想，我們也做不到，而且我們不想這麼做。」

　　蘋果公司說它設計 iPhone 的軟硬體時，把用戶的安全和隱私放在第一位，而很多網路安全專家也同意 iPhone 是市面上最安全的裝置，其中一個緣故是蘋果並不知道你的個人密碼，它被儲存在手機裡一個叫做安全飛地（Secure Enclave）的區域，而且必須跟專屬於你的手機識別碼（ID）配對。

　　此舉既能最大程度地保護消費者安全，同時也是一種先發制人的謀略，以反制 FBI 和國安局這類聯邦機構逼迫科技公司在產品裡安裝後門（暗中存取使用者資料的方法）。由吹哨人前國安局雇員愛德華・史諾登（Edward Snowden）所洩露的文件顯示，國安局會施壓大型科技公司參與監控計畫，譬如「稜鏡計畫」

（PRISM），允許該機構接觸到用戶資料。儘管蘋果公司出面否認，但文件指出這家公司（還有 Google、微軟、臉書、雅虎及其他科技業者）到 2012 年止都還參與其中。

所以，即便 FBI 要求蘋果讓他們存取法魯克的手機，蘋果也拿不出密碼來。不過，讓密碼輸入錯誤到下次嘗試前出現時間延遲的程式，是屬於 iPhone 作業系統的一部分。因此，FBI 提出一個不同凡響，說不定也是史無前例的要求，要蘋果駭入自己大受歡迎的產品，以便他們能破解凶手的手機。FBI 取得法庭命令，要求蘋果公司撰寫新的軟體，基本上就是做出一套特製版的 iOS，一個被安全專家叫做 FBiOS 的程式，撤銷可以預防暴力攻擊的延遲機制。

蘋果公司拒絕不從，說這個不合情理的要求造成負擔，而且會立下危險的判例。聯邦執法機構不以為然，主張蘋果一天到晚都在為自己的產品撰寫程式碼，何苦不來幫忙解鎖一個恐怖分子的手機？

這次衝突成為全世界的頭條新聞。安全專家和公民自由派盛讚蘋果明知此舉極不受歡迎，但還是選擇保護自己的消費者，鷹派人士和公眾輿論則倒過來對蘋果群起攻之。

無論如何，對於仰賴智慧型手機運作的社會來說，這起事件引發了數個愈來愈多人提出的迫切問題：我們的裝置安全性應該有多高？是否該做到除了使用者本人之外，無人可登堂入室的地步？在什麼情況下應該讓政府接觸到公民的私人資料，譬如已知此人是大屠殺的凶手？這是一種極端例子。不過，當局也正在尋求比較沒有那麼聳人聽聞的使用案例，譬如國安局日常監看手機

的詮釋資料（metadata），或警方所提議的一套系統，在看到有人邊開車邊發簡訊的時候，可以讓他們打開駕駛人的智慧型手機。

這是一個異常的矛盾時刻。我們透過社交網路和即時傳訊平台所分享的資訊比以往更多，而我們的手機也比過去任何主流裝置蒐集到更多關於我們的數據，如位置資料、指紋、付款資訊、私人照片和檔案。可是，我們和過去幾個世代的人有著相同或更強烈的隱私要求。

銀行帳戶資訊、密碼可能是駭客覬覦最深的東西，為了確保資訊的安全，蘋果於是設計出「安全飛地」（Secure Enclave）。

「我們希望用戶的祕密在任何時候都不會暴露給蘋果知道。」克斯迪克在拉斯維加斯曼德勒海灣賭場度假村裡，對著滿滿一屋子的觀眾這麼說。安全飛地受到「一個來自用戶密碼的強大主加密鍵所保護，離線攻擊是不可能的。」

那麼，請問它是怎麼作用的？

蘋果的硬體工程資深副總裁丹‧里喬（Dan Riccio）第一次把晶片介紹給大眾時，是這麼解釋的：「所有的指紋資訊經過加密後，都被儲存在新的 A7 晶片中一塊安全飛地裡。它被鎖在這裡與世隔絕，只能透過 Touch ID 感測器才能接觸到，絕不可能為其他軟體所用，也從來不會儲存在蘋果的伺服器或備份到 iCloud 上。」基本上，飛地就是一台全新的外掛電腦，被建造來專門處理加密與隱私，而且不必用到蘋果的伺服器。它被設計來與你的 iPhone 介接，以維持你最重要資料的隱密性，完全不被蘋果、政府或任何人所接觸到。

又或者，借用克斯迪克的話：「我們可以把祕密資料發送到頁面上以執行程序，可是我們無法讀到內容。」飛地會自動加密輸入的資料，其中也包括從 Touch ID 感測器來的資料。

既然如此，我們又為何需要這層層額外的保護？蘋果信不過使用者能保衛好自己的資料嗎？

「用戶往往不會選擇高強度的密碼。」克斯迪克說，身後的螢幕打出一句言辭更激烈的引句：「人類沒有能力好好的保管高品質的加密金鑰。」直到他的演講終了之際，我還是很好奇蘋果經常應對的是什麼樣的安全課題。克斯迪克正在主持問答時間，我雖然很清楚在蘋果總部位居高位的人，都頗有能力避重就輕，但我還是得試他一試。於是，我走向中間走道的麥克風。

「蘋果在 iOS 上所面臨最難纏的安全問題是什麼？」我問。

「這位觀眾的問題很犀利。」他靜默了一會兒後這麼回答。群眾爆出掌聲與笑聲，以研討會最後一天下午三點，觀眾席裡滿滿都是業界的資訊專業人士來說，這熱烈程度很足夠了。「謝謝你，」我等著他的答案，「呃，謝謝你。」他又重複了一次，我只有等到這一句話。

* * *

FBI 努力破解 iPhone，把網路安全的課題攤在鎂光燈下，然而，從 iPhone 出現在世上的第一天開始，駭客們便一直在破解這支手機。就跟絕大多數其他當代電子產品一樣，駭客的破解有助於形塑產品本身的文化與輪廓，這種行為帶著赫赫有名且略顯高尚的傳奇色彩，打從人們以電子化的方式傳遞訊息以來，駭客

入侵便已經無所不在。

　　歷史上第一個、也是最有趣的一次駭客入侵行動，是在 1903 年針對一個無線網路所發動的。義大利籍的無線電業者馬可尼曾經為其全新的無線通訊網路安排一次公開展示，大膽宣稱自己的網路可以遠距離傳送摩斯電碼，而且安全無虞，做法是把他的設備調到特定波長，只有預定對象才能接收到被傳送的訊息。

　　他的同僚約翰‧弗萊明爵士（Sir John Ambrose Fleming）在倫敦皇家科學院的演講廳設置一個接收器，馬可尼則從 483 公里之外，位於康瓦爾郡波爾杜的一座山頂發射站上傳送訊息。隨著展示時間接近，現場開始傳來一陣怪異的規律滴答聲，那是摩斯電碼，有人正在對著演講廳播送訊息，這訊息一開始只是重複著同樣的字眼：鼠輩。接著，發訊者開始做起打油詩：「有個年輕人來自義大利，欺騙大眾可是很流利。」馬可尼和弗萊明被駭客入侵了。

　　一個叫做奈威‧馬斯基林（Nevil Maskelyne）的魔術師出面宣稱自己是肇事者，此人受僱於大東電報公司（Eastern Telegraph Company）。如果有人找到比該公司的地面網路更便宜的傳訊方式，那麼這家公司就要虧大錢了。馬可尼公布了他的安全無線線路後，馬斯基林便在靠近傳送路徑之處，建了一座 46 公尺高的無線電柱，以便竊聽訊息。事後看來，馬可尼的系統一點都不安全。他的專利技術讓他可以用特定波長進行傳輸，現在的廣播電台基本上就是使用這種技術對著廣大聽眾播放節目；只要你知道波長，就能聽到內容。

　　馬斯基林把這個事實攤在演講廳的觀眾面前，讓民眾了解這

項新技術的重大安全瑕疵，而他也享受到史上頭一遭幸災樂禍的樂趣。

駭客入侵成為我們今日所知的一種科技─文化現象，大概是從 1960 年代親近反文化的電話飛客（phone phreaks）開始逐漸壯大起來的。那時候的長途電話，是用 AT&T 的電腦路由系統以一種特定的音高發送訊號，這表示只要能模擬出那樣的音高，就能開啟系統。其中一個電話飛客喬·恩格西亞（Joe Engressia），是一個有著絕佳音準的七歲盲人男孩，他後來自己改名叫做喬伊泡泡（Joybubbles）。此人發現自己可以用口哨對著家裡的電話吹出一種特定頻率，免費連接到長途電話總機。另一個傳奇性駭客是以嘎吱船長（Captain Crunch）聞名的約翰·德拉普（John Draper），他發現嘎吱船長穀片盒裡免費附贈的玩具口哨，吹出的音調可以用來開啟長途電話線路。此人做出藍盒子，也就是可以產生那種音調的電子裝置，並且把這項技術展示給年輕的沃茲尼克和他的朋友賈伯斯看。賈伯斯巧妙的把藍盒子轉換成他的第一個臨時起意的創業之作，由沃茲尼克製造，他來販售。

憑著某人的個人意志去破解、重塑與竄改消費者技術的文化，就跟這些技術有著同樣悠久的歷史。iPhone 也不能免疫。事實上，是駭客們幫了一把，促使這支手機採用了它最受歡迎的功能：App Store。

* * *

第一代 iPhone 交給 AT&T 獨家販售，表示就某個意義上來看，iPhone 是一種精品手機。4GB 入門款 iPhone 售價 499 美元，

要價不菲。全世界的蘋果死忠派莫不想要立刻一機在手，可是除非你願意成為 AT&T 的用戶，而且人住在美國，否則你沒有這個福氣。

一個來自紐澤西州的十七歲駭客，用了幾個星期的時間改變這一點。

「大家好，我是性感喬（Geohot），這是世界上第一支被解鎖的 iPhone。」喬治・霍茲（George Hotz）在一則 2007 年 7 月上傳的 YouTube 影片上如此宣布，該影片至今已累積超過兩百萬次點閱。霍茲想讓 iPhone 脫離 AT&T 的束縛，與一群網路上的駭客合作，花五百個小時調查這支手機的弱點，才發現通往聖杯的地圖。他用一把眼鏡用的螺絲起子和一塊吉他撥片移除手機背板，找到基頻處理器，也就是把手機鎖死在 AT&T 網路的晶片。接著，他把一條線路焊接到晶片上，透過線路傳送足以擾亂晶片編碼的電壓，以便覆寫晶片。他用自己的個人電腦寫了一套軟體，使 iPhone 可以在任何一家無線電信業者的網路上運作。

他拍下了解碼的成果，把電信業者 T-Mobile 的 SIM 卡插進 iPhone 並且打出一通電話，從此聲名大噪。有個有錢的企業家用一台跑車跟他換這支解鎖手機。iPhone 遭到解碼的新聞曝光那天，蘋果的股價上揚，分析師認為這都是因為大家聽到你可以讓耶穌手機擺脫 AT&T 所致。

同時間，一群自稱 iPhone 開發組的駭客老手也策劃一次破解行動，入侵 iPhone 的高牆花園。

「2007 年那時我在念大學，沒有什麼錢，」王大衛（David Wang）這麼說，iPhone 一問世，身為程式設計師的他便迷上了。

「我覺得它是一台非常了不起的劃時代裝置，我真的很想要一支。」可是 iPhone 太貴了，而且必須跟 AT&T 綁約。「不過他們也發表了 iPod Touch，這我買得起，你知道，我想我可以買一台 iPod Touch，而他們最後一定能發揮所長，讓 iPod Touch 可以用來打網路電話，是吧？」

或者他也可以嘗試去破解 iPhone。

「那時沒有 App Store，連第三方應用程式都沒有，」王大衛說：「我聽說有人正在改裝 iPhone，iPhone 開發組、駭客這些人，還有他們怎樣讓程式在 iPhone 上執行。我等著他們也對 iPod Touch 做同樣的事。」

iPhone 開發組恐怕是以 iPhone 為目標而聲名最響亮的駭客集團。他們著手刺探 iPhone 程式碼的弱點，找出可資利用的程式錯誤，以便接管手機的作業系統。王大衛正在拭目以待。

「任何產品都是從一種未知狀態下開始的。」網路安全專家丹·吉多（Dan Guido）這麼告訴我。吉多是網路安全公司位元軌跡（Trail of Bits）的共同創辦人，該公司則是臉書與國防高等研究計畫署等組織的諮詢顧問。此人曾經在紐約聯邦儲備銀行擔任情報主管，也是行動安全的專家。他說，蘋果「少了很多緩解攻擊的防護措施，他們非常關鍵的服務裡有很多程式錯誤。」不過，這是一個全新的領域，有缺點是免不了的。

「有一個人發現 iPhone 和 iPod Touch 無法抵擋 TIFF 漏洞攻擊。」王大衛說。TIFF 是桌上型出版業者[1]一般會用於圖像上的

---

[1] 譯注：桌上型出版業者（desktop publisher），是指運用電腦等電子化手段進行紙本媒體（如報紙、雜誌、書籍）的編輯與出版作業。

一種大型檔案格式，當這兩個裝置連到某個顯示 TIFF 格式的網站，王大衛說：「Safari 會當掉，因為語法剖析器（parser）裡有個程式錯誤」，如此你就可以掌控整個作業系統。

駭客們只花一兩天時間便破解了 iPhone 的軟體。他們會把攻破系統的證明公諸於世，譬如上傳一則影片，顯示手機可以發出未經授權的鈴聲；接著，他們通常會附上如何破解的操作說明，以便其他駭客能如法泡製。

「iPhone 一出來的時候，只能適用於麥金塔。」王大衛說。2007 年 Mac 的市場占有率仍然相當小，只占美國市場的 8%。記得 iPod 的教訓嗎？限制使用者只能用於麥金塔，就會限縮了用戶群。「我不想等到別人做出適用於視窗作業系統的指南，所以我自己搞懂他們是怎麼弄的，然後做出一套操作說明給視窗系統的使用者，結果要用到七十六個步驟。」這是一個轉折點。代號叫做「星球存在」（planetbeing）的王大衛把他的操作說明張貼上網，引發一股熱潮。「所以如果你上 Google 查詢越獄的七十六個步驟（seventy-six-step jailbreak），就會看到我的名字。這是我做的第一個越獄。」

越獄（jailbreak）成為流行詞，意指打倒 iPhone 的安全系統，讓使用者可以把這台裝置當成真正的個人電腦那樣，去修改設定、安裝新的應用程式等。不過，入侵只是第一步。「做到這一步之後，後面還有很多事情要做，像是裝上一個安裝程式，讓你可以輕鬆安裝應用程式跟各種工具，然後建置根檔案系統（root file system）、讀寫功能等這類事情，我的步驟可以幫你做到這些，所以我為它寫了一套工具。」王大衛說。

　　駭客入侵是一種運動競賽，類似職業隊那樣集體運作，你不能帶著一顆球出現，就以為可以上場打球。駭客們必須證明自己的能力。「他們蠻封閉的，」王大衛說：「駭客社群有個問題：他們不想分享自己的技術給別人，而且對我這種有點技術但是想要學的人很不爽。可是你一旦做出什麼很讚的東西，他們就會讓你加入。」

　　就在王大衛把越獄指南上傳後不久，他看到安全專家摩爾（H. D. Moore）寫的一篇部落格文章，一步步詳細解析 TIFF 漏洞攻擊，基本上已經把自動化越獄的藍圖設計出來了。王大衛於是寫了一套用 Safari 就可以連接並且馬上做到越獄的線上應用程式，這可能是後來最為赫赫有名的 iPhone 越獄機制的前身。同為開發組成員的 Comex，本名叫做尼古拉斯·阿萊格拉（Nicholas Allegra），則做出真正的越獄應用程式 JailbreakMe。

　　「市面上有些漏洞攻擊，像 JailbreakMe，真的蠻好玩的。」吉多這麼說。那時，你可以跑去一家蘋果直營店，在展示手機上打開 JailBreakMe.com 的頁面，點擊「滑動解鎖」按鈕，「它就會執行漏洞攻擊，從網路上刷掉手機的系統。」吉多說。滑動解鎖是 iPhone 出名的開關機制裡的一種做法，被當成雙關語，凸顯開發組可以把你從一個封閉的鎖碼系統裡解放出來。「而且你可以跑去蘋果門市，把每一支展示手機都拿來越獄。」

　　知情的駭客就是幹了這樣的事情。「因為越獄突然變得非常簡單的關係，」王大衛說：「很多人開始這麼做。」

＊　　　＊　　　＊

　　蘋果意識到越獄正日漸成為主流趨勢，於是在 2007 年 9 月 24 日打破沉默，發表一份聲明：「蘋果已經發現網路上有很多未經授權的解鎖程式，對 iPhone 的軟體造成無可挽回的傷害，一旦安裝了將來由蘋果官方提供的更新軟體後，改裝過的 iPhone 會再也無法運作。」

　　蘋果對越獄的疑慮其來有自。吉多說，JailbreakMe 的情節「有可能被很快地改頭換面，變成一種攻擊工具包，我們很慶幸這種事情沒有發生。」

　　面對一台顯然很有能力的機器，像王大衛這類越獄者，絕大多數會急切地想要擴充它的能耐。他們泰半不會駭進別人的手機，只會拿自己的手機越獄，目的是為了改造、開發手機的可能性，當然，還有為了好玩的緣故。

　　蘋果的威脅無人理會。該公司修補造成 TIFF 漏洞攻擊的程式錯誤，就此開始長達一年的對抗。iPhone 開發組和其他越獄成員會去找到新的弱點，發布新版越獄程式。第一個找到的人將因此聲名大噪。接著，蘋果會去修補錯誤，圍堵被越獄的手機。賈伯斯在一次公開露面時被問到此事，他說越獄是蘋果和駭客間的「貓抓老鼠遊戲，我不知道我們是貓還是老鼠。大家會試圖破解手機，而我們的責任就是阻止他們攻入。」

　　越獄社群的規模和境界與時俱進。開發組對 iPhone 的作業系統進行逆向工程，以便執行第三方應用程式。駭客開發者則製作出遊戲、語音 app 和能改變手機介面外觀的工具。蘋果手機允

許客製化的程度極小，最早的 iPhone 甚至不能選擇桌面，應用程式只能掛在黑色的背景中，而字型、構圖和動畫也全都一成不變，無法更動。這個裝置之所以能變得更像賈伯斯的偶像艾倫·凱早先想像行動運算可以成就的創意增強器與知識操縱器，都要歸功於駭客們的敦促。

傑·弗里曼（Jay Freeman）是開發組的其中一員，代號叫做 saurik，他開發出 Cydia，並且在 2008 年的 2 月發布。Cydia 基本上是僅供越獄後的 iPhone 連接的 App Store 前身，但可以做到的事情比現在的 App Store 更多。使用者不但可以下載應用程式、遊戲與軟體，還可以下載插件和比較激進的翻修軟體；比方說，你可以重新設計主畫面的構圖，下載廣告攔截工具和可以撥打非 AT&T 電話的應用程式，也更能掌控資料的儲存。

越獄和 Cydia 大行其道，公然展現出人們的一種明顯需求，那就是最起碼要能取得新的應用程式，而最多也只是想要對這台裝置有更多的掌控力。沒過多久，蘋果便宣稱越獄是非法行為，不過該公司從未真的控告過任何越獄者。網路自由倡議團體電子前哨基金會（Electronic Frontier Foundation）展開遊說，針對越獄行為提出「數位千禧年著作權法案」（Digital Millennium Copyright Act）的豁免請求，並得到某個聯邦上訴法院的裁准，才終結了這項議題。哥倫比亞大學的法學教授吳修銘（Tim Wu）有句名言，說：「對蘋果的超級手機越獄是合法的、道德的，而且好玩的不得了。」

「這是個我們再也不容易看到的灰色地帶，很有意思。原來，這種駭客入侵行為完全合法，」吉多說：「任何人都可以越獄自

己的手機。」

　　不過，弗里曼更認為這是一種意識形態上的當務之急。「重點在於對抗企業強權，」他在 2011 年這麼告訴《華盛頓郵報》：「這是一種草根運動，Cydia 的有趣之處就在這裡。蘋果這座象牙塔，提供的是被支配的經驗，人們之所以真的走上越獄這條路，是因為這樣可以創造自己的體驗。」他說，截至 2011 年止，他的平台每週有四百五十萬名用戶，一年創造 25 萬美元營收，其中大多數用來回頭支援此一電子化生態系統。

　　王大衛說，像 iPhone 開發組這些越獄者們，資金的來源是個問題，因此必須靠著 PayPal 捐款和出外工作來資助他們。隨著時間過去，App Store 消耗了大眾對越獄的部分興趣，蘋果也更積極投入預防及遏制破解行為，原始的越獄團隊開始分崩離析。

　　原來，就跟其他地下反叛軍對抗當權的故事一樣，其中蘊藏著曲折的情節：iPhone 開發組有個核心成員是蘋果員工。組裡的人渾然不知這個代號叫做 bushing、以逆向工程技術闖盪出名號的駭客，正在替他們入侵的手機的製造公司工作。

　　此人是誰？班・拜耳（Ben Byer），從 2006 年開始進入蘋果擔任資深嵌入式安全工程師。至少，他在某個網站上留下的線上足跡是這麼講的。一份拜耳的 LinkedIn 檔案列出此一職稱，還有他的工作經歷，其中包括在 Libsecondlife 待過一段時間。Libsecondlife 是幫曾經風行一時的遊戲「第二人生」（Second Life）開發開源碼版本的一項成就，bushing 經常在上面發文。

　　「我們那時並不知情，」王大衛如今這麼說：「我們後來才知道，他自己跟我們講的。」bushing 原本可以繼續在駭客社群

中發揮令人敬畏的戰力,不幸的是,他在 2016 年因朋友及同僚口中的自然因素而辭世,享年三十六歲。

＊　　　＊　　　＊

儘管越獄就跟其他可敬的科技成就一樣,被權威人士宣稱已死不下數次,不再如往日般轟動武林、驚動萬教,但越獄者的傳奇故事永垂不朽。

「蘋果公司抄襲越獄社群,最明顯的例子就是通知中心(Notification Center)。」目前服務於《商業內幕》(Business Insider)的記者亞歷克斯・希斯(Alex Heath)在 2011 年寫道。他指的是蘋果公司新發表的通知系統,供使用者在單一畫面上便能概略檢視更新與訊息。「iOS 多年來一直很需要一種新的通知做法,而越獄社群提供另外一套機制已經很久了。」他指出,蘋果其實是聘請了 Cydia 裡面一個通知 app 的開發人員,來協助打造自己的通知中心,而從視覺上來看,這兩套系統也長得很相像。

然而,說不定更重要的意義在於,越獄者以編寫程式提出活生生的證據,顯示 App Store 存在著廣大的需求,而且大家有能力用它來做出很棒的東西。透過不正當的創新手段,他們證明 iPhone 能成為一種既活潑又多樣化的生態系統,超越打電話、上網而有更多的發揮,並且提升生產力。而且他們也讓大家看到,開發人員願意竭盡所能參與平台,他們並沒有光說不練,而是去建構出一種運作模式。

因此,當賈伯斯在 2008 年決定讓正牌的 iPhone 開發組把這

個裝置開放給開發人員時，至少有部分應該歸功於駭客版 iPhone
開發組的貢獻才是。

　　王大衛說：「我並不想那麼自大的看待我們的角色，我們並
不知道蘋果在我們之前已經做了多少規劃。」也不知道他們不眠
不休地駭進 iPhone 直到把它打開為止，有多麼重要，「但我想
要說，這很重要。」

＊　　　＊　　　＊

　　越獄運動的另外一個遺緒，是它促使蘋果公司以全新的魄力
專注在安全性上。

　　「消費者不必管到安全性的問題，」吉多告訴我：「蘋果公
司在我所謂的『安全性家長制』（security paternalism）這方面做
得極好。」他說：「以父親的角色告訴小孩不能做什麼，不過，
是為了他們好的緣故。」他把蘋果的作風形容得很好。

　　「過去幾年來，他們對整個 iOS 平台進行了非常積極、由上
而下的強化活動，」吉多說：「而且不是從『把所有程式錯誤都
修好』之類的戰術角度去思考。他們真的是從架構的角度來看，
考慮到將來會面臨的攻擊，而且去預測其中一些攻擊的走向。」
他們不再跟駭客玩貓抓老鼠的遊戲，開始重寫規則，在老鼠有機
會潛入屋子以前，就早早把捕鼠器裝好。

　　以蘋果公司行之有年的手法來看，該公司到底如何保護用戶
隱私，還有安全飛地到底如何運作，向來籠罩在一片保密迷雲
中。「這種安全家長制的一個影響是，如果你想調查平台有多麼
安全，你做不到。」吉多說。蘋果之外，無人確切知道這個裝置

如何運作，只能各憑判斷。太好了，該公司開始在安全性方面改善表現是件好事。「你有好多個國家元首帶著 iPhone 四處趴趴走，」他說：「而且你賣出十億支手機，所以你得假設大家會亂搞一通。我們已經看到對 iPhone 的攻擊並未濫用越獄，很少見。」

說來有點諷刺，蘋果在這方面是受到安卓手機的興起之助。iPhone 也許是這個星球上最受歡迎且獲利最豐的裝置，但也是唯一使用 iOS 作業系統的手機。三星、LG、華為和其他手機製造商都是採用安卓系統，使其在全球行動作業系統市場的市占率約達八成。而不懷好意的駭客往往會想要讓他們的時間和精力發揮最大效益，對他們來說，這是一場數字遊戲。

「別想駭進 iPhone，太難了。你什麼都得不到。」吉多說。這是大部分黑帽駭客的心聲。「蘋果很快就可以把你痛扁一頓。他們發布的修補程式大家真的會用。」你瞧，當蘋果要求你更新你的 iOS，你不是會管它的，裝就對了？這樣會把最近害你手機暴露在外部駭客面前的錯誤修補好，並且廢掉駭客可能想要用來連接手機的惡意軟體。而 iPhone 使用者更新手機的比例，比安卓系統的使用者高出太多了。

蘋果的應用程式審查程序比較嚴格也有幫助。「如果是安卓程式，惡意的程度很高，」吉多說：「可是在 iPhone 上，因為審查程序密不透風，遏止了大部分的惡意作為。」而且蘋果可以從遠端為每一支中毒的手機消毒。

因此，整體來看，現今 iPhone 的安全性真的很好。

根據吉多的看法，iOS 裝置是最安全的消費性電子產品。「從安全性的角度來看，它們被造得像一輛坦克，」吉多說：「比起

市面上其他每一個可靠的裝置都還要超前好幾光年。知道狀況的人真的把它設計得很好，妥善保存你的祕密，就算資源最充足的對手也不得其門而入。」

不過 iPhone 還不完美，仍然遭到幾次高調的駭客入侵。查理‧米勒（Charlie Miller）成功的讓 App Store 核准一個含有惡意程式的 app，使他可以突破蘋果對這台裝置的束縛，並因而成名。密西根大學的教授阿尼爾‧傑恩（Anil Jain）則用 500 美元，做出一台可以騙過 iPhone 指紋感測器的裝置。

2015 年，資安公司 Zerodium 拿出 100 萬美元懸賞 iPhone 的一系列零時差漏洞（zero-day exploits，意指業者沒有察覺到的弱點）。只是，沒人知道誰贏得獎金。而且除了 Zerodium 之外，也沒人知道這些零時差漏洞的結果。而在 2016 年，多倫多大學公民實驗室則揭發了一個非常精巧的惡意程式，叫做三叉戟（Trident），被用來侵入阿聯酋某個民權運動分子的手機。此一駭客入侵行為是某一家以色列公司所為，據說該公司已經以 50 萬美元的高價，將它的間諜軟體出售給可能是阿聯酋之類的威權政體。

這類駭客入侵行為，絕大多數不太可能影響到大部分使用者。「你必須從更大的格局來看：愈來愈多人正在使用專門性的運算裝置，他們會用 Kindle、iPad、ChromeBook、iPhone、Apply TV 等，所有這些被鎖住的裝置都是為了服務單一目的，」吉多說：「而且因為它們不具通用性，所以顯然更難植入惡意程式。我認為這個世界正在轉變，不只蘋果而已。通用電腦在我們生活中扮演主要角色的功能正在減弱，而且投資在安全性的回報

將會不可限量。」

即便安全性最好的裝置也不是完美的，而被鎖住的單一目的裝置絕對難以抵擋攻擊，尤其自從它們全都逐漸連接上網之後，我可以憑我的經驗這麼說。沒錯，就是害我的 iPhone 中圈套的同樣一種入侵攻擊。

「不可思議，Wi-Fi 攻擊並沒有消失，」吉多說：「它們是人們似乎不想解決的其中一個無聊問題。如果有人真的想要利用漏洞攻擊，把你放到某個 Wi-Fi 網路上，並且試圖連接到你的手機，有些低成本的攻擊是他們可以做的，他們可以在你打開 Safari 的時候，試著把你重新導到另外一個網站去，說服你把密碼放到某個地方。不過，入侵的程度不大，你就是這樣中了圈套。」

基本上，只要你使用的是公共 Wi-Fi，這些規則也都適用。千萬別在公共網路上輸入任何敏感性資料，只登入你信賴的網路，而且提示一來就更新你的手機。

正如吉多所說的，情勢正在轉變，有愈來愈多使用 iPhone 的嫌疑犯，而駭入這些手機的必要性也更高。這種事情不可能由組織鬆散，只為了幸災樂禍或賺幾個小錢的駭客來完成，而更有可能來自政府機構，或者跟政府做生意且獲利豐厚的公司。當 FBI 說它需要後門以便對抗 ISIS，並且追蹤加密過的招募訊息和恐怖分子策劃行動，資安專家抱持懷疑的態度，因為該機構顯然沒有能力預防這類攻擊。不過也有其他的情況出現，譬如蘋果公司便協助執法機構解鎖照片，把兩個曾經性虐待一個十六個月大孩童的人送進監獄，對蘋果來說，這種合作師出有名（而且應該要說，

該公司過去也曾做過此事，據報導，蘋果公司在執法機構的命令下，曾經打開超過七十支 iPhone，不過，其中很多是在安全飛地使得蘋果必須採取一種新奇的駭入軟體手法以前）。執法機構也許需要一個機制去取得這些資料，可是在安全飛地問世的時代，如何做到這件事，仍然是個懸而未解的問題。

對蘋果公司而言，資安也是一種產品問題。當它開始推廣 Apple Pay、物聯網應用程式和健康包（HealthKit）時，消費者必須對自己資料的安全性有信心。從消費者的角度來看，蘋果的決定是一種雙贏局面，也許不受歡迎，可是它釋出的訊息很明確：你再也找不到更安全的手機了。我們會繼續對抗聯邦政府，確保你的手機安全無虞。就算你是恐怖分子，你的資料也是安全的。

當蘋果公司的安全大師完成演講後，我為了問清楚一點，故而走向後台，一小群人正簇擁著他。我問他，在智慧型手機當道之下，網路安全性的面貌正在改變，他對此有何感想。

「呃，其中一個正在改變的面貌是……」

「公關人員要來插花了。」蘋果的公關人員這麼說，也真的插花進來，塞了一張名片到我手上，便把克斯迪克給帶走了。

當然，蘋果會繼續保持安全飛地的神祕感。

| 第十二章 |

加州設計，中國製造
地球上最賺錢手機的組裝代價

　　灰色的宿舍和飽經風霜的倉庫，一路綿延的廠區不著痕跡地融入深圳大都會區的都市邊緣。富士康龐大的龍華廠區是蘋果產品的主要製造地。它可能是世界上最知名的工廠，同時也是最神祕而且最封閉的一間廠房，每個入口都有警衛看守著。員工若沒有刷識別卡便不得其門而入，送貨卡車司機也受到指紋掃描的管制。曾經有個路透社（Reuters）記者因為從工廠的牆外拍攝照片，而被拖出車外，遭到毆打。廠外的警告標誌上寫著：本廠區經國家核准依法設立，禁止擅入，違者送警查辦！其言詞之激烈，比起許多中國軍區外的警語有過之而無不及。

　　然而，原來有個祕方可以直入這座惡名昭彰的廠區核心：上廁所。令我不敢置信。拜一個小小的運氣轉折之賜，加上我在本地的採訪助手不屈不撓的機靈幹旋，才讓我得以深入這所謂的富士康城。

＊　　＊　　＊

　　每一支 iPhone 背後都印有一句話：由蘋果在加州設計，在中國組裝（DESIGNED IN CALIFORNIA BY APPLE, ASSEMBLED IN CHINA）。美國法律規定在中國製造的產品必須有所標示，

而蘋果把設計的段落加入，使這段聲明絕無僅有地演示了這顆星球上最為鮮明的一種經濟分歧。重要尖端的環節在矽谷構思設計，然而是在中國進行人工組裝。

　　生產 iPhone 零組件，還有進行最後組裝的工廠，絕大部分把根據地設在中華人民共和國。這個國家擁有低勞動成本和為數龐大的高技術勞動力，使其成為製造 iPhone（以及幾乎任何裝置）的理想地點。根據美國勞動統計局的估計，截至 2009 年止，中國擁有九千九百萬名工廠工人。這空前巨大的生產能力，襄助該國成為世界上最大的經濟體。而自從第一支 iPhone 問世以來，囊括絕大部分製造業務的是一間台灣公司鴻海精密，又以其商標富士康更為人所知。

　　富士康是中國大陸最大的單一雇主，也是一百三十萬人的衣食父母。以全世界的企業來看，只有沃爾瑪（Walmart）和麥當勞（McDonald's）的聘用人數超過這家公司。截至 2016 年止，富士康的員工人數，超出美國最有價值的五大科技公司人數總和兩倍還有餘：蘋果（六萬六千人）、字母公司（Alphabet；Google 的母公司，七萬人）、亞馬遜（二十七萬人）、微軟（六萬四千人）和臉書（一萬六千人）。為富士康工作的人比住在愛沙尼亞的居民還多。

　　今天的 iPhone 是由中國各地幾家不同的工廠所製造，不過，這麼多年來，它成為世上最暢銷的產品，大部分還是由富士康占地 3.6 平方公里的旗艦工廠負責組裝，地點就座落在深圳這個製造重鎮的外圍。綿延無際的工廠曾經是四十五萬名工人的家。今天，據說人數沒有那麼多了，可是，它仍然是世界上同類工廠中

最大的一間。

　　你會知道富士康，很有可能是因為你聽過自殺事件的關係。2010 年，龍華生產線的工人開始出現集體自殺潮。作業員一個接著一個從高聳的宿舍大樓一躍而下，有時是在光天化日下，悲劇性地展現其絕望之情，以抗議廠內的工作條件。據報導，那一年就有十八起自殺事件，其中有十四人死亡。另有超過二十名工人被富士康的官員勸下來。

　　在 iPhone 之家發生自殺潮，加上血汗工廠之名，在媒體上造成轟動。自殺紙條和倖存者訴說著他們承受的龐大壓力、長時間工作，以及動不動就拿錯誤羞辱員工的苛刻主管，還有不公平的罰款和沒有兌現的福利承諾。

　　公司的反應激起更深的憂慮：富士康的總裁郭台銘在許多大樓外圍架設巨大的網，以攔住下墜的身軀。公司聘請顧問協助，也要求員工簽下不自殺聲明。時事評論員說，自殺者多為移工，難以適應都會區的快速步調。至於賈伯斯本人，則在被問及有人接連不斷死去時，聲稱：「我們正在關注這件事情。」他更指出富士康的自殺率低於中國的平均水準，也比美國許多城市還低。儘管此話嚴格來說並沒有錯，但仍遭人批評麻木不仁。富士康龍華廠區的規模已經龐大到足以自成一國，自殺率可以拿來跟所在國相比，差別在於富士康城是一個完全由企業治理的國度，而且剛好是這個星球最賺錢的其中一種產品的製造地。

　　2010 年以後，儘管惡劣的環境、勞資糾紛，甚至自殺事件持續存在，使富士康和龍華廠區不時受到媒體的關注。於此同時，蘋果的另一個 iPhone 主要製造商，位於上海的和碩聯合科技公

司，也是富士康的競爭對手，則被指控剝削員工，殘忍的強制延長加班時間，作風與競爭對手神似，令人不寒而慄。一份調查顯示，工人每週工時經常達到上百小時，而且連續工作天數多達十八天，極其辛勞，而且英國廣播公司還拍到員工在生產線上睡著的連續鏡頭。勞團擔心，和碩的情況其實很糟糕。

這世上最賺錢的產品，由遠在 8,047 公里外的太平洋彼岸，一家被譽為創新引擎的全球知名企業所設計，在既是主要製造國、也是成長最快的市場裡，製造這萬中選一的裝置，要付出什麼樣的代價？我為了近距離檢視，於是來到中國。第一站，上海。

＊　　＊　　＊

在這座幅員遼闊的城市裡，幾乎每個角落，都有人正在製造某個最終將進入某支 iPhone 體內的零件，或可能正在把整支機子兜組起來。蘋果公司年報裡列出主要供應商的兩百個地址中，將近半數的所在城市只有兩個：上海和深圳。

上海此地有四十個供應商，星羅棋布在城市裡，譬如生產 iPhone ARM 大腦的晶片製造商台積電。

我抵達台積電總部，安全檢查點被設置在遠離廠區處，所以除了修剪整齊的草地和灰色與紅色的巨大廠房外牆，看不到太多東西。當然，警衛不會讓我進去看個仔細。我拍了幾張快照，然後小跑步回到沒熄火的車上。一名警衛跟上來，叫嚷著要我刪除照片，直到我假裝刪掉，他才讓我們離開。在我參觀蘋果供應商的過程中，這樣的情節不斷重複出現。事實上，一到某個街區，我很快就能馬上看出來，哪一棟建築物裡有蘋果的零件工廠：保

全性高，有著鐵絲網或站崗警衛的便是了。

和碩尤其如此，入口處設有安裝臉部辨識軟體的攝影機，員工們形成一條人龍，魚貫走進工廠入口，每個人都要刷卡，然後看一眼攝影機，旋轉式柵門才會喀嚓一聲，應聲開啟。和碩位於城市邊緣，距離上海迪士尼（Disney）一站地鐵之遙；我和我的採訪助手沿著工廠周邊行走，發現到處都是二十歲上下的工人，脖子上懸掛著識別證。我們在路上看到一個算命師，於是我付了10元人民幣問他 iPhone 的未來。「大家都說 iPhone 是好手機，它的利潤會愈來愈好，前景可期。」他這麼說。可是，他也說我的面相佳，很有女人緣，桃花不斷，所以我不敢確定他的話是不是可靠。我們盡可能的多方採訪工人，開始得到一個高壓工作環境的圖像，工作時間長而且內容重複，工廠裡大多數雇員撐個大約一年就會離職。

若說 iPhone 改造了中國，此話絕不誇張。中國不但製造出這個裝置的實體，現在也是世界上最大的消費市場之一。上海很迷人，融合了製造實力的熱情創業家精神，主宰了這個城市的智慧型手機相關科技行業。不過，講起深圳，它可就沒得比。

* * *

深圳是中國自 1980 年以來開放給外國企業的第一個經濟特區。當時，它只是個人口大約兩萬五千人的漁村。今日的深圳，創造出歷史上最卓爾不凡的城市轉型紀錄，成為中國的第三大城市，有著高聳入雲的摩天大樓、數以百萬計的居民，當然，還有蔓延無邊的工廠。而它之所以能夠成功完成此一壯舉，有部分是

靠著成為世界電子工廠所致。據估計,全世界的消費電子產品,有九成會到深圳這裡。

深圳市中心位於中國大陸本土,就在香港的正對面,給人一種光鮮、緊張、混亂的感覺。交通堵塞一團糟,燈火通明勝霓虹。不過,深圳看起來通常更有商場龐克(mall-punk)[1]的味道,而不似賽博龐克。

「我認為深圳實踐了中國精神。」艾薩克・陳(Isaac Chen)這麼說。他的父母在 1990 年代的第一波商業榮景期間搬到深圳,他出生於此地。我運氣很好,搭飛機時就坐在他旁邊。「在新興產業,人們非常努力工作,工時很長。我是出生在這裡的第一代,」他說:「我小的時候,這裡處處都是山坡,現在變成平地了。他們為了建造海岸線,把山坡夷平。這裡完全變了。」

艾薩克・陳說這裡很多工廠的工作條件「很苛刻」,可是口氣裡毫無悲傷之意。「我們在巴黎的時候,曾經認識一個清道夫,整天都在清掃同一條街道,而且他其實很驕傲自己二十年來,把這份工作做得這麼好。我們不懂。在中國,我們總是想要求進步,生怕一個沒進步,我們就會回到一無所有的日子,回到看天吃飯的務農生活。」他說:「中國人眼中只有工作。工作和賺錢。我們不休假的。」

＊　　　＊　　　＊

---

[1] 譯注:商場龐克是指愛做龐克打扮(特別鍾情龐克服飾品牌 Hot Topic)的人,尤指未成年的青少年,音樂品味不佳,也不了解龐克所代表的生活方式與精神,喜歡成群結隊逛商場。

計程車司機讓我們在工廠正門前方下車，正門旁是四四方方的藍色字母，拼出 FOXCONN（富士康）這個字。那是個標準的深圳陰天，警衛半無聊、半懷疑地審視著我們。我的採訪助手是來自上海的記者，我喚她王揚，我們倆決定先在廠區旁走走，跟工人們聊一聊，再看看有沒有辦法登堂入室，一探究竟。

富士康龍華廠區的正門。

結果，我們攔下的第一批人是兩名富士康前員工。兩人都很落落大方。

「那裡對人來說不是什麼好地方。」其中一個姓許的年輕男子這麼說。他在龍華廠區工作了大約一年，兩個月前才離職，他說裡面的環境跟以往一樣糟糕。「自從媒體報導以來，沒有什麼改進。」許男說。工作非常高壓，他跟同事們經常要做十二小時的班。管理階層既暴躁又奸詐，會當眾斥責作業員動作太慢，而

且說話不算話。他的朋友則在同一間工廠做了兩年，此人不願透露姓名，說上面答應他加班可以得到雙倍薪，但是只有給他正常薪水，也說要給他加薪，不過他從來沒拿到過。「所以，我們才會想走。」

他們描繪出一幅慘淡無望的圖像，在高壓的工作環境裡，剝削是例行公事，憂鬱和自殺已經成為日常。

「沒死人就不是富士康，」許男說：「每年都有人自殺，他們已經習以為常。」

＊　　　＊　　　＊

我們在深圳和上海數次造訪不同的 iPhone 組裝廠，採訪了數十名這樣的工人。說老實話，想要取得真正具有代表性的樣本，用以描繪 iPhone 工廠裡的生活樣貌，需要耗費龐大的力氣進行地毯式訪查，而且有系統地暗中採訪上千名員工。所以，讓我們就事論事，這篇文章是那些往往容易受驚、總是小心翼翼，而且常常感到無聊的工人們，在走出工廠大門、到附近麵店吃午餐或下工後聚在某個地方時，跟我們談話的結果。

由此浮現的 iPhone 工廠生活樣貌各形各色：有人覺得工作堪可忍受，有人嚴詞批評，有人切身感受到富士康給人那種眾所周知的絕望感，不過也有人只是為了交女朋友才進去的。大部分人在加入前，就已經知道裡面的環境不好，可是他們若不是需要工作，不然就是不在意。幾乎不管哪間工廠，人人都說裡面的員工年紀很輕，而且離職率高。「大多數員工只能撐個一年。」是最常見的說法。

　　或許因為大家都同意廠裡的工作步調從不停歇，也形容那裡的管理文化很殘酷的關係。

　　由於 iPhone 是一具如此精密複雜的機械，需要用到幾百個人組成一望無際的生產線，去檢查、測試與包裝每一台裝置，才能把它正確組裝起來。有個工人說她負責將一種特殊拋光劑擦拭在螢幕上，每天有一千七百支 iPhone 經過她的手。一天工作十二小時的話，每分鐘便需擦拭大約三個螢幕。另一個人說他是某個檢驗小組的一員，小組由兩到三人組成，一天負責三千支 iPhone 的品保工作。

　　諸如鎖住晶片板和組裝後蓋等比較精細的工作，速度就慢了些；這些工人有一分鐘的時間可以做完一支 iPhone。這樣的話，一天還是有大約六百到七百支 iPhone 要做。若是達不到目標或是犯錯，便會遭到上級主管的公開譴責。工人們往往被要求保持安靜，而且會為了上廁所而被他們的主管斥罵。

　　許男和他的朋友都是在就業招募會上被招聘進來的，雖然富士康未必是他們的首選。

　　「大家都說進富士康是上了賊船，」他說：「因為它騙了很多人。」「我是被騙來富士康工作的，」許男說。「我本來想去華為，」他補了一句，提到中國的智慧型手機競爭廠商：「大家都覺得在華為工作好太多了，企業文化比較好，也比較舒服。」事實上，他說：「人人都抱著在富士康做一年，然後就離開這裡，去華為做事的念頭。」

　　可是，人力仲介所告訴他華為已經額滿了，他們幫他安排到富士康去。他認為這是因為富士康額外付錢給仲介公司，要他們

多找點人的關係，華為已經額滿根本不是真的。

這只是踏上賊船的第一步，他說：「他們不守承諾，還耍了其他騙人的花招。」他說富士康答應提供免費住宿，但卻強迫他們支付不合情理的高額水電費。現在的宿舍是八人一間房，而他說他曾經住過十二人一間房。富士康規避社會保險，拖延或是不付獎金。而且，有很多工人簽下合約，同意若做不滿三個月離職便接受重罰，從薪水裡扣除。「我們以為富士康是個可以做事的好工廠，可是進來才發現不是這樣。」

更糟的是，這是個非常辛勞的工作。「你賺 100 元人民幣，得付出 300 元人民幣的精力，」許男說：「你必須做好心理建設。」不然，你會在同事面前被主管責罵。經理們不會私底下或在生產線上面對面跟你討論工作表現，而是把抱怨累積到後面才爆發。「當主管下來檢查工作時，他們被提醒要做好準備，」許男的朋友說：「如果主管發現任何問題，他們不會當場罵你，而是晚一點在會議上，當著眾人的面罵你。」

這些會議顯然是例行公事。當天結束前，經理會要求同組的人起身靠攏過來，除了讚揚生產力好的員工，並且做一般性任務報告之外，也會把他或她認為犯錯的人挑出來講。

「這一直是個很汙辱人、很羞辱人的做法，」許的朋友說：「懲罰某一個人，殺雞儆猴。它是有系統性的，」他又說：「我們有獎金，如果你挨罵了，那麼你一毛錢都拿不到。」

某些情況下，如果經理認定員工犯下損失慘重的錯誤，此人必須準備一份正式的道歉聲明。「他們必須對著大家大聲朗讀一份承諾書，說『我不會再犯這個錯誤』。」他有一個同事為了保

護他們而背了黑鍋，「結果他哭了，被罵得很慘。」

這種充滿高壓工作、焦慮與屈辱的文化，導致普遍的低氣壓。

許男說幾個月前，他親眼目睹另外一樁自殺案。受害者是一名在 iPhone 組裝線工作的大學生。「這是某個我認識的人，我在餐廳看過這個人。」他這麼說。這個大學生被一個經理公開斥罵後，跟對方吵了起來。雖然他並沒有動粗，只是生氣而已，但公司還是叫了警察。

「他覺得這是針對個人，」許男說：「而且感覺過不去。」三天後，他從九樓的窗戶一躍而下。「我去外面吃午餐，看到大家喧鬧成一團。他躺在地上，全身是血。」

我問，這起自殺案為什麼沒有見報？許男和他的朋友看著對方，聳了聳肩，說：「在這裡要是死了人，一天以後就沒事了。」他的朋友說：「忘了吧。」

2014 年 9 月，工人許立志在龍華廠區自殺，身後留下的日記與詩作，可供我們一窺那樣的心情。

〈一顆螺絲掉在地上〉

一顆螺絲掉在地上

在這個加班的夜晚

垂直降落，輕輕一響

不會引起任何人的注意

就像在此之前

某個相同的夜晚

有個人掉在地上

—2014 年 1 月 9 日

「我們正在關注這件事情。我們會緊盯著這些公司。」自殺的消息披露後，賈伯斯這麼說：「富士康不是血汗工廠。它是一間工廠，可我的天哪，他們有餐廳和電影院，但它是一間工廠。他們有幾起自殺事件和自殺未遂案，但是那裡有四十萬人，自殺率比美國還低，不過，這事還是令人感到憂慮。」庫克在 2011年造訪龍華廠區，據說他和自殺防治專家及管理高層會面，討論自殺潮的事。

2012 年，有一百五十名工人聚集在屋頂威脅跳樓。管理階層承諾改善，把他們勸下樓；基本上，他們把威脅自殺當成談判的工具了。2016 年，有一小群人再次如法炮製。許男說，就在一個月前，有七、八個工人聚集在屋頂，威脅說除非付給他們拖欠的工資，否則就要跳樓。顯然他們的工資被扣住了。許男說，富士康最後同意支付工資，工人們也被勸下來。

大家對富士康的「亡魂」已經習以為常。公司宣稱他們正在設法解決，不過他認為就算是公司方面也不知道怎麼辦。「人人都認為這裡被詛咒了。」除了網子和輔導之外，管理者也嘗試其他比較非傳統的手段。

「他們造了一座塔來嚇走鬼魂，」許男說：「看起來不像『正常』的建築物，因為迷信的關係，他們整天讓燈亮著。」

許和他的朋友認為自殺是「蠻蠢的」行為，並說他們是因為日復一日非人性化的管理才離開的。他們說，離職前公司就已經找他們談過加入管理階層的事情，說不定，這又是另外一艘賊船。當時許男已經開始接受培訓。「每件事情都讓人難以承受，」他說：「實在是受不了。他們強迫我做我不想做的事情，」諸如

懲戒和羞辱工人。「如果你不照著做，他們會砍你的薪水。」他帶著一絲驕傲的說，雖然他認為自己做得來，但是不值得。他不想讓別人不好過，他說：「給我再多的錢，我也不幹。」

　　凡此種種，都是離職率這麼高的原因所在；許男說，那裡待得久的工人不多。「跟我同時進去廠裡的有十五個人，現在只剩下兩個。」不包括他在內，他離開了，如今在一間電器行工作。他說自己「離開工廠，現在肯定是比較快樂的。」

　　我問他對於蘋果公司和 iPhone 的看法，他立刻回答我：「我們不怪蘋果，要怪就要怪富士康。」我問他們，如果環境改善了，他們是否會考慮再回富士康工作，他們的反應一樣很直接。

　　「你改變不了任何事，」許男說：「它永遠不會變的。」

＊　　＊　　＊

　　這種想法可能不只是直覺而已。在深圳的某個晚上，我用 Skype 訪問了中國勞工觀察（China Labor Watch, CLW）的執行主任李強。李強自己曾經是富士康的員工，歷經該公司的恐怖歲月後，他出來組織勞團，倡導更好的工作條件。李強後來逃離中國，如今在紐約市主持 CLW。

　　在這波自殺潮及隨之而來的媒體焦點下，李強對於其中的改革契機懷抱高度希望。「媒體報導有幫助，」他說：「當 2011 年虐工事件被媒體報導出來，而且富士康可能會被問到自殺議題時，工資上漲了將近百分之百，工作條件也改善了。我認為富士康是因為媒體壓力才提高工資的。」他說，2009 年工人的平均月薪大概 1,000 元人民幣（145 美元），到了 2010 年，工資提高

到 2,000 元人民幣。「可是，事過境遷，媒體的注意力移轉到其他地方，」他說：「拿 2013 年跟現在比起來，沒有任何改變。蘋果可能一開始做了一點點事情，可是相較於他們承諾過的，這只是杯水車薪。」

*   *   *

回到龍華廠區，王揚和我動身前往招募中心和工人們的主要出入口。許男打電話給他在富士康的一位趙姓朋友，此人幾年前晉升為現場經理，答應試著運用他有限的權限，讓我們通過安檢參觀工廠。

他告訴我們，如果我們進得去的話，他認為 iPhone 是在工廠的 G2 區製造。

我們沿著一路向前延伸的廠房周圍而走，當時渾然不知那只是工廠的一小部分而已。工廠圍牆森然聳立在忙碌街道的一邊，另一邊則是深圳的街區和商店。招募中心掛著一塊廉價的 LED 看板，播放電腦工作站上開心員工的影像、色彩繽紛的生產線快照，還有大型的藍色游泳池、寬敞的健身中心、美觀乾淨的大樓連續鏡頭，散發出濃厚的賊船氣息。

我們經過時，那兒還是有幾個年輕男女在填寫表格，就和許男過去一樣，成為登門求職的招募工。我們向左轉，通過招募中心，看到不遠處有另一個由警衛看守的入口，我們預計在那裡跟趙碰頭。不過，當我們經過招募辦公室的時候，看到一個入口通往更大、更開闊的空間，附近沒人，所以我們走了進去。

　　　　　　　　　＊　　　＊　　　＊

　　接待處是一間有綠色地板的寬敞大會堂，裡面排著大約八十張金屬平板凳，一面藍色臨時隔牆將空間一分為二，像是為了舉辦勵志演講而布置的大型高中體育館。趙後來確認說這裡是富士康為工人們做公司介紹的地方。講堂後方是一個個構成網狀的小隔間，有些放著塑膠試管與容器，可能是即將入廠的工人們上工前進行強制健康檢查的處所。牆上的海報宣揚著富士康的觸角與影響力，還有設有辦公據點的國家數目。另外一張海報則用警察和隱藏式攝影機的愉快卡通圖案，告知觀者他們正受到監視。

　　這個地方是為了處理大批人數而規劃的。數百名招募工可能同時在這裡簽約，一次幾十個人進行基本健檢或入廠面談。我們四處查探，直到碰到一條走廊，該處有個你在戲院會看到的那種塑膠玻璃包廂，玻璃後有兩個女人。她們問我們在這裡做什麼，我們旋即離開。

　　沿路走下去，抵達入口後我們便打電話給趙；他說他一小時內會到。這裡的警衛看起來比前一個入口的和善些，所以我們開口詢問是否可以參觀。他們微笑著拒絕。任何參觀活動都必須經過行政主管核准，他們不能核可這種事情。我們告訴他們，我們即將跟一位經理開會，但他們微笑著重複同樣的話。

　　趙現身了，他是個穿著合宜整齊的男人，年約二十五、六歲，一臉和善的表情。不過結果一樣，參觀需要經過行政核准。趙已經在富士康工作八年，而且是其中幾人的經理，但還是不行。行政主管沒有點頭，誰都不能進去。裡面有太多機密了，警衛這麼

告訴我們。我們可以上網申請核可,不過這個程序一般來說耗費數月。我們花了將近一個小時,試圖說服警衛讓我們進去。

我們最後放棄了。趙必須回到廠房的另外一區工作,我們和他沿著廣大的廠區周邊散步。我問他,身為富士康的老員工,他認為裡面真的像我們聽聞的那麼糟糕嗎?這些故事都是真的嗎?

「你聽到的都是真的。」他輕輕地搖搖頭這麼說。就一個我們才剛聽說其職責需要公開羞辱下屬的人來說,他看起來未免太友善好相處了,性情中沒有任何苛刻之氣,也不像很多中階主管那樣動不動就發脾氣。

「你為什麼要在這裡工作?」我問。

「我習慣了。」他微笑著聳聳肩說:「我不像很多經理那樣罵我下面的人。我不想讓他們的日子難過。」他意有所指地說,行事寬大可能造成他無法升遷。我開始明白為什麼痛恨富士康的許男會喜歡這個人。趙說他的職涯才剛步上軌道,不過,他似乎並不怎麼感到興奮。「何況,」他說:「我也不知道我還能做什麼。我在這裡待太久了。」

跟趙沿著工廠外圍走了二十多分鐘後,我們來到另外一個入口,又一個安全檢查哨。這裡顯然有八個主要入口和幾個較小的入口。我們互道珍重,看著他刷卡後消失在人群中。

我就是在這個時候急著想要上廁所。因此我想到一個點子。

從檢查哨旁邊的樓梯口往下走約一百多公尺,就有一間廁所。我看到舉世通用的火柴人圖案,對它比了比手勢。這是個規模小很多,也比較不正式的檢查哨,只有一名百無聊賴的年輕警衛負責看守。說不定是給趙這樣的管理人員出入用的?

王揚以帶點懇求的口氣用中文詢問。警衛看著我，緩緩地搖頭拒絕。我臉上的焦急再真實不過，她又問了一遍。對方遲疑了一秒，然後還是不行。

我們會馬上出來，她很堅持。現在，我們顯然讓他感到坐立難安了，大部分是我造成的，而他可不想面對這種事情。

用完立刻出來，他說。

當然……不會囉！

像我說過的，真是不可置信。就我所知，從來沒有美國記者能在未經允許之下進入富士康，而且還沒有導覽人員陪同，以精心策畫的參訪行程和事先挑選過的廠區，向媒體證明這裡好得不得了。我躲進廁所，感到一陣天旋地轉，幾乎沒法對那個正在洗手、一臉困惑的孩子點頭致意，他目不轉睛的盯著我看。我沒有走回去，而是溜出門外，對王揚揮了揮手。

我們快步走過一棟又一棟的工廠建築，直到我回過神來，已經來到路的盡頭，此處有一道搖搖晃晃的石牆將工廠土地與周邊的市區分隔開來。看來沒有人跟著我們，視野的盡頭是公寓大樓、幾棵樹和灰色的地平線。我們沿著牆右轉，更加深入陣營，我的腎上腺素一路飆高，我們要走到哪兒去，我完全沒有概念。

煤渣磚、碎石塊和磚頭雜亂地四處堆放；一排圓錐柱把看起來漏水的區域圍起來。塞滿集貨箱的藍色卡車停在各處。年輕人穿著汗濕的 T 恤，安靜地打籃球賽。我們往前走，經過向內延伸的小巷子，兩旁是車庫、商店和倉庫建築。面對庭院有個外觀正式的大樓，大門兩側各蹲踞一座石獸像。我拿出我的 iPhone，在 iPhone 的製造地拍了幾張照片。有幾個人已經開始盯著我們看。

　　我們從其中一條街道切入，經過沾染風霜的生鏽棚子，其中有些塞滿成堆的原物料，有些堆著裁切過的金屬，有些則擺放一排排空棧板。一輛滿是刮痕、沒有輪子的堆高機停在石塊上，身上有著醒目的塗鴉。曾經刷白的牆面呈現風吹雨打後的斑駁灰色。換句話說，這裡非常像你可以想像得到任何一座年代久遠、都市般大小的工廠裡某個裝卸區。一群乘著升降梯的男人正對著一棟建築的外牆鑽孔，撒下一陣陣火花。其中有半數人沒有配戴安全鉗，碎片向外濺落在路上，形成幾座椎狀小山。街上四處都是摩托車和平板車。

　　隨著我們愈發深入廠區，建築物的高度就愈高。就跟很多大都市一樣，愈是靠近市中心，市容就顯得愈密集。倉庫和廠房被兩三層樓高的建築物所取代，接著出現高聳的住宿大樓。我們開始與更多人擦肩而過，每個人的頸上都掛著識別證，在我們一路前進時，多數人會斜眼看我們。道路變得寬闊，足以容納行人、

腳踏車，接著連汽車也進來了，很快地，這條路連接到一個忙碌的十字路口和一條塞滿上百個、說不定是上千個年輕人的馬路，看起來像是在辦展覽或某種就業博覽會，不過我們並沒有駐足查看。有兩個人盯著我們，一百多公尺外，還有一個安全警衛在指揮交通。

我們開始理解到擅自入侵的嚴重性與風險，這顯然是個魯莽的決定，因為中國對待記者並不真的那麼寬大為懷。畢竟，我們別想能夠融入其中（而且視野所及也沒有其他高高瘦瘦的美國白人）。而如果被抓到的話，我的翻譯員尤其可能面臨嚴重的後果。可是當我問她是不是該回頭時，她卻堅持繼續前進。

我們等到警衛轉身處理迎面而來的車流，便走過去，試著融入人群中。

富士康城果真是一座城市。

我們繼續前行，不久，沿著街道兩旁出現修剪整齊的矮木叢和各式各樣的商店餐廳。有二十四小時營業的銀行、大型餐館，還有一座看起來像臨時搭建卻擠滿了人的露天市場。到處都是人，散步、騎車、抽菸、專心滑手機、在路邊吃著外帶盒裡的麵。他們穿 polo 衫、牛仔褲、休閒襯衫、潮 T，脖子上搖晃的帶子吊掛著識別證。

這裡的街道很乾淨，建築物也比較新。一家店面上方有卡通貓的吉祥物，豎起大拇指比讚。有著可口可樂標誌的陽傘，為坐在鐵製野餐桌前滑手機的員工們遮蔭。閃閃發亮的轎車停放在大街旁規劃整齊的停車格內。這裡還有一家 7-Eleven，就跟你曾經踏進去的任何加盟店一模一樣，是一間商品齊全的正牌

7-Eleven。不知何故,這讓我感到大為吃驚。我們還看到類似網咖的店和用來宣傳商店的奇怪氣球。

林林總總,使這裡看起來有點像大學校園裡的校區中心,只是比較安靜。以多不勝數的人數來看,這裡的噪音非常少。聽過一早上的駭人故事後,很難不做聯想,龍華廠區似乎確實瀰漫著一股幽魂處處、令人窒息的氣息。

也許除了規模之外,龍華廠最令人震撼之處,在於兩端的風景如此大異其趣,而我們即便快步行走,仍是花了將近一小時才橫跨廠區。就這一點來看,它就像一座仕紳化(gentrification)[2]的城市。在「都市外圍」(讓我們暫且這樣形容)有化學物外溢的生鏽廠房,加上疏於照顧的工廠工人。愈接近「市中心」(別忘了,這裡是一座工廠),生活品質就愈好,至少便利設施和基礎建設有所改善。事實上,有個工人告訴我,他曾經在廠區外圍做過勞動活,認為自己領的錢比消費電子產線上的工人還少。

我們愈發深入廠區,周邊的人也愈來愈多,我們也確實感覺不那麼受矚目了。機關槍般掃射而來的眼光,變成意興闌珊的瞥視。我的理論是這樣:這座廠區如此遼闊,警衛又如此森嚴,假使我們能在裡面走走看看,肯定是已經獲得許可。若不是這個原因,不然就是沒人真的在乎。我們試著往趙告訴我們的 iPhone 製造地 G2 區前進。離開「鬧區」後,我們開始看到高大單調的廠房:C16、E7 等,有不少廠房環繞著成群的工人。

廠區就是在這個時候讓人真正地感到驚豔。瞧瞧,有很多工

---

[2] 譯注:仕紳化是指對城市進行翻修使之高級化後,地價與租金上漲,富裕的居民遷入,因而迫使大批低收入戶居民搬離原住所。

廠扭曲了反烏托邦的意象；畢竟建造這些處所，唯一的目的就是要使人和機器的勞動力發揮到極致。不過，龍華廠區光是憑藉著全然的廣袤便能與眾不同，它有著一區又一區森然聳立、多層、灰色、覆滿髒汙的立方體，一路下去都是廠房，上百萬消費電子產品，在同樣單調黯淡的龐然大物裡被組裝起來。置身其中，你會感覺渺小，自己好像是航空母艦般的產業引擎裡的一小屑有機物。極目之處盡是工廠，視覺上毫無美感可言。

　　事實上，唯一讓人賞心悅目，根本就是設計來取悅人類的事物，是企業吉祥物和美食廣場附近修剪整齊的圍籬，而這給人一種恐怖的感覺，在龍華，你不是逛商店區，不然就是在廠房裡工作。

＊　　　＊　　　＊

　　富士康城是人類其中一個早期創新的巔峰之作：大量生產。一百七十萬年前出現的直立人（Homo erectus）是第一個廣泛使用工具，也是第一個專精於大量製造工具的人種。有些具有創新精神的直立人獵人想出方法，以一種被材料科學歷史學家史蒂芬・薩斯（Stephen L. Sass）稱為「原始版大量生產」的技藝，一次快速敲打數個石核來製作石斧。

　　要過了數千個世紀，那樣的原動力才漸趨成熟，成為現代的裝配線。

　　想想另外一間工廠，廠區面積的寬度2.4公里、長度1.6公里，占地149萬平方公尺，內有九十三棟高聳的大樓，而且擁有自己專屬的發電廠。它僱用超過十萬名工人，每天辛苦工作將近十二

個小時。總的來說，它是效率與生產上的奇蹟，被形容成是一座「幾乎半自給自足的工業城市」。

不，這間工廠並非 2010 年代由富士康所經營的工廠，而是福特 1930 年代的胭脂河（Rouge River）聯合廠區。儘管福特已經被捧為美國工業的英雄，但裝配線的影響力還是很容易被小覷，它被用來大規模生產如今的 iPhone 和過去的 T 型車，比起前兩項產品，裝配線這創新之舉恐怕還更具有革新性。就跟大多數的創新一樣，它身上也有些部分是借鏡他人之後，經過打磨、測試，然後推銷給投資人。

奧茲摩比汽車（Oldsmobile）的蘭索姆・E・奧茲（Ransom E. Olds）早在將近十年前就有一條裝配線，之後才有福特把它轉換成那樣的運作模式，只不過福特的系統有不少進步之處。福特最大的創新，也許在於讓效率最大化達到極致的境界。在以工作站為基礎的分散式生產模式中，由每個工人無止盡地執行一項專門任務。這種模式使得汽車這麼複雜的機器，人人都能買得起，也使得今天的 iPhone 相對實惠（更幫助蘋果創下如此龐大的利潤）。

儘管我們把福特和他的機械化裝配線，推舉為發揮美國式勤奮精神的英雄典範，但它其實發源自某個更為有機的東西：屠宰場。厄普頓・辛克萊（Upton Sinclair）於 1906 年出版《魔鬼的叢林》（The Jungle）一書，其中所描繪的芝加哥屠宰場激起全國眾怒，而同樣的屠宰場對於創建 iPhone 的生產作業系統卻至關緊要。大約在那個時候，福特的總工程師威廉・克藍恩（William "Pa" Klann）參觀芝加哥的斯威夫特企業屠宰場，在那裡看到了

後來被福特形容為「拆解」的流水線，線上有個屠夫會從每一具經過他眼前的屠體上，削下同樣的切片。

「如果他們能這樣屠宰豬隻、牛隻，那麼我們也可以用同樣的方式建造車子。」克藍恩說。福特的工程師們也去參觀製造空氣煞車器的西屋鑄造廠，根據歷史學家大衛·霍恩謝爾（David Hounshell）的說法，該鑄造廠「早在 1890 年便使用一種輸送帶，將鑄模運送到定點。」克藍恩回憶：「我們在鑄造廠看到這些輸送帶，想說：『它為什麼不能用在我們的工作上？』」這項觀察衍生了如今臭名遠播的生產流水線，掌握反覆作業與精心計畫的威力，終於在 1930 年代做到每二十四秒就能讓一台 T 型車下生產線。

而基本上，這就是中國今天的製造現況，儘管其擁有更為龐大的勞動力，涉及的人力作業也更為錯綜複雜、精巧詳盡。想想看：蘋果在 2015 年第四季賣出四千八百萬支 iPhone。每支手機都是由一個人，或毋寧說是好幾千個人，以手工組裝起來的。截至 2012 年止，製造一支 iPhone 需要用到一百四十一道工序和二十四個工時，到了現在有可能會更高。這表示以非常保守的估計來看，工人們在三個月內，花了十一億五千兩百萬小時來拴緊、黏合、焊接、拼裝 iPhone。考慮到有大量的手機，有時甚至高達半數以上，因為不符品質標準而遭到報廢，說不定所需的工時還更多呢！

我們在採訪過程中，不時聽到一千七百這個魔幻數字：負責操作打印機或檢查螢幕品質的工人，說那是他們一天平均工作十二個小時，被要求應完成檢查的數量。從負責清潔手機的工人

口中，也說出同樣的數字。而成品測試小組的工人們，則說他們一天內要共同負責大約三千支手機（每個人每個月賺大約 2,000 元人民幣）。換算下來，一小時要做超過兩百支 iPhone，一分鐘要做超過三支。

這是一場艱難的製造壯舉。以營收來看，富士康是世界上最大的電子代工廠，也是第三大科技公司，年營收 1,318 億美元，其中絕大部分拜 iPhone 的訂單所賜。專門零件仍然在其他國家生產，譬如處理器來自美國，晶片和顯示螢幕大部分來自日本與韓國，陀螺儀來自義大利，電池來自台灣，不過，這些零件無可避免都要運到中國，組裝成一具無比複雜的生產線聖戰士。而富士康及其競爭者們，對於蘋果這種美國企業來說之所以如此誘人，是因為它們擁有以堅決無情的效率駕馭這複雜性的能力。

2011 年，巴拉克‧歐巴馬（Barack Obama）總統邀請幾位矽谷巨頭共進晚餐。賈伯斯自然也是座上賓，他在談到海外勞工時，歐巴馬插話了，他想知道如何才能把工作帶回美國本土。賈伯斯說了一句名言：「那些工作是不會回來的。」不單是因為海外勞工比較便宜（確實如此），也是因為那裡的勞動力具備滿足蘋果製造所需的龐大規模、勤勉和彈性。

《紐約時報》對所謂的〈蘋果經濟學〉（iEconomy）進行調查報導並贏得普立茲新聞獎，該報導引用一位不具名的蘋果高官的話，說蘋果把製造放在海外的真正原因，並非著眼於便宜的勞工；有些分析師估計，在美國製造這些手機，只會讓每支機子的人工成本提高 10 美元而已。所以他們之所以留在那裡，並不是成本，而是因為廣大無邊、技術純熟的勞動工人，還有關聯產業

已經在深圳形成環環相扣的生態系統。你可以招集成群的工人，快速組裝一支新的原型機以供測試，或是為了即將出貨的大批產品而敏捷地進行原本費力的調整。零件可以快速取得並護送到生產線上。假使蘋果在最後一分鐘對 iPhone 的設計做出改變，例如在鋁製外殼做一個更動，或觸控螢幕改一個新版型，富士康轉眼間便能招集數千名工人，加上幾百個工業工程師來負責監督。

《紐約時報》舉了如下的例子：

蘋果的高階主管說，此時此刻，到海外是他們唯一的選擇。一位前任高階主管形容這家公司如何在手機即將上市的幾個星期前，仰賴一家中國工廠翻新 iPhone 的製造。蘋果在最後一刻重新設計 iPhone 的螢幕，迫使一條裝配線趕上生產進度。新螢幕快到半夜才開始抵達工廠。

根據這位高階主管的說法，有個領班馬上叫醒公司宿舍裡的八千名工人，給每個員工一塊比司吉麵包和一杯咖啡，引導到工作站上，不到半小時便開始上十二小時的班，把玻璃螢幕安裝到斜角框內。在九十六小時內，這家工廠便可一天生產超過一萬支 iPhone。

「速度與彈性令人歎為觀止，」這位主管說：「沒有一家美國工廠能比得上。」

接下來的問題恐怕是：以「令人歎為觀止」的速度組裝我們的手機，為什麼這麼重要？

這個問題有各式各樣的 MBA 級答案：無疑地，它賦予蘋果一種營運優勢，能一聲令下便馬上招集這麼多人力來大量製造一項新產品或零件。迅速的流程使出貨更緊湊，讓蘋果能更靈活地

做出契合需求的產品，或甚至更有效地操縱稀少性，也能避免累積多餘存貨。它便宜、有效率、快速，也貼近蘋果酷愛保密的天性：一項裝置待在生產線上的時間愈少，消息走漏出去的機會就愈少。

這些優勢的金錢價值非常可觀，不過，說到底，這種有彈性的大規模作業，和可以在美國本土運作、比較傳統的組裝線比起來，所累積下來的差別就是把一支新手機快一點送到你手裡，而且賣得便宜一點。代價是成千上萬的生命因為最後一刻訂單、軍事化的工作環境和無止無盡的超時工作，而落入悲慘的境遇。這不盡然是蘋果的錯，不過絕對是勞動力全球化的副作用。蘋果確實是最後一個把製造移往海外的大型科技公司，過去幾十年，它向來吹捧自己是真正的美國製造。

庫克這位供應鏈奇才，靠著此一強項在蘋果平步青雲，他本身即是推動驚險生產的重要推手，而消滅存貨便是其中一個由他發起的新措施。今天，蘋果的整個存貨每五天就周轉一次，意思是每支 iPhone 在一個工作週內就可以離開中國的生產線，登上貨機，再送到某個消費者手中。

自從 iPhone 大流行以來，再加上 iPad 及競爭者的智慧型手機和平板的興起，富士康已經擴張到全中國，並設立不少新工廠。龍華廠區有可能仍然是最大的單一廠區，不過今天，在中國大陸比較貧窮的偏鄉地區鄭州，有一座新設施是最大的 iPhone 製造廠，根據《紐約時報》一篇 2016 年的調查報導，如今被當地人稱為「iPhone 城」的鄭州廠，一天可以量產五十萬支手機。同時間，富士康也在跟印度政府談判，打算把 iPhone 的部分製造

作業遷往人口數排名第二的國家；該公司已經有工廠在更遙遠的據點營運，譬如捷克和巴西，並且正在考慮採取更多這類做法。據說，富士康正在建造一隊所謂的 Foxbots，也就是製造 iPhone 的工業機器人，最後可能完全取代人力。

凡此種種作為，都能讓富士康維持住低工資水準，但在此必須指出，它的工資還是比其他製造廠高。裝配線已經演進到如此地步，令人頗為咋舌。福特在 1914 年開始付給他的工人一天 5 美元，此事家喻戶曉，他說他認為員工應該要能夠買得起自己製造的 T 型車。（當然實情不完全如此，他提高工資前，遭遇到嚴重的人員耗損問題，由於人們厭惡無聊的重複性工作，每年的離職率高達 370%。）

儘管 iPhone 只是一具手持裝置，而非一輛車，但製造它的員工可就沒有這個福分。假使一個 iPhone 工廠工人想要買他大部分清醒時間都在組裝的產品，必須連續工作幾個月不吃不喝才行，不然就得去黑市買。

以上海 iPhone 工廠外面那家稀奇古怪的小店來說吧，店招上寫著和碩市場。沒錯，你可以在這裡買到 iPhone，可是手機恐怕不是來自隔壁的超級工廠，而大多來自世界各地。有一家店的老闆告訴我，他有個同事從美國買 iPhone 回來，這樣他就可以避開進口稅，用比較低的價錢賣出。

讓我們稍微沉澱一下。無數的零組件全都從世界各地流向中國：玻璃來自肯塔基州、感應器來自義大利、晶片來自中國各地，當它們終於齊聚一堂，就在這裡，在和碩的超級工廠裡，一點一滴地拼裝成 iPhone 這萬中選一的裝置後，被包裝起來送上貨機，

動身前往美國。到了美國，它們被上架到一間蘋果直營店，然後被某個有生意頭腦的中國同事以美國價格買下，再一路運送回上海，就在離它們的製造地真的只有咫尺之遙的店裡，而這是實際組裝 iPhone 的工人可以買到最便宜新手機的方法。我問賣家，對於這支 iPhone 是在 60 公尺外的地方被製造，但他卻必須從美國把它買回來，有什麼樣的看法。

「我不得不，」他說：「為了做生意。」確實，他的價格比隔幾個攤子那個經過正式管道向蘋果進貨的賣家，低了將近 100 美元。

這在上海並非少數現象。我們去市中心一家銷售精品、品牌服飾和高檔玩具的超時髦購物中心參觀，裡面有幾間小店宣傳自己是蘋果門市，他們甚至有白色商標和極簡風的淺色原木桌。可是那裡的銷售員公開承認，他們不是向蘋果進貨，甚至不是跟蘋果的正式經銷商買的。他們也說，大部分 iPhone 都是從美國進口的，其中有個人說他有海外留學生的人脈，會幫他把手機帶回中國，不然就是尋求其他管道。有個男人告訴我，他在富士康的蘋果製造廠有內應，可以供應他從卡車上「掉下來」的手機。大家都是這樣做的，他們這麼說，顯然沒打算花力氣遮掩他們的運作模式，而他們的據點就在離上海最大地鐵站僅僅一兩個街區的一間富麗堂皇的購物中心裡。他們甚至承認，身上襯衫印著蘋果授權經銷商字樣，也只是展示用。

「大家都想要蘋果，所以我們才這麼做。我根本不喜歡 iPhone。」一位經營這種蘋果門市的蕭姓老闆這麼告訴我，說他完全不擔心被蘋果發現。「對中國人來說，他們課了 iPhone 兩

次稅，第一次是在深圳製造的時候，第二次是跨邊境銷售的時候。沒有道理。」一支新的 16GB iPhone 6s 在中國要價高達 6,000 元人民幣（大約 1,000 美元）。若沒有翻新手機或黑市手機的買賣，中國的勞動階級沒有幾個人買得起 iPhone。

「大家都想要一支，」姜姓裝配線工人告訴我：「可是公司裡沒有員工價，所以沒人買得起。」幾乎每個跟我們談過話的工人，都真的很喜歡 iPhone，只是負擔不起。事實上，只要問到他們有沒有 iPhone，對方的反應通常是笑出聲來，然後說：「當然沒有了。」

跟福特工廠不一樣，中國的組裝工人一天賺 10 到 20 美元（以 2010 年代的幣值來看），買一支最便宜的新 iPhone 得花上相當三個月薪水。別忘了，很多工人除非加班，否則賺到的錢幾乎不足以維生。因此，事實上他們必須省吃儉用一整年才能買到一支 iPhone，所以沒有人有。我們從未碰到任何一個組裝 iPhone 的工人，擁有他或她每天製造出的產品。

＊　　＊　　＊

G2 區到了，它就跟群聚於周圍，似乎就要隱沒在煙塵瀰漫的寂靜天空裡的方塊廠房一模一樣。我們離中心地帶更遠了，人群也愈發稀少；我們經過稍早試圖想要通過的入口，招募中心前的那條馬路就在廠區牆外。到了這個時候，我已經放鬆下來，我們漫步經過警衛身旁，大部分人連看都懶得看我們一眼。我擔心太過放鬆招搖，所以提醒自己不要躁進；我們已經深入富士康將近一小時。

　　然而，G2 看似荒廢，建築物外有一排鏽蝕嚴重的置物櫃，附近一個人都沒有。大門敞開，所以我們走了進去。左邊有個入口通往一個廣大陰暗的空間，我們正要向前走去時，聽到有人叫住我們。一個現場經理正從樓梯上走下來，問我們在做什麼。我的翻譯員結結巴巴的說了些跟趙開會的事情，他聽得一頭霧水，然後就把他用來監看生產現場的電腦監視系統秀給我們看。現在沒有工班，他說，原來他們是這樣監看的。系統看起來有點老舊，上面有類比式的刻度盤，甚至有看起來像映像管的螢幕。難以言喻，這裡又黑又濕，我的心跳又開始加速。

　　不過，此地沒有 iPhone 的跡象，我們繼續往前走。在 G3 區外，包裹著塑膠套的黑色裝置搖搖晃晃地堆疊在看似另一個裝卸區前，兩名滑手機的工人從我們身旁晃過去。我們湊過去，以便透過塑膠包裝瞧個仔細，不是，也不是 iPhone，看起來像是沒有商標的蘋果電視。我當然看得出來，來中國的一個禮拜前，我才買了一台。這裡大概堆疊了幾千台電視，等著組裝線的下一道工序，或是等著稍做整理後出貨。我們試著推門，不過這個門鎖起來了。我們又試了幾道門，結果大多是鎖住的。有些門整個鏽掉，很難想像它們還能發揮門的作用。過去的報導已經強調工人必須刷卡才能進入生產現場，所以我沒想過自己能輕易越雷池一步。不過，話說回來，我也沒想過能偶然踏上廠區的土地。

　　可是我們來到這裡，經過一棟又一棟建築的外殼，裡面容納一道又一道生產作業，組裝著一個又一個裝置。這裡是如此龐大。當然，不全都是蘋果產品，富士康也製造三星手機、索尼遊戲機 PlayStation 以及五花八門的裝置和電腦。

　　基礎設施再次出現侷促感，此處儘管沒有工程或戶外工人正在勞動，但周圍的建設看來顯然已經不堪耗損。如果 iPhone 和蘋果電視確實是在這裡製造，那麼，除非你天性愛好潮濕的水泥和鐵鏽，否則在這裡度過漫漫長日，簡直悲慘至極。一區一區的廠房持續出現，我們也就一直走下去。龍華廠區開始讓人感覺像是讀到一部反烏托邦小說的單調中段，恐怖感持續不消，情節卻凝滯不前，或者像是平庸的電玩遊戲打到後面幾關，形狀跟結構開始似曾相似的厲害，使人陷入麻木而打起盹來。

　　不久，我們開始碰到看來完全棄置不用的建築物，也出現更多破裂生鏽的置物櫃。幾個十幾歲的孩子漫步經過，顯然正在探索這個邊陲地帶，好似電影《站在我這邊》（Stand by Me）的那群孩子們。我們問他們這裡是何處，他們像青少年般聳聳肩。

　　「這裡？他們叫這裡碼頭。」一個女孩這麼說，身邊的夥伴拖著步伐繼續前進。

　　他們看起來未必還沒成年，這是過去曾經糾纏富士康的一個難題。2012 年，富士康承認暑假期間，他們的人力中有 15％是不支薪的「實習生」，高達十八萬人，有些年僅十四歲大。儘管富士康堅持這純粹是自願性工作，而且學生可以自由離開，但是有數份獨立報導揭露，當時該地區各個職業學校強迫學生充當組裝線工人，否則就得退學。為什麼要強制工作？為了補足 iPhone 5 需求暴增導致的人力缺口。報導披露後，富士康誓言改革它的實習生計畫，而且說老實話，在我印象中沒有看到任何小於十六歲的年輕人。

　　我們原本可以繼續往前走，不過因為看到左邊有個看起來像

大型住宅區，屋頂和窗戶架起籠狀的圍籬，可能是宿舍，所以我們就往那個方向走去。愈靠近宿舍，人潮就愈多，我們也就看到更多的識別證、黑色眼鏡及刷白的牛仔褲和運動鞋。二十歲上下的孩子在此聚集，抽菸、圍著野餐桌、坐在路邊。氣氛還是非常的安靜壓抑，好像人人都在潛水似的。這裡有成千上萬的人，可是只維持在禮貌交談的音量內。

然而沒錯，攔住身軀的網子還在，鬆垮下垂，給人一種防水布該遮蔽的東西大半被吹走的感覺。我想到許男曾經說：「這些網子一點意義都沒有。如果有心自殺，什麼也攔不住。」

從工廠和店鋪逃離開的目光，又再度聚集在我們身上，也許這裡的人比較有時間跟理由放縱他們的好奇心。無論如何，我們已經深入富士康一小時了。我完全不知道我們上完廁所沒有回去，警衛會不會發出警訊，或是有沒有人正在搜尋我們之類的。即使我們還沒能成功進入工作中的組裝線，也覺得最好不要把事態擴大。說不定這樣最好。

我們朝來時路往回走，不久就找到一個出口。時值傍晚時分，我們加入數以千計的人流中，把頭低下，拖著腳步緩慢通過安全檢查哨。沒有人有異議。

*　　*　　*

脫離這座難以忘懷的超級工廠，讓人鬆了一口氣，可是心情是膠著的。不，那裡沒有雙手流血的童工攀著窗戶求救。不過肯定是有幾件事情違反了美國職業安全衛生署的法規（建築工人沒有防護，化學物公然溢出，生鏽的建築等），可是美國的工廠恐

怕也有不少違反職業安全衛生署法規的地方。蘋果辯稱說這些工廠比其他地方還要好，說來也沒錯。富士康並非我們刻板印象中的血汗工廠，不過卻有著不同的醜陋。生產現場禁止說話、廣為人知的悲劇發生地，或是環境本身透露出一種普遍的不開心，無論什麼原因，龍華廠區給人沉重甚至壓抑到令人難以承受的感覺。除了餐廳和網咖這兩個想也知道工人必須花錢才能流連的地方，沒有任何處所是考量公共福祉而設計的，甚至連一個真正的公共空間都沒有。

富士康城的出色之處，在於整個廣袤的廠區毫無悔意地完全奉獻給生產力和商業活動。你若不是在工作，不然就是在花錢，或是沒有生氣地拖行於兩者之間。消費主義濃縮在一個強而有力的小宇宙裡。吃飯、睡覺、工作、打發時間，全都發生在福特的美食廣場裡。事後看來，在碼頭閒逛的那些孩子們，還有那麼點讓人感覺是在發動一場小小的抵抗呢！

回頭看我拍的照片，我找不到一張照片裡的人是在微笑的。當人們遭受長時間工作、重複性作業和苛刻管理之苦時，會出現心理問題似乎不足為奇。那種不安是觸摸得到的，已經深入環境本身的肌理。許男說得好：「那裡對人來說不是什麼好地方。」

*　　　*　　　*

自從發生自殺潮以來，蘋果已經做出一些公開努力，務使其供應商能為工作環境負起更多責任。該公司執行供應鏈稽核，發布符合性報告，並且提出幾項友善工人的政策，以處理極端過分的違規問題。2012 年，蘋果的稽核發現有一百零六名童工在中國

的工廠工作，該公司終止了其中一家供應商的合約，並且迫使對方支付把孩子們送回家的費用，這是一家電路板元件的製造商，聘用了七十四個年齡在十六歲以下的童工。蘋果公司成為第一家加入公平勞動協會（Fair Labor Association）的科技公司，該協會是由企業所組成的網絡，旨在促進全世界的勞動法規，以保障更好的工作環境。自殺事件有所緩和，但仍未停止。工人的加班時數還是太多，不過童工數量已經下降。工資似乎停滯不前，離職率仍然居高不下。

中國勞工觀察還是非常不滿意，指稱蘋果公司的動作大多出於公關考量。「蘋果加入公平勞動協會，這個協會幫了它很大的忙，」李強 說：「減輕了富士康的壓力。公平勞動協會對我們及社會大眾做出很多承諾，可是就我所知，我可以告訴你他們謊話連篇，他們的承諾沒有一項做到。」

龍華廠區或和碩廠區全年無休，這是肯定的。不過中國勞動人口的曙光正在顯現。勞工漸漸的更有組織，也比較常看見「野貓式」罷工（wildcat strike）[3]。一整個世代遭到惡劣待遇的勞工，往往會把這樣的知識傳給下一代，就跟反汙染一樣，人們傾向於採取抵抗行為的意願也會增長。所謂的工會存在已久，不過工會領導者都是由國家所指派，毫無權力可言，所以有意義的勞工抗爭仍然不多。然而，已經有許多勞工看到集體行動的力量。諸如中國勞工觀察 、大學師生監察無良企業行動（SACOM）及中國勞工通訊（China Labor Bulletin），已經成功推動勞工權益的公眾

---

[3]　譯注：野貓式罷工是指由勞工自發的、未經工會核准，或是沒有工會領導的、無組織的罷工。

意識。於此同時，日益龐大的中產階級也比較無法容忍惡劣的工作條件及虐待勞工。李強說，有一個進步是，如果工人離職，現在經常可以領到最後一次薪水，以往是拿不到的。不過，凶惡的主管、半強制加班等影響工人生活品質的現象，多年來還是沒變。

「情況沒有改變。」李強這麼說。由於蘋果和 iPhone 的製造合約對於產業還有整個工作條件的影響如此巨大，這些先例更是有著雙倍的重要性。「我跟一位三星的高階主管開會，他們說他們就跟著蘋果，」李強說：「他們是這麼告訴我們的，蘋果做什麼，他們就做什麼。」

＊　　＊　　＊

我在上海認識一對迷人的台灣夫妻，聽說我要去深圳，便極力請求我去參觀他們的工廠，地點位在市中心，製造的是 iPhone 的配件。他們認為我會想要看看他們的新技術，叫做黑雲（Ash Cloud）。

他們說對了，很了不起的東西。

工廠本身乾淨、摩登、效率，看起來比一般水準還高。生產作業是標準的組裝線流程，工人配置在工作站上，拿起輸送帶上的物件加工後，再把物件放回去，繼續往下一關前進。我被告知工廠僱用大約四百五十名工人，那時，他們正在為義大利等歐洲國家生產精美的 iPhone 手機殼。

不過，工作站間懸掛著直式 LED 螢幕，遍布整間工廠。螢幕上以清爽、友善 iOS 的介面呈現機讀數據外，左上角還會播放一名員工的照片。當然，這是某個 iPhone app 的一部分內容。高

階主管或現場經理使用黑雲的解決方案，便能一路追蹤工人的生產力到他們生產的單位數，而且可以從生產現場的不同地點進行遠距追蹤。

如果某個工人的生產率低於標準，數字會變成紅色。如果達標或超前，就會變成綠色。每次只要工人成功地對輸送帶上的通過物件完成加工，就會有個數字往上跳。

他們做到了。他們形成一個迴圈，做出一個應用程式，來驅策工人製造可以驅動應用程式的裝置。他們希望廣為宣傳，讓授權黑雲解決方案成為他們的另外一項業務。他們說，有兩家工廠已經在使用這套系統。如今，工廠工人可以名符其實的用他們所製造的裝置來控制他們了。

我想到我們曾經採訪過的一位富士康前員工。「手機一支一支的來，」他說：「沒完沒了。」

| 第十三章 |

手機銷售
蘋果的 iPhone 造神術

位於舊金山市中心、可容納六千人的比爾・格雷厄姆市政禮堂，即將塞得水洩不通。我夾雜在緩慢移動的人群中，跟著科技記者、蘋果員工、產業分析師，一起在格紋襯衫和牛仔褲構成圖案的冰川中，一點一點地前進，這裡感覺更像搖滾音樂會入口的人龍。燈光昏暗，大家的興奮之情溢於言表。

我們會在這裡，是因為 iPhone 7 即將發表。這是一場經過縝密規劃、精心設計的推銷大會，可是我還是忍不住感到興奮。新聞轉播車停在場外，攝影機的角度也架好，把記者和身後高懸於市政禮堂上的巨大蘋果標誌，一併收入鏡中，閒聊聲嗡嗡四起，到處都可以看得到筆記型電腦。

產品發表會是蘋果的神話／行銷機器中的一根支柱。自從麥金塔在這樣的場合登台以來，賈伯斯都會親自介紹每一種重要的蘋果產品。艾倫・索金（Aaron Sorkin）撰寫關於賈伯斯的電影劇本[1]，也把場景完全設定在三次產品發表會的後台。活動的主題演講與賈伯斯形成如此緊密的連結，以至於被果粉暱稱為「史帝夫簡報」（Stevenote）。

---

[1] 譯注：索金為 2015 年的電影《史帝夫賈伯斯》撰寫的劇本贏得金球獎最佳劇本獎。

　　賈伯斯是銷售大師，理由再充分不過。他不會老套的踏上舞台細數產品功能，或者像競爭者或繼任者有時會掉入過度奔放的行銷論調中。他不會告訴你為什麼你應該買蘋果的東西，而是就事論事的討論這個即將改變世界的產品，有什麼樣的特質。他的聲明讓人感覺自然、堅定，而且真實。當他告訴你蘋果即將「重新發明手機」時，他是相信的。自從賈伯斯於 2012 年辭世以來，這項傳統便延續至今；庫克盡責地擔任起主講者的角色，只不過比起前任，他做起來味道差了一些。

　　這一次，關於產品的傳言不在於 iPhone 下一個出色的新功能是什麼，譬如之前的前置鏡頭、Siri 或更大的螢幕，而多半談到大幅的縮減。幾個月來，蘋果部落格和科技網站已經在臆測蘋果即將拿掉耳機插孔，務使無線耳機成為新常態。

　　我坐在馬克・斯普豪爾（Mark Spoonauer）隔壁，他是一家有信譽的高科技產品評論網站「湯姆指南」（Tom's Guide）的主編。他說他至少參加過七次蘋果產品發表會，參加活動是為了了解有什麼新東西、有什麼值得關注的，也為了回答科技裝置的部落格文章關心的話題：值得把手機升級嗎？

　　「就算某個功能以前有人做過，蘋果還是需要證明他們能做得更好，這也是要證明在後賈伯斯的世界裡，蘋果還是可以創新。」他說。參加產品發表活動這麼多年，斯普豪爾收到蘋果的電子郵件邀請函（這是個僅限受邀參加的活動），仍然很高興。「來到這裡還是很興奮，」他說：「不只是因為產品的關係，也跟氛圍有關。」

　　燈光暗下來，出現一段影片，片中看到庫克正在用 Lyft [2] 叫車來參加蘋果的活動，就是我們正在等著他現身的這場活動。只是，他發現開車的是主持「兜風 KTV」（Carpool Karaoke）[3] 的詹姆斯・科登（James Cordon），然後不知什麼原因，亞瑟小子（Usher）也加進來了，他們同聲齊唱〈甜蜜的家阿拉巴馬〉（Sweet Home Alabama），而活生生的庫克跑上舞台。

　　他做了些宣布，接著邀請任天堂傳奇性的創辦人宮本茂（Shigeru Miyamoto）上台，宣布該公司第一個進攻 iPhone 的遊戲「瑪利歐酷跑」（Mario Run）。原本全神貫注、一片靜默的觀眾席爆出熱烈的喧譁聲。

　　最後，他終於談到 iPhone。「這是個文化現象，觸動全世界每個人的生命。」當庫克這麼說的時候，台上的影片播出一片人群的照片剪輯，裡面當然有幾百個人在盯著他們的 iPhone 看。「這是世界歷史上最暢銷的同類產品。」

　　庫克此時所言句句不假，其中一個主要原因，正是因為有這種簡報，尤其如果是賈伯斯做的簡報。簡單來說，如果沒有蘋果超凡卓絕的行銷與零售策略，iPhone 不會有今天，該公司在創造慾望、刺激需求和散播科技酷感上，表現得無以倫比。當 iPhone 真的在 2007 年問世時，有關這台裝置的臆測與流言已經甚囂塵上，因而創造出沒有其他行銷機構能望其項背的炒作效果。

　　我看到這中間至少有三股主要力量發揮作用，一起做出諸如

---

[2] 譯注：Lyft 為美國的第二大叫車服務平台。
[3] 譯注：「兜風 KTV」為知名脫口秀《詹姆斯科登深夜秀》（The Late Late Show with James Corden）的其中一個超人氣單元。

此類的效果：

    1. 使產品籠罩在強烈的神祕感中，直到……

    2. 舉辦盛大的產品發表會，強調傳聞中的產品即將問世……

    3. 設計簡潔的蘋果直營店。

當然，產品本身必須令人驚豔，上述其一才能發揮效果。不過，圍繞著產品創造出一種神話，對於銷售的重要性不亞於其他，早期階段尤其為然。

傳統的行銷活動當然也很重要，而蘋果也推出大量的 iPhone 廣告。不過，看看由雷利‧史考特（Ridley Scott）執導，在 1984 年超級盃舉辦時介紹麥金塔的「老大哥」（Big Brother）廣告；1990 年代後期提醒觀眾，蘋果的品牌和天才及改變世界的人有所連結的「不同凡想」（Think Different）廣告；2000 年代初期，戴著耳機的剪影廣告，俐落地為 iPod 的酷表達出一種有效率的美感；或甚至是拿視窗作業系統的電腦又蠢又瞎來開玩笑的「我是 Mac，我是 PC」（I'm a Mac, I'm a PC）廣告；如果拿這些廣告的水準來比擬，至今並沒有一個真正經典的 iPhone 廣告或系列作品。

最接近經典的 iPhone 廣告恐怕是 2009 年的「什麼樣的 app 都有」（There's an App for that）。而介紹 iPhone 初登場的廣告「哈囉！」（Hello），混搭了名人接電話說哈囉的影片，如今早已為大多數人所遺忘。其他早期廣告大多是解釋性的廣告，做得很有趣，那個時候，用手指上網，接著撥電話出去的概念還需要經過說明，因此這些廣告是時代下的產物。其中一個製作精良而且非常有先見之明的廣告是「魷魚」（Calamari），呈現一個使用者

正在看《神鬼奇航》（Pirates of the Caribbean）電影中大烏賊攻擊的片段，因此很想吃海鮮，便切換到 Google 地圖查詢附近的海鮮店，接著打電話給餐廳，所有的動作都在指尖完成。諸如此類的連續動作，在當時頗具革新性。其他廣告則凸顯了瀏覽「真正的」網路、聽音樂及邊走邊用臉書的便利性。

然而，絕大部分大型企業都花得起錢製作精美的系列廣告，甚至最不酷的公司也能偶有佳作。既然 iPhone 缺乏決定性的系列廣告，那麼便值得一探究竟，了解蘋果為了拉抬自己的明星產品，做了什麼跟競爭者不一樣的事情。

首先，談到 iPhone 就不能不說說蘋果的守口如瓶。蘋果為了迎合並利用網路上炒作機器而磨練出來的超保密功夫，本身就是一項創舉，可媲美該公司許多其他更具體有形的技術創新。而且，這道功夫的歷史悠久。

*   *   *

蘋果公司是世界上最神祕的公司之一，而且這個規定來自高層。賈伯斯向來積極掌控公司的媒體形象；早年，他便非常熱衷跟大型雜誌、報紙的編輯及作家維繫關係。不過，他並不是一直都這麼神祕兮兮的。《紐約時報》記者約翰・馬可夫（John Markoff）是其中一個能接觸到蘋果的作家，他便注意到在 1990 年代後期至 2000 年代初期的轉變。

「自從賈伯斯回歸蘋果，便愈來愈堅持只能由公司高層來發聲。」馬可夫是在要求採訪 iPod 的主要推手法戴爾被拒之後，注意到這件事情。另外一位《紐約時報》的作家尼克・比爾頓

（Nick Bilton）則觀察到賈伯斯經常用「神奇」來描述他的產品，而「賈伯斯再清楚不過，一樣東西之所以如此神奇，是因為你不知道它是怎麼運作的。這也是蘋果嘴巴封的這麼緊，讓人惱火的一個原因所在。」

操縱神祕感，引起人們對新科技產生興趣，並不是什麼新鮮事。尤其新商業技術之所以能引人遐思，向來有這個重要的因素存在，即便那些事後看來顯然是重大的突破也一樣。

「飛行是人類的一項巔峰成就，」科技史學家大衛・奈伊（David Nye）如此寫道：「使重於空氣的載具升空是一項科技奇蹟，實現了長遠以來的夢想。然而，當萊特兄弟（Wright Brothers）在 1903 年第一次飛行時，幾乎無人明白他們的成就。」他們沒有餵養人們的好奇胃口，沒有形成任何期待。因此，萊特兄弟改弦易轍。「萊特兄弟對飛機設計的後續發展保持神祕，鮮少允許媒體來看他們的工作。」奈伊這麼解釋。雖然流言四起，但萊特兄弟任憑為之。當他們受邀在 1904 年聖路易斯的世界博覽會上討論自己的發明時，他們婉拒了。「他們把眼光放在商業應用上，所以不願意揭露飛機的細節。」萊特兄弟等到 1908 年才為美國陸軍舉辦一次盛大的展示。「結果來看飛機的人潮蜂擁而至。到了一次大戰期間，很多人跑出屋外，盯著空中飛過的每一架飛機看。」

同樣地，嚴格限制蘋果在大眾面前的舉動，也是一種刻意的決定。

在《成為賈伯斯》（Becoming Steve Jobs）這本書中，布萊特・史蘭德（Brent Schlender）和瑞克・特茲利（Rick Tetzeli）說賈

伯斯「指示蘋果公司的溝通長凱蒂‧柯頓（Katie Cotton）採行一種政策，只允許少數媒體可以採訪他。一旦有產品要推銷，他跟柯頓就會從這寥寥可數信得過的媒體中決定一家，然後賈伯斯就會給它獨家題材。」而他當然不會透露產品的細節。史蘭德報導賈伯斯已有多年，跟他「多次談到他不願意把鎂光燈分享給團隊成員的事情，因為我一再要求跟他們談談，卻多半沒能成功。」賈伯斯會說，他不希望競爭者知道他的手下哪個人表現最好，免得被人挖角，讓史蘭德覺得「很沒誠意」，他相信原因出在「賈伯斯覺得沒人有本事像他那樣，詮釋他的產品或他的公司」。

　　這個做法導致蘋果的官方訊息呈現真空狀態。自從這家公司靠著一批大受歡迎的迷人電子產品，如邦迪藍 iMac 及 iPod，擺脫 1990 年代的低潮以來，對其一舉一動的情報需求便大幅增長。粉絲部落格、產業分析師和科技記者全都開始繞著這個甦醒的科技巨人打轉，把觀察蘋果變成一種全職工作。

　　對風聞中的 iPhone 做出種種臆測，在本世紀的第一個十年間，發展成一種附隨於 iPhone 的家庭手工業，而且方興未艾。「蘋果太神祕了，所以製造、散播、揭穿關於這家公司的流言，基本上構成一個完整產業。」《赫芬頓郵報》在 2012 年如此宣稱。事實上，專門談論蘋果的部落格和網站多不勝數：「蘋果內幕」（AppleInsider）、iMore、「麥金塔傳聞」（MacRumors）、iLounge、「朝九晚五聊 Mac」（9to5Mac）、「麥金塔狂熱」（Cult of Mac）、「大膽火球」（Daring Fireball）、「麥金塔世界」（Macworld）、iDownloadBlog、「iPhone 生活」（iPhone Life），只是其中少數幾個。所有這類刊物在服務讀者的時候，

既滿足一個 iPhone 重口味世界的真實需求，也讓 iPhone 享有大量的免費報導。

＊　　　＊　　　＊

重點是，惱人的保密作風有效，至少幫助蘋果公司拉抬了 iPhone 這項產品的身分地位。一位前任蘋果高層曾經估計，讓第一代 iPhone 保持神祕，「價值上億美元。」

到底這是怎麼算的？除了專攻蘋果的網站所產製的免費報導之外，保密也發揮了強大的作用，使消費者的需求水漲船高。2013 年，西門菲沙大學（Simon Fraser University）的大衛・漢納（David Hannah）和兩位企管教授同僚，在《企業地平線》（Business Horizons）期刊發表一篇論文〈行銷價值與阻絕可獲性〉（Marketing Value and the Denial of Availability），提出蘋果保守祕密如何有利於產品銷售。「根據抗拒理論（reactance theory），只要自由選擇受到限縮或約束，由於需要保有那樣的自由，使得人類對於譬如貨物或服務，有較之以往更明顯的欲求，尤其如果叫賣的人可以說服大家，這樣的自由很重要。蘋果把這項原理的效果發揮得淋漓盡致。」不僅對產品的規格與上市時間嚴守祕密，文中寫道：「這家公司還緊接在上市之後，人為地壓低供應量。」不到上市你對它一無所知，就算可以買了，你還是沒法拿到手。

因此，死忠果粉轉而到直播或自己的推特動態上去探詢新 iPhone 的祕密。揭發某事刺激出一種欲求感，而蘋果在推出 iPhone 時又藉由高度管制下的稀少性，加深刺激。果粉「為了成

為首批買到新產品的人，高高興興的在店門口排隊，而且常常是通宵達旦的等候，即使再等幾個禮拜，產品就能穩定供貨，也絲毫不放在心上。」

死忠果粉的長龍在市區一路延伸的奇觀，當然再度發展成 iPhone 如何炙手可熱的消息，從而進一步餵養了所有參與此一獲取儀式的人喜悅之情。

第一代 iPhone 開始一路攀升成為最賺錢的產品後，蘋果內部隨之而來的保密風氣自然是有增無減。員工若是洩露即將問世的產品細節，可能會被當場開除。團隊負責的若是賈伯斯眼中特別重要的專案，便須祕密作業，即使同儕也不可說。

我在跟 iPhone 的創造者們聊天時，所蒐集到他們在蘋果工作的最大抱怨，就是保密這件事情。工程師和設計師發現，此舉在原本可通力合作的員工之間，形成沒有必要的藩籬。

至於對外，據說賈伯斯為了揪出洩密者，會把假的產品示意圖提供給供應商。只要這張假圖出現在粉絲網站上，賈伯斯就會知道洩密來源，然後將這家供應商炒魷魚。

曾經是公司明星人物的資深副總法戴爾，負責 iPhone 的硬體，他告訴我，這種保密作風不時使 iPhone 的工作成為幾乎不可能的任務。

「我看過有人因為這個緣故大吵一架，尤其這是一個如此困難的計畫，而且我們全都必須通力合作才行，可是，我們並不知道最關鍵的部分。」他說。

保密防諜的衝動還傳染給賈伯斯的同輩。「不只是賈伯斯，那些賈伯斯賦予權力的人更是火上加油，他們隨時隨地都在確保

祕密安全無虞，不見得把事情告訴我們。他們會故意讓我們難堪，把矛頭指向我們，而因為缺乏資訊，我們毫無辯駁能力。」

如今，該公司的規模大多了，而且自從賈伯斯辭世之後，執掌兵符的是一個沒那麼偏執的執行長。隨著供應鏈持續擴張，出現了更多洩密管道，而庫克似乎也沒太大興趣去懲罰洩密者。「這些年下來，洩密者的處境已經好太多，也沒有太多東西可以搞神祕。」斯普豪爾說。他來到蘋果的場子，「比較有興趣知道他們打算如何詮釋這些已經洩漏出來的訊息。」有人因此覺得，公司內部的相互保密風氣也會隨之消失。顯然沒有。

「比過去還糟。」曾協助構思第一代 iPhone 設計典範的輸入工程師胡彼這麼告訴我。中斷了幾年之後，他回到蘋果公司工作，發現部門間的保密風氣在他再度掛冠求去之前，達到了一個新巔峰。

即便是我能成功接觸到的現任蘋果員工，無論年資深淺，莫不對幾近鋪天蓋地的保密政策感到惱火。我聯繫到的人，有不少告訴我他們很樂意坐下來接受訪談，公開聊聊他們的貢獻，可是根據公司的政策，他們不能多說。

我曾經在庫帕提諾市和一位蘋果總部 iPhone 公關代表見面。「我們現在會跟你談話的唯一原因，」當時我們坐在無窮迴圈一間自助餐廳外的桌旁，他說，是因為蘋果公司正在走向開誠布公。不過，這家公司從沒真正做到過。

＊　　　＊　　　＊

蘋果公司採取種種保密的動作，其中一個原因是為了能更緊

密掌控訊息，並特意把焦點移轉到產品上，遠離該公司爭議性較大的作為，譬如製造手機的工廠環境，或把 2,400 億美元海外營收移轉到避稅天堂愛爾蘭，或甚至也不要去注意到沒那麼有爭議的事情，像是特定員工在開發 iPhone 上所扮演的角色。

蘋果基本上已經在大眾及科技媒體間養成一套新規範：不得接觸、沒有官方評論、缺乏透明度。所以，我致電《大西洋》（Atlantic）雜誌科技版編輯安潔里安·勒法蘭斯（Adrienne LaFrance），此人最近寫了一篇專文探討科技媒體的中立性，我想知道這股由蘋果帶領的趨勢如何影響公領域。

「會有一個危險就是，大家都預料到這些科技公司不會接受公開採訪，或甚至不予評論，接著慢慢走到一個狀況，就是我始終不明白記者們真的有在鍥而不捨地追消息，而假定他們拿不到，這往往也沒錯。」她說。蘋果（及其他愈來愈神祕的科技公司）長久以來拒絕記者接觸，並訓練他們接受官方說法或是在公開的發表活動上少量釋出的細節。

「各方人馬也變得習慣這種安排，」她說：「看看科技報導的生態，專門評價某項產品相較於評價公司營運的文章量有多少？」產品已經成為宇宙的中心，脫離工人、開發者、使用者及企業而存在。

那麼，該如何打破規則？「即使答案每次都是不，你也必須繼續嘗試下去。」她說。

我聽話照做。

總部位於英國的科技刊物 Register 向來以提出尖銳、批判性的產業觀點而著稱，該網站曾經做過一次有趣的報導，詳述自己

的員工如何努力取得 iPhone 7 蘋果發表會的邀請函。他們安裝了一個電子郵件追蹤軟體，看看蘋果的媒體人員是不是真的有讀他們的請求函。結果有（但他們沒拿到邀請函）。

因此，我決定如法泡製。蘋果已有數月不曾答覆我最近一次徒勞無功的採訪請求。因此，我安裝一個由 Streak 公司製作的電子郵件追蹤器，然後寄出一封全新的請求函。到那天結束前，郵件便已經被三種不同的裝置讀過，假定是三個不同的人，但我從未得到回音。一個星期後，我再試一次，結果一樣。很好！

最後，我決定直搗黃龍，直接寫信給庫克。天曉得會怎樣，是吧？賈伯斯就是以隨機回覆收件匣的來信而聞名，庫克也有過一兩次紀錄。

我寫信給庫克，請求在 2016 年 8 月 31 日採訪他。事情有趣了，我安裝的追蹤軟體，靠著載入郵件訊息裡一個小小透明的 1x1 像素來運作。一旦郵件被打開，這個像素圖案就會去敲發送郵件的伺服器，把包含開啟郵件的時間、地點及裝置種類等資料送回去。

詭異的是，當庫克打開我的郵件時，軟體顯示他用來看信的裝置是一台視窗作業系統的桌上型電腦。

這不對吧！我寫信給 Streak 詢問這部分服務的準確性，他們的支援人員告訴我：「如果有傳回明確的裝置資訊，那就會非常準確。」我寄了一封追蹤下文的郵件給庫克，又來了，信件被開啟，用的是視窗作業系統桌機。

是庫克正在使用個人電腦嗎？還是有誰在幫他過濾郵件？這兩種可能性看來都很奇怪。

顯然，我寄給庫克的郵件到了蘋果公關的手上，發生神蹟了。我問公關人員庫克是否真的打開我的郵件看。「沒錯，」她說：「他看了信然後轉寄出來。」

好吧！兩個星期後，我再寄一封跟催的信，又被打開了，用的是一台視窗系統桌上型電腦。他從未回信給我。

* * *

所以，我們有一家長久以來便極為注重高度保密的公司，引發媒體狂熱報導有關蘋果的大小事，也使得一群核心使用者（消費者）苦苦等待最新的產品。看來，為了這千錘百鍊過的訊息，基礎功夫已經打好了，這通往權威聲音的入口，能一勞永逸地匡正視聽，並再次激起群眾的興奮之情。

所以，我們得到蘋果給我們最盛大的公開展示：赫赫有名的蘋果發表會（Apple Event）上僅限受邀參加的技術展示大觀。

這些史帝夫簡報並不是什麼新鮮的安排。記得嗎？貝爾四處巡迴，走遍美國東岸的展覽廳與會議廳，展示他的新電話。

不過，最有名的技術展示，恐怕也是最熟稔賈伯斯風格的展示。

1968 年，充滿理想性的電腦科學家道格・恩格爾巴特（Doug Engelbart），把數百名有興趣的產業觀察家齊聚在舊金山的市政中心，也就是將近四十年後發表 iPhone 7 的同一個市政中心，介紹數項即將形成當代個人化運算基礎 DNA 的技術。

恩格爾巴特不僅公開展示諸如滑鼠、按鍵、鍵盤、文字處理器、超文本、視訊會議及視窗等數項發明，還用現場即時操作的

方式呈現。

　　科技記者利維稱那次展示為「展示之母」（the mother of all demos），就此將它定於一尊。螢幕上的影像播放展示中的程式與技術，比起幾十年後更為精雕細琢、使賈伯斯為此聲名大噪的產品發表，可說是大異其趣；恩格爾巴特在螢幕影格中播出自己的頭部影像，在一個半小時裡，展示新的運算技術，興高采烈的說些古怪的俏皮話，還會自我打斷。

　　「隨著視窗開啟關閉，裡面的內容重組，觀眾盯著網路空間的深淵，看得目不轉睛，」利維如此寫道：「恩格爾巴特用耳掛式麥克風，透過控制面板以冷靜的聲音娓娓道來，彷彿真正的最後邊疆在他們面前疾駛而過。不只詮釋了未來，未來就在眼前。」今日科技業主題演講的典範，幾乎就在當下被創造出來，簡報風格也許不如其所展示的技術那麼有影響力，但兩者是交織而密不可分的。

　　恩格爾巴特的這套發明，後來在全錄（Xerox）PARC得到進一步發展，奠定當代運算的基石。不過，他堅信個人電腦是反社會的，而且有違直覺；他的夢想是透過協同合作增強人類的智慧，想像人們登入同樣的系統，分享資訊，使自己對這個世界及其日益複雜的問題，能有更進步的認識。他所倡導的非常類似現代的網際網路、社交網路及一種運算模式，而這些東西透過智慧型手機，確實已經開始取代個人電腦，成為我們最常用來交換資訊的主要途徑。

　　儘管恩格爾巴特的展示之母成為電腦族群的傳奇，但似乎是一個外部人讓賈伯斯轉而採取他後來聞名的簡報模式。蘋果專家

利安德‧凱尼（Leander Kahney）說，賈伯斯的主題演講是執行長史考利的產物。「身為行銷專家的他，把產品發表會想像成『新聞劇院』，在媒體面前上演的一場秀。他的構想是發動一場會被媒體視為新聞的活動，使產品上市登上新聞頭條。新聞報導，當然就是最有價值的廣告了。」史考利認為娛樂群眾是首要之務，所以產品展示應該要「像做一場表演那樣」，他在自己的自傳《蘋果戰爭：從百事可樂到蘋果電腦》（Odyssey）裡如此寫道：「想要鼓動人，就要讓他們對你的產品感興趣，娛樂他們，把你的產品變成一起重要無比的事件。」

把令人興奮的新技術和劇場結合起來，已經成為一種獨特的美國藝術形式，蘋果把它發揮得淋漓盡致，直接挖掘出歷史學家奈伊所謂「美國人的科技崇高性」，也就是人們在目睹科技上驚人的新躍進時，所升起的敬畏之心。奈伊主張，儘管美國是個多元化的國家，宗教信仰及文化價值上呈現零碎化，然而在驚人的新科技壯舉所產生的凝聚力量中，美國公民早已發現共同點。胡佛水壩、電燈泡、原子彈。我們在無關宗教、無分性別的進步裡，找到團結。

此舉奏效。當技術高層們揮舞著改變世界的新玩意兒走上舞台時，你感受到了。而先前營造的神祕感，那種你被允許一窺究竟的感覺，無可否認有那麼點讓人感到顫慄興奮。

不過，誠如科技產品評論編輯斯普豪爾提醒的：「有的記者因為不想陷入這種興奮，所以會刻意遠離這『現實扭曲力場』。因為你必須保持客觀。」

當你感受到蘋果傳遞給你的崇高性之後，此事甚難啊！

＊　　＊　　＊

發表會以澳洲流行歌手希雅（Sia）的表演作收，她戴著一頂大假髮，文風不動地站在那兒唱她的當紅曲目，一個孩子在旁邊四處奔跳、翻跟斗，大批媒體被引到舞台右方的一個房間內，狀似迷你版的蘋果直營店。一個月後，舞台上剛剛發表的產品就會在直營店上架。我們全都首次拍到用 iPhone 7 把玩、滑動、拍照的相片。我試用新的 AirPods，把一些蘋果限定的樂曲送進耳朵，但腦袋裡忍不住覺得這是 Airbuds 耳機。

部落客和新聞同業從四面八方取好角度，拍攝站在產品面前的影片，口中不假思索地快速說出第一反應。其他人則在記筆記。在那個小時內，肯定已經有上百篇部落格文章從這個場子發出。更多人魚貫進入，屋內變得愈來愈擠。有很多人在用他們的 iPhone 拍攝 iPhone 的照片，也有人像我這樣，用他們的 iPhone 拍攝人們在用他們的 iPhone 拍攝 iPhone 的照片。

真是奇怪的擬仿物；一間蘋果直營店變身成展示間，展示間的展示間。這個空間被設計成現代零售店的同義詞，像個名流般盛裝打扮。這些產品放到現實環境下的模樣就是這樣，也將是這樣。

＊　　＊　　＊

幾星期後，iPhone 7 預定在全國各地零售店上架那天，我動身前往其中一家最早設立的蘋果直營店朝聖，觀察啟動中的行銷機器成效如何。位於洛杉磯外的格倫代爾廣場（Glendale Galleria），和維吉尼亞州泰森斯角中心（Tysons Corner Center）的直營店是最早開幕的兩家店，時間在 2001 年的 5 月 19 日。我

跟一位友人喬納・貝齊托（Jona Bechtolt）碰面，他是死忠果粉，小腿上甚至有蘋果標誌的刺青，那天正打算去把手機升級成 i7。我想去看看，2007 年的 iPhone 激起第一條排隊人龍，造成媒體轟動，在將近十年後的今天是不是仍然有大批群眾現身，那有名的排隊長龍會不會一路蜿蜒。

簡單來說：沒錯。

在這棟室內購物中心的二樓，人龍從入口溢出，通過中央走廊，然後繞過角落。我算算有四十個人，肯定不如昔日綿延數個街區那般壯觀。然而，就一款已經被大多數媒體貶為非必要升級的 iPhone 而言，人數算多了。

我走進去時，聽到一陣還算發自肺腑、沾染企業色彩的歡呼聲。店門剛剛打開，依照蘋果直營店在產品上市當天的慣例，員工們列隊鼓掌，歡迎那些提早幾小時或甚至通宵守候門外的有心客人。不過，只有少數幾個人會這麼做。

「我每年都來。」一個叫做約翰的男人微微聳肩，微笑著這麼說。群眾當中混雜著忠實發燒友，仍然很享受這種徹夜守候的儀式，成為第一批擁有不盡然必要的最新款 iPhone 的人；也有做做小生意的，打算買下最多的配額，然後趁著供給仍然受限但需求正夯的時候，轉賣給友人或在 eBay 上拍賣，希望就跟過去幾年一樣，手機熱賣兩個星期。「我打算買八支，兩支給我朋友，其他上 eBay 網拍。」一個女人這麼告訴我：「我只多賺一點零頭。」

今年，曜石黑（新顏色）以及 7 Plus（搭載新的雙鏡頭的較大型機款）很快便雙雙售罄。「售完」，是表演的一部分。第一代 iPhone 在 2007 年推出時，兩個月內便銷售一空，我們永遠無

法得知，這是否屬於合情合理的供應短缺。考慮到人們爭先恐後的搶購，那次看來頗為合理。可是針對其後推出的機款，以蘋果精心調校的供應鏈加上它對供應商的掌控力，可以合理推斷後續新品的稀少性，大多是蘋果公司人為製造的效果。

「這不只是設計，也不僅因為它是 iPhone，更不全然是因為行銷的關係。」巴克斯頓這麼說，其實這也關乎維持供應鏈的彈性，加上營造稀少性的印象以鼓動需求，讓 iPhone 感覺「好像椰菜娃娃（Cabbage Patch doll）[4]，每個人都會飛奔前去購買，生怕賣完了，而他們需要買到一個來當耶誕禮物才行。我不知道有誰，但我打賭你找不到能抵抗這種怕買不到東西的瘋狂搶購行徑。」這是個好觀點。我們現在知道蘋果的製造商能在一天內製造出五十萬支手機，然後再花一天便可運送到美國。你得停止懷疑，才能相信最可在預料之中的新款手機顏色已經銷售一空。

無論如何，我很驚訝。以圍繞著 iPhone 7 的話題大體來看，這一款手機激起的興奮感不如過去，只不過我沒料到 2016 年還會看到有人打地鋪或排隊苦等數個小時。可是人還是來了，把一天中最美好的時光花在蘋果直營店外。

還有更糟糕的地方可以待。設計一塵不染的蘋果產品集散地，為全世界零售店所豔羨不已。蘋果直營店是在二十一世紀的頭十年開張營運，據說它刻意仿照艾夫工業設計實驗室裡的長型木桌，賈伯斯本人給了很多意見，還擁有玻璃階梯的專利。它們

---

[4] 譯注：椰菜娃娃是美國熱門的耶誕節禮物，製造公司以領養的方式出售，還會附上有姓名、性別、出生日期等資訊的出生證明，購買者必須辦理「領養手續」才能將娃娃帶回家。

最初遭到董事會反對，但現在已經證明是一頭業績巨獸。

2015 年，蘋果直營店靠著巨額利潤，成為國內零售設施中單位面積獲利最高的店面，每平方公尺賺進 59,696.6 美元 。以蘋果的營收有三分之二來自 iPhone 來看，那可是推銷了很多支手機的結果。

而負責推銷手機的「天才」（Geniuses）和「專家」（Specialists）[5] 在蘋果員工裡人數眾多。蘋果說，該公司在全美有兩百六十五家直營店，聘用三萬名零售員工，截至 2015 年，占公司美國員工總數將近一半。以這些零售空間所創下的高額業績與空前成功來看，這些人是國內生產力最高的零售勞工。

2011 年，蘋果分析師德迪烏試圖拆解數字，計算生產力有多高。他發現，2010 年平均而言，美國蘋果直營店每位員工創下的營收是 48.1 萬美元，而 2011 年也達到差不多的數字。他指出，這是連鎖百貨傑西潘尼（JC Penney）員工的將近四倍。蘋果一般的員工每小時服務六名顧客，賺進營收大約 278 美元。

而蘋果的零售店員一小時賺到的工資在 9 到 15 美元之間，而且沒有業績佣金。儘管高出最低工資許多，但該公司的獲利衝到恨天高，和相對低工資形成尖銳的對比。蘋果不愁吸引不到員工，iPod 及隨後的 iPhone 已經使得蘋果大受歡迎，尤其正好適合該公司所需的年輕族群，致使求職人數多到招致狂熱崇拜的批評。不過，蘋果也正遇到留才的問題，部分原因就出在工資低又沒有佣金。

---

[5] 譯注：此處的天才和專家是指蘋果直營店裡的店員職稱。

　　誠如《紐約時報》在 2012 年的一則新聞頭條所言：「蘋果店員不賺錢？」只有正職員工享有健康保險，升遷管道晦暗不明，這家經常洋溢著樂觀明亮氣息的公司，內部開始出現緊張氣氛。

　　零售店被設計成展現荒涼之美的科技聖殿，喚起消費者些許敬畏之情，並且讓蘋果產品以未來工具之姿現身。而充滿熱情的天才和專家是永不疲倦的蘋果大使，協助傳遞訊息給消費者，營造出一個環境，讓消費者激動不已的參與此一未來，並且買下新的 iPhone。他們還要教育蘋果裝置的新買家，診斷現有產品的問題，如果可以的話也得修復問題，並且關心照料更世俗化的零售需求。換句話說，這是份困難的工作。而在這精心建構的零售儀式背後，是需要付出人力代價的。

　　有個在蘋果舊金山旗艦店擔任兼職專家的員工，決定挺身而出。

＊　　＊　　＊

　　「我們既幫助蘋果成為一個真的很酷的地方，讓人進來買買東西，也希望這裡是個好玩有趣的工作環境。」科里・莫爾（Cory Moll）這麼告訴我：「但是這裡每況愈下。」莫爾從 2007 年開始為蘋果工作，先是在家鄉威斯康辛州的麥迪遜店，2010 年轉調到舊金山市中心的蘋果旗艦店。他是蘋果的死忠粉絲，他告訴我自己等不及拿到 iPhone 7，正在考慮買曜石黑，可是擔心機子被磨損。

　　然後他嘆了口氣，說自己想到即將到來的人潮（我們在 i7 於門市上架的一個星期前談話）。「整個會變得非常瘋狂、開心又

好玩。我想念參與其中的感覺。」他說：「iPhone 的首賣日總是最盛大的。只要麥金塔電腦升級，大家就會來店裡購買。不過如果是 iPhone 的話，這裡會變成追逐時髦的熱門地點。」

然而，在蘋果待了幾年，而且到舊金山旗艦店工作之後，他開始看到一些系統性問題。

「薪水是個問題，」他說：「只要曾經在別地區的別家公司做過事就知道，比起來，這裡調薪幅度只有 1%、2%、3%，金額很小。」而且薪資看來沒有反映出員工的專業技能，還有對產品、蘋果文化、銷售技巧的嫻熟程度。「我們全都養成很強的技能與知識，」他說，所以「一小時賺 12 美元加上沒有任何福利，有點像是在說『嘿！你在全世界最頂尖的公司做事，勉強賺到最低薪資，如果你不爽的話，就滾吧你！』」

公司缺乏討論升遷的機制，而管理階層會幫兼職員工安排全職的班，卻不幫他們轉正職，讓他們也有資格享受福利。當莫爾或同事問到工時較長的問題時，管理部門就把工時減掉。莫爾聲稱這種做法會在申報時使員工的歸類錯誤，因此違反勞動法規。

「談到排班，談到升遷，大家在那裡工作這麼多年，全職工作的事實被忽略，角色轉變也不受關照，從專家變成天才是非常困難的，感覺很有多偏袒的成分在裡面。想要升官，你跟管理團隊的交情要很好才行，你得跟他們稱兄道弟。」

很多莫爾的同僚也深有同感：「工作時的壓力很大，你搞不清楚後兩個禮拜什麼時候要上班。如果有首賣活動的話，就得拋開一切。」被很多零售員工視為蘋果零售店之父的羅恩・強森（Ron Johnson）在 2011 年離開蘋果加入連鎖百貨傑西潘尼，接

任者喬恩‧布魯維特（Jon Browett）的作風更為冷酷、更像局外人，緊張的氣氛開始沸騰。

「我認識的人裡面，沒有人喜歡他的領導方向。」莫爾說，他興起搞組織的念頭，儘管不確定怎麼做，但也開始跟同儕們討論起這個可能性。

「以我跟內部知情人士的對話來看，當然他們的態度不一，」莫爾回憶說：「有的人感到很興奮，也有人會害怕。我並不真的把它定位成組一個正式的工會，而是想把我們大家聚集起來，不管它看起來像什麼，我們可以之後再來看這件事，但我其實只是想要建立一種聲音。」

但很快便發現，在熙攘忙亂的蘋果直營店很難討論事情，更別說建立組織了。因此，莫爾轉向推特，開始透過社交網路接觸員工並組織後援。他估計自己已經從「幾百個」當地及全國蘋果零售店的店員得到團結一致的表示後，便草擬一份新聞稿，廣發給科技媒體。他設立網站 AppleRetailUnion.com，和有興趣幫助他們建立組織的有名望工會碰面。莫爾最後終於因為努力推動而出名，接受 CNET、《時代》雜誌及路透社之類的媒體採訪。他建立一張電子表單，供蘋果零售店員工提交不滿情事，他則會轉發給公司，因為這樣，他收到幾百封抱怨信。

蘋果當然以同樣方式回敬之。公司發放給直營店的「工會訓練教材」，主要被認為是一種幫助管理階層壓制工會活動的工具。不過，不久之後，蘋果宣布提早加薪、提供更多訓練機會給兼職員工，並且將福利方案的適用對象擴大到兼職者。

加薪幅度確實有感。莫爾說他的時薪漲了 2.42 美元，增幅比

以往高出許多，大多數員工也得到這個程度的加薪。毫無疑問，這是成千上萬名幫助蘋果賺大錢的 iPhone 銷售員的勝利。「我知道把我們想要的訴諸社會大眾，絕對會讓他們坐立難安，並且跑出來說：『欸！我們真的需要好好想想，這些人對公司來說有多麼寶貴。』」

不過，這也使得大家對組織工會的興趣降低了。莫爾在蘋果工作五年半後，認為改變的時間到了，選擇離開公司。

即使莫爾發起的行動並未得到一個經過認可的工會，但他的努力確實幫助當時及後來的數千名員工改善生活品質。「我覺得目的達成了。」莫爾又補充說，員工應該在適當的時機繼續挺身而出。「做這件事情很嚇人，」他說，可是，「當他們發現其他管道關閉或似乎不通的時候，應該覺得自己有權出來發聲。」

他們可能必須這麼做。自從莫爾的努力以來，更多零售店員工感到不滿的內情浮上檯面。2014 年，代表零售店員工的律師們，提出會影響兩萬名員工的集體訴訟，聲稱公司經常不讓他們在值長班時可以用餐、值短班時可以休息，還有遲付薪資及其他違反加州勞動法規的情事。2016 年，法院做出有利員工的判決，命令蘋果支付他們 200 萬美元。

在北京的蘋果直營店，專家們抱怨被當成「罪犯」對待，強迫他們每天用自己的不支薪時間，排隊接受檢查。不過一般來說，員工的滿意度看來很高；一個被勞工用來評價職場滿意度的應用程式 GlassDoor 顯示，蘋的排名很高。事實上，蘋果零售職位的評比，比公司總部的職位還高。

為了了解 iPhone 銷售員在 2016 年的情況為何，我盡可能的

多找人聊聊。我造訪了紐約、舊金山、洛杉磯、巴黎（羅浮宮）、上海及庫帕提諾總部的蘋果直營店。

我和幾十位專家及天才談過話，沒有人同意我引用姓名，蘋果的保密政策一路延伸到展示間來。一般來說，大家對工作是滿意的；少數熱愛工作，少數則痛恨之。在上一個十年的中後期「i熱潮」達到顛峰之時，遭到批評者譴責的「狂熱崇拜」已經少了許多。有些人抱怨工作缺乏彈性，也有人認為福利很好。這都是些典型的看法。也許，當死忠熱情和昔日全然的神祕感隨著賈伯斯的影子漸漸淡去，用來餵養它那曾經絕對忠誠員工的千禧年熱情，也將逐漸消逝。不過，這是一群有趣又形形色色的人，我很享受跟他們聊天。我認識了移民爵士樂手、年輕的消防員見習生，當然，還有軟體開發人員和兼職的維修人員。

蘋果總部有一間蘋果直營店，我跟蘋果的公關人員聊過後，偶然經過此處。它就座落在無窮迴圈一號的隔壁，跟無窮迴圈二號，也就是進行最早實驗，後來開花結果成為 iPhone 的工業設計工作室所在地，僅一棟大樓之隔。

架上的每一支 iPhone 都是在一、兩百公尺外的隔壁大樓裡設計的，然後送到中國，由工人在龐大的組裝線上製成手機，接著裝載到貨機上，一路飛到舊金山，再送到蘋果總部的此處。

我要離開這家小店的時候，遇見一小群中國觀光客，其中一人請我幫他們在緊鄰著直營店的無窮迴圈一號前拍照。

我拍了照片，問問把照相機遞給我的那位女士，他們為何前來。她閃過一抹微笑，馬上給了我答案。

「我們很愛 iPhone。」她說。

| 第十四章 |

黑市風雲
iPhone 死後的生活

在深圳，你可以從頭開始打造出任何東西，這裡是矽谷最好的硬體車庫間。晶片、電路板、感測器、外殼、相機，甚至塑膠及金屬原料，應有盡有。

又如果你想要打造一款新產品的原型，那就要去深圳的華強北路電子產品市集。我聽說在那裡，你可以從無到有做出一支完整的 iPhone。我想試試看。

華強北路是熱鬧的市中心商店街：擁擠的街道、霓虹燈、路邊攤販和老菸槍。我的採訪助手王揚和我逛進賽格電子廣場，它可說是誇張版的百思買（Best-Buy），沿著華強北路上一棟高大建築的十個層樓環繞而設，裡頭有一系列的科技品市集。無人機嗡嗡作響，高端的遊戲機閃爍不停，顧客檢查著一盒盒的晶片。有個人踏著懸浮板跟蹌經過。一對情侶逛過去，幾座販售亭群聚在那兒，以極低的折扣叫賣山寨機。有個女業務想把一支跑 Google 安卓作業系統的 iPhone 6 賣給我，另一人則強力推銷一支亮晶晶的華為手機，只賣 20 美元。

我前往一家鋪子，店裡有個模樣害羞的年輕維修師傅駐守。他正在處理一支被開膛剖肚的 iPhone，只用到一把螺絲起子和他的手指甲，兩個都差不多一塊吉他撥片的長度。我問他知不知道

哪裡可以買到 iPhone 的零件，他頭都沒抬便點了點頭。

「你可以幫我做一支 iPhone 嗎？」

「可以。」他說：「我想可以。不過你想要哪一種？」我告訴他想要的機型，但我最有興趣的還是觀看過程。

「買一支二手機還簡單點。」他說。我告訴他，我想要從我們可以的最基本元件開始，是不是能買到個別的鏡頭感測器、電池、主機板等，然後一個一個組裝起來？他又點了點頭。

他說他可以用 350 元人民幣幫我做一支 4s。換算下來是 50 美元。能用嗎？

「當然。」他說。我問是否可以紀錄過程，拍下一些照片和影片。他說我瘋了，然後，帶著點惶恐的說沒問題。他會附贈一張 SIM 卡。成交，我說。

他無預警的起身離開，四處巡遊：走出去到華強北路的街上，走下一條地下通道，再爬上來過街，經過一間外觀高檔的麥當勞，走進一條小街，然後進入一個巨大的工場空間，裡面起來像一間吐了滿身的 iPhone 工廠。

這棟燻黑的四層樓建築物，規模和郊區小商場一般大，位在深圳的鬧區，距離鼎鼎大名的電子市集兩個街區遠，是 iPhone 新機、二手機和黑市機的百貨中心。眼見才能為憑，我從來沒有在一個地方看過那麼多支 iPhone，在蘋果直營店、從搖滾音樂會的群眾舉起的手裡、在美國消費電子大展上，都不曾見過。這裡有一堆又一堆各式顏色、機型和等級的 iPhone。

有些攤位設置維修站，年輕的男女在那裡用放大鏡檢查手機，拿起一堆小工具來拆解 iPhone。也有的攤子上擺滿了肯定

有幾千枚的小小相機濾鏡。其他攤子則在推銷客製化機殼，等會兒我想繞回來，用大約 10 美元買一個「限量版、1/250、純金」的 iPhone 5 背板，附上組裝所需的螺絲。在另外一張桌子前，有個男人正在區分及測量好大一堆銀亮刺眼的蘋果標誌。這裡擠滿了消費者、採購員、維修人員，全都在說話、抽菸、凝神瀏覽 iPhone 物件。

我們的新朋友不浪費時間。他路過一攤滿滿都是打上蘋果標誌的電池，用 15 元人民幣買了一個，換算下來是 2 美元，然後往前走。我們跟著他一攤逛過一攤，看他很快抓了一個相機模組、一塊黑色機殼、一張玻璃顯示板。我們到了一個攤子上，有三個年輕女人坐在後面，各自盯著自己的手機看。其中一人穿著一件白色 T 恤，上面印有 CASH（現金）的黑色字體。他指了指放在下面的主機板，「這是一整塊主機板。」他說。果然不假，

你真的可以在這裡買到市面上每一種 iPhone 的每一種零件。

但我同意加快腳步，買下一片配備齊全的 iPhone 4s 主機板，而不是去買主機板的個別元件來組裝，主要是因為我在拍照的時候，他看起來有點緊張。我們帶著 iPhone 亂糟糟的五臟六腑，回到他在賽格廣場的維修攤。他把零件攤開來，開始動手做事，將機身架在長長的指甲間，塞進電池和主機板，用一把特製的螺絲起子把它們栓到位。

他說他叫做傑克，來自貴嶼附近一個小鎮，而貴嶼則是以拆解電子產品為生的城市[1]。他年輕時自學維修電子產品，原本是為了自娛，後來開始拿來謀生。等他搬到科技產品經濟規模龐大的深圳，便適得其所地做起手機和平板的維修生意。

我看著他做事，感到奇妙不已。我曾經看過 iFixit 的維修專家如何對付一台電子裝置，令人印象深刻，可是傑克大部分只用到一把螺絲起子和他的雙手。他靈巧、直覺，而且篤定，把 iPhone 和所有的元件組裝起來，測試了大約十五分鐘之後，便交給我一支全新的 iPhone 4s，只有些微磨損，還附上一張 SIM 卡，可以讓我在中國大陸打電話。這支機子感覺比我正在用的 i6 慢一點點，除此之外，它運作順暢。

當然了，我們用自拍來慶祝大功告成。

手拿新的 iPhone，我們回到擁擠的小市集。有太多人擠在這狹窄的空間裡，以至於人們以平常聲量對話，也使得室內轟轟作響。可是，當我們想要找人講話時，卻得到噤聲不語的反應，沒

---

[1] 譯注：貴嶼位於中國廣東汕頭市潮陽區，是全球最大的電子垃圾處理場（摘自維基百科）。

有人願意告訴我們，他們的 iPhone 或零件是打哪來的或者會到哪裡去。有些手機顯然是要賣的，不過很多其他手機則不是。我們一開口詢問，攤商便揮手叫我們走開，連價格也不講。他們說這些是不賣的，總之不能賣我們。

看來我得再回來嘗試一次，下次也許帶個專家一起來。

*　　　*　　　*

「我從來沒看過這樣的地方。」我們兩天後回到這座 i 倉庫時，亞當‧明特（Adam Minter）這麼說。明特是電子廢棄物專家，著有《一噸垃圾值多少錢》（Junkyard Planet）一書，探討一個被丟掉、報廢及棄置物品的寬廣世界。因緣巧合，我們倆剛好同時間來到深圳，他是為了在一場廢棄物研討會上演講而來的。

我們漫步在樓層間，王揚問了更多問題。多數攤商仍然拒絕談話，不過有件事情是清楚的：有些攤子不賣 iPhone 給個人，只供批發商來看貨。

「大部分手機有可能流到淘寶網、中國的 eBay，或者就到美國的 eBay。」明特搖搖頭，大笑起來：「你上 eBay 買手機時應該小心提防，東西可能是從這裡來的。」

不管是線上或線下的二手市場，皆充斥著用過的 iPhone，尤其是中國這類開發中國家。這是門大生意。然而，很多美國人還是把 eBay 或 Craigslist[2] 之類的購物網站看成是半新舊正牌貨的暢貨中心。然而，像這樣的元件市集告訴我們，它可能是一個更

---

[2] 譯注：Craigslist 為大型免費分類廣告網站。

龐大的黑市（或至少是灰市）的其中一環。

「這樣就更說得通了。」明特說。不久前，他才得到一個關於 iPhone 地下工廠的內部情報，而且走訪了其中一家，沒有人要告訴他零件是打哪兒來的。「這就是那個遺漏的環節。」他說。回收機的組裝廠若要運作，需要一個像這樣提供各種零件的大眾市場。

深圳向來以製造便宜的 iPhone 山寨機而聞名，譬如名字叫做 Goophone 或 Cool999 的手機，外觀仿照 iPhone 這個指標性裝置，可是卻跟真品天差地遠。不過，這裡的手機跟你在蘋果直營店裡看到的一模一樣，只不過是有人用過的。

2015 年，中國關閉深圳一家仿冒 iPhone 的工廠，據說該工廠用二手零件製造出大約四萬一千支手機。你也可能不時看到美國破獲 iPhone 山寨機的新聞頭條。2016 年，紐約警方突襲查封一萬一千支 iPhone 及三星仿冒手機，估計價值 800 萬美元。2013 年，邊境安檢人員從一家邁阿密商店查封價值 25 萬美元的 iPhone 山寨機，但店家聲稱他的零件都是合法採購來的。

問題出在這裡：到底怎樣才算是 iPhone 山寨機或黑市機？我們已經看到 iPhone 席捲全世界，受到廣大的歡迎，激起一股仿冒與複製跟風，也造就龐大的二手市場，供人從中買到真品。深圳的 iPhone 舊品百貨中心給了我們一個大好機會，去思考何以 iPhone 之所以為 iPhone？還有當我們受夠了 iPhone 之後會發生什麼狀況。深圳之所以出現一棟四層樓建物，裡面滿滿都是某個單一商品的各種變體，是有原因的。

若某個流氓工廠試圖仿照 iPhone 的外觀與形狀，拿冒牌貨唬

弄不知情的消費者，等到帶回家才發現他們的手機不能跟 iTunes 同步或軟體有很多毛病，這是一回事。不過，如果沒有拿到 iPhone 零件的話，想要認真仿冒一台 iPhone，真的是很困難。這個牌子的軟硬體如此緊密結合，徹頭徹尾的假貨馬上會被大多數知情的消費者看穿。所以，就某個意義來看，任何令人信服的山寨 iPhone，在消費者眼中恐怕就是一支正牌 iPhone。

如果有支 iPhone 的電池被換掉了，它就不是 iPhone 了嗎？或如果螢幕不是用大猩猩玻璃做的呢？如果它裝了額外的記憶體呢？深圳的手機駭客可以把 iPhone 的標準記憶體容量加大兩倍。這些都只是調整過、翻新過的 iPhone，卻很容易被媒體視為「贗品」。回想我們這段旅行最初的起點 iFixit 實驗室，談到蘋果如何防止消費者把手伸進自己的裝置體內。蘋果使用特製螺絲，以免手機被胡搞瞎搞，該公司也以著作權為由，要求張貼維修手冊的部落格把文章下架，如果有人試圖自己動手或找未經授權的第三方維修，也會因此保固失效。之所以如此，恐怕有部分是因為蘋果的維修方案一年為它賺進 10 億美元；部分原因則是不鼓勵維修就能讓消費者再買一支新的；而還有一部分是因為不想讓自己的品牌跟次等手機扯上關係。

蘋果不賣 iPhone 的替換零件，消費者必須付錢找蘋果幫他們更換螢幕和電池之類的東西，而且往往要價不貲。即使是檯面上的維修人員，也被逼著從二手市場、eBay 及深圳黑市之類的地方採購零件。這也是何以 iFixit 這類團體正在敦促蘋果及其他裝置製造商，放鬆對維修人員的嚴格管制，維修問題嚴重到在 2016 年，有五個州的立法機構開始引進所謂的「維修權」（Right to

Repair）立法。

如今，我們之中有極為龐大比例的人不會修理自己的手機。如果手機死了，我們會把它丟到抽屜裡，然後再買支新的。有的人會扔了它，有的人則送回收。

如果你的手機還可用，但是你想升級，那麼就有更多選擇。蘋果認為提供換購方案可以鼓勵消費者更常升級，所以它透過無線服務經銷商博思達（Brightstar）推出一項回收計畫，供使用者送回舊 iPhone，以交換購買新機的折扣或蘋果的禮品卡。eBay 上的手機保值得相當好，所以轉賣 iPhone 並不困難。而有幾家換購公司如 Gazelle，則已經出現以現金收購舊手機的做法。

可是，你的手機送回收之後的下場如何呢？

Gazelle 和競爭者們首先會判定手機是否可以轉售，如果手機狀況良好，他們可能會直接放到網路上賣。至於像 iPhone 這種需求量很大的品項，則可能整批賣給「全球各地」的經銷商，譬如深圳的中國業者就有能力從你那已經是兩代前的 iPhone 身上賺到錢。由於深圳市集裡的人不願意說，所以我們無從確認此事。然而，iPhone 的生命始於從土裡挖出來的基本元素，而且往往是由自僱性質的礦工在幾乎毫無管制的區域裡開採，然後一路逆游，進入各種角色構成的網絡，直到抵達蘋果的供應鏈；同樣地，它們的生命也終結在那個網絡之外，被抵換而進入一個個愈來愈晦暗的市場。它不過是一支、一支又一支的手機。在黑市裡，也確實如此。

「我猜有些手機是從這裡工廠的『卡車上掉下來』的；有些來自香港或是從世界各地蒐購而來，」明特說：「而有少數可能

來自貴嶼。」

這把我們帶到電子廢棄物的話題。

＊　　　＊　　　＊

不久前，貴嶼是一座名符其實的有毒垃圾場。此地離深圳西邊幾小時的車程，是有如西部荒野般的電子廢棄物世界之都，也是嚴重的環境健康危機發生地。香港的港口管制是出了名的模糊曖昧，有點像是航運業的瑞士銀行帳戶，而貴嶼主要因為鄰近香港，從幾十年前開始，便成為全世界沒人要的消費電子產品的傾倒場。

在貴嶼主要幹道旁一座半蓋好新設施的棚子裡，電路板、電線、晶片從薄塑膠袋裡散落出來，有些袋子高達 1.2 或 1.5 公尺。成堆的電腦零件、螢幕和塑膠外殼四散在水泥地上。男男女女蹲伏其上，挑選分揀裡面的東西。我們進一步往這座工業區的深處走去，鐵捲門大開，通往高牆般堆積如山的物品，仍舊是更多大大小小的電路板、桌機和行動電話之類的內部元件。

有個男人跑出來說不能照相。另一個男人帶著苦笑從旁邊走過，肩上負著一疊電路板，唇間叼著一根香菸。

若要明白這種地方何以存在，便須回溯得更久遠一點：在1970 和 1980 年代，滿是塑膠、鉛和有毒化學物的電子產品，以前所未有的數量席捲消費市場，如何處置引發嚴重關切。垃圾掩埋場塞滿了陰極射線管與含鉛電路板（鉛焊料被普遍使用），造成環境威脅，富裕國家的居民開始要求對電子廢棄物的處置進行環境控制。不過，這些控制卻促成「毒物掮客」的興起，買下電

子廢棄物，然後運送到中國、東歐或非洲傾倒。

1986 年，一艘這種貨船希安海號（Khian Sea），裝載了來自費城的 1.4 萬公噸焚化爐灰。該貨船航行到巴哈馬，想在當地傾倒廢棄物，卻遭到拒絕，接下來的十六個月，它到處尋找可以卸下有毒貨物的地點，試過多明尼加、巴拿馬、宏都拉斯等地未果，也無法成功送回費城，直到後來，它告訴海地政府說這是「表土肥料」，才在該國卸下 4,000 公噸廢灰。當綠色和平組織告訴海地官員事情真相，海地要求希安海號把廢棄物裝填回去時，貨船已經逃之夭夭。隨著貨船企圖改名（先是改成費利西亞號〈Felicia〉，後來又叫做鵜鶘號〈Pelicano〉），而且繼續招攬願意接收剩餘廢棄物的國家，這起事件造成的暗黑悲喜劇，引起了國際間的注意。最後，船長把剩下的 1 萬公噸有毒廢棄物傾倒在公海上，繼而引發眾怒，此事也有助於促成 1989 年的「控制危險廢棄物跨境轉移及其處置之巴賽爾公約」（the Basel Convention on the Control of Transboundary Movements of Hazardous Wastes and Their Disposal），得到一百八十五個國家的簽署及正式批准，除了……猜猜看是誰？美國（詭異的是，海地也沒簽）。該公約旨在預防愈來愈多受害者所謂的「毒性殖民主義」（toxic colonialism），並將電子廢棄物納入管轄範圍內。

如果希安海號沒有被巴哈馬拒絕，廢棄物下包商走的這條蜿蜒長路，永遠不會引起任何人注意。費城與保利諾公司簽下一紙 600 萬美元合約，委託其處理廢棄物。接著，該公司把廢棄物轉手交給註冊於利比亞的聯合貨運公司。在這場敗局的某個時間點，另一家公司海岸貨運進來承接業務。重點在於，承包商、下

包商與外國公司串成夾纏不清的鏈，使得廢棄物一旦離開美國本土，便不易追蹤去向。也因為這個緣故，即便到了現在，巴賽爾公約仍然難以落實執行。

這帶我們回到貴嶼，在這裡，類似的毒物貿易鏈為電子廢棄物的穩定流動開闢行進路線，從世界各地流向香港，然後來到幾百公里外的中國小鎮。這條貿易之路進入 2000 年代後持續川流不息。原來，富裕國家的回收及廢棄物處理業者，把他們的電子垃圾卸載到離深圳幾百公里外的地點，而深圳又極有可能是這些電子垃圾最初被組裝製造的地方。

一個總部設於西雅圖的非營利機構「巴塞爾行動網」（Basel Action Network），在 2001 年揭露，說來自美國和歐洲的貨最後很容易就會流向貴嶼，由移工徒手拆卸這些機械，混合酸液以分離少量貴金屬，然後用炭火加熱電路板，移除上面的鉛焊料。鄰近河流被電子灰渣染黑，田野因燃燒塑膠而成為一片焦土，孩童血液裡發現的鉛濃度高到危險的地步，流產的情況時有所聞。

司機告訴我們，今天，他們在曾經用來燃燒電腦的田地上種稻。確實，從通往城裡的主要幹道上，似乎就能見到少數此類恐怖情節正在上演中。我們接近城裡時，看到一個大型彩色看板在宣傳某個新建的垃圾回收廠。經過多年負面報導後，當地政府看來下定決心要翻轉這座城鎮的形象。

官員不要讓幾百名移工在空曠的地帶加熱電路板，故而建了一座處理回收與提取金屬的複合設施，裡面有一座燒熔電線用的工業級冶煉廠，另外還有供回收業者租用的整理棚，可以在這裡更安全地拆卸電子產品。這就是我們最後來到的地方。這座設施

仍在興建中，而且雖然那裡的庫房已經塞得滿滿的，但只有半數設施正在使用。司機說，這是因為許多之前的回收業者不想付租金，所以四散在比較非正規的場所，躲起來祕密作業，有些在城裡，有些在城外。他暗指政府計畫大多只是粉飾太平，同樣的活動和風險持續存在，只是已經眼不見為淨。

　　一般來說，用眼不見為淨來形容電子廢棄物的國度，是個相當好的譬喻。電子廢棄物是科技產業背上一根愈來愈尖銳的芒刺。由 iPhone 領頭的智慧型手機風潮，使握有複雜電子品的人數之多更勝以往，部分拜此之賜，電子廢棄物仍然是全球性的禍害。對美國人來說，把這些東西傾倒在海外的誘惑是很大的，拆解今日的裝置是個單調無聊又耗時的工作，而且其中許多材料並沒有價值可言。

　　「裡面真的沒什麼價值，」曾經把我的 iPhone 搗碎磨粉的冶金學家米肖德這麼告訴我，指出為了手機體內的金屬進行回收有過很多討論，可是此舉恐怕不敷回收成本：「你得回收非常大量的 iPhone 才行。」

　　2016 年，蘋果推出配有二十九個機械手臂的靈巧機器人，叫做 Liam，可以把 iPhone 快速拆解成零件並加以分類。蘋果說 Liam 已經優化到一年可以回收拆解一百二十萬支手機，但仍然把這個機器人描繪成「一場實驗」，意在鼓舞其他業者處理電子廢棄物的問題，而且 Liam 在該公司的長期營運中將扮演什麼角色，也並不明朗。

　　巴塞爾行動網在 2016 年完成另外一項研究，和麻省理工學院合作，把 GPS 感測器置入超過一百個電子產品裡，送交

美國合格立案且備受推崇的電子廢棄物回收商，譬如善意企業
（Goodwill）。令人意外，出口電子品的負面報導鞭策企業與監
督機關，誓言進一步控制電子廢棄物的回收流程，過了這麼久之
後，還是有絕大部分落腳海外，多數去了香港，其中有一個最後
來到肯亞。電子廢棄物回收業者說，他們會負責監督美國電子裝
置的零掩埋回收作業，卻還是把東西卸貨到中國與非洲。當然
了，那裡的二手機市場發展得更蓬勃興旺，技藝精湛的維修工人
也能讓遭到棄置的手機恢復生機，所以是有需求的。

　　「2014 年製造出大約 4,180 萬公噸的電子廢棄物，有部分未
經正規處理，其中包括非法的部分，」一份 2016 年的聯合國報
告《廢棄物犯罪》（Waste Crimes）指出：「相關金額每年可高
達 188 億美元。對電子廢棄物若無長期持續的管理、監督與良好
治理，非法行為只會有增無減，危及保護健康與環境和製造合法
就業機會的努力。」

　　我在貴嶼並未看到太多良好治理的跡象，此處極目所及並無
像樣的機器，工人們也沒有防護裝備，還是在徒手拆解與分類。
他們不是蹲在田野裡，而是在一座不准我們觀看的設施裡，躲在
關上的門後，蹲在水泥地上燃燒電路板，而且必須多付錢才能有
此特權。我們曾經跟當地一位市府官員喝茶，對方告訴我們計畫
還沒完成，再過一年也不會做完。

　　至少河裡流的不是黑水，也不會在戶外看到燃燒的火焰。

　　當我們開車穿過城鎮，看到幾千個小小微晶片散落在一棟建
築前的骯髒人行道上。我們把車停下來，一群年輕人穿著沾滿灰
塵的 T 恤，疑惑地看著我們。

「你想買？」

我說沒錯，我要買一個，然後撿起微晶片放在掌心。他笑了起來。「留著吧！」

＊　　　＊　　　＊

今天，到處都在搜集電子廢棄物，這是 iPhone 這類裝置如洪水般湧現加上被棄置的速度太快，所帶來的副作用。貴嶼的情況控制住後，報導將迦納的阿戈伯布洛西（Agbogbloshie）垃圾傾倒場視為新的「世界最大電子廢棄物垃圾場」。不過，明特說同樣的情節到處上演。電子廢棄物的流向日趨複雜且四散各地，之所以如此，絕大部分是因為電子裝置的市場也如此。

「老實說，到管制較少的開發中地區，任何一個主要城市外圍的大型垃圾場看看吧！」明特在深圳這麼告訴我：「去肯亞，去蒙巴薩，去奈洛比。」他說，在那裡可以找到一些他看過最好的裝置維修技師。而且，傾銷廢棄物已非昔日的「毒性殖民主義」，有些非洲和亞洲公司急切地想要進口可用的二手機，通常不是 iPhone，而是安卓機，甚至便宜的中國山寨機，這些手機都能在非洲或南亞的市場上找到第二生命。

因此，我決定試著盡可能往下游走。如果一窺玻利維亞的錫礦，有助於釐清 iPhone 起源的來由，說不定在肯亞這種快速興起又便利行動化的國家裡，一座垃圾傾倒場能有助於建構 iPhone 最終安息地的脈絡。

我動身前往奈洛比惡名昭彰的垃圾傾倒場丹多拉（Dandora），也是東非最大的一座。丹多拉的居民唯一能拿到智慧型手機的方

法，就是到攪和成一團的腐爛垃圾堆裡挖掘。只要你找得到、挖得出來，那裡有大量的垃圾供你自由拿取。從奈洛比及整個區域、從國際機場、從出口垃圾的富裕國家，各式各樣的廢棄物魂歸此地。這座垃圾場在世界銀行的資助下於 1975 年啟用，2001 年宣告已滿，可是儘管市府官員一再宣布垃圾場即將關閉，每年還是有大約 77 萬公噸的工業、有機及電子廢棄物來到此地堆放。

結果可想而知，一座泛濫成災如此之久的垃圾傾倒場，成為鄰近地區的房地產及地形地貌的永久特徵。

當然，第一個襲擊而來的是味道，充滿腐爛食物、濃濃的甲烷、汙濁空氣和腐朽的氣息。

這座垃圾場真的非常遼闊，成堆的垃圾在眼前展開，一望無際。身形如青少年般大小、有如食屍鬼的鸛四處俯衝搜尋食物，或是站崗似地立在垃圾堆上。

每天有三千人在這座垃圾場工作，此地是當地經濟的主要工作來源。他們是老練的第一線回收人員，什麼東西都找：塑膠、玻璃和紙張這類可回收的基本原料；鋁和銅之類的金屬；還有整修後可以再販售的有價電子廢棄物。手機，尤其是智慧型手機的吸引力很大。如果手機還很完整（多數如此），那麼，撿拾者會把它們送去附近的電子產品販售攤；否則的話，他們就會移除電池、主機板和銅製焊頭，當成廢料來賣。

結構體就直接建造在垃圾之上，成為住家與商店的地基。有一棟建築物的門上還繪有一副骷髏頭和呈交叉狀的骸骨。

「人們在這裡出生，在這裡死去。」麥保馬（Mboma）說，他是一名演員、俱樂部老闆和志工，本身就是在丹多拉出生長大

的。我透過大學裡的一個朋友認識他,他自告奮勇帶我走走逛逛。「有些人這輩子就只認得這些垃圾。」

　　這裡是個殘酷的地方。高聳的垃圾堆悶燒著,排放出有害氣體,一池池帶有毒性的廢物就在垃圾堆間聚集。在這裡工作的人沒有任何形式的保護,日復一日暴露在汙染中。我造訪垃圾場那天,有個可能年方十三、四歲的男孩,就躺在垃圾場入口附近堆滿垃圾的路上睡著了。這裡的垃圾車是履帶式車輪的巨型車輛,第一輛車抵達時,司機沒有及時看到男孩,卡車就這麼開過去,把他輾得支離破碎。由於丹多拉垃圾場不受當地市府的關注,警察及官員不會來到此地,也不理會意外事件,因此,屍體就整天躺在那裡。

　　我們在現場四處走動的途中,我的嚮導告訴我這個悲劇;我們走進入口時,曾經從這個男孩身旁走過。等我們回到入口,他還在那裡,身上覆蓋著破損的紙板,靜止不動的腦袋下有一灘黏稠的血。

　　一個叫做 TJ 的年輕男子是這座垃圾場的其中一名非正式管理員,看起來不超過二十二歲,不過顯然擁有一點權力。這座垃圾場雖然危險但有利可圖,所以組織化的壟斷集團在此控制人員的進出。

　　「這些值不少錢,」他說,彎下腰來,拉出一支基本上完好無缺的手機。他說手機是這裡最炙手可熱的項目,往往可以修理,然後拿到附近的店鋪轉賣。

　　我找到一支華為手機,若不是螢幕看起來有點軟化,不然還可以用。TJ 告訴我螢幕很難修理,因為零件太稀少了,所以我找

到的手機可能沒那麼值錢。全天候在此地工作的人們已經找到一支諾基亞的機身和一台磨損的黑莓機。回到丹多拉，這種手機不管能不能完好運作，都能賣到 500 先令（5 美元，不過在此地相當於一個月租金）。

「什麼東西都可以談價錢。」說的人是賣家瓦哈里（Wahari），已經在丹多拉兜售貨物二十五年，在城裡是擁有最多二手智慧型手機系列的人之一。

即便在此地，也因為需求刺激出一個可觀的市場。

「這裡有兩種地位象徵，」企業家金拿姆（Kinyamu）告訴我：「第一是車子。如果你買得起車，你會買一台來彰顯自己的成功。而第二就是智慧型手機。」

確實，即便在有著茅草屋和泥巴地板，而且電力貧乏的丹多拉，被很多人視為貧民窟所在地，我也看到年長一點的年輕人帶著智慧型手機心不在焉地走過去，他們一邊翻閱螢幕，一邊像風一般地穿越人行道、迴避一旁的孩童、賣切片西瓜的小販，和高朋滿座的球場外聚集的群眾，而場內正在進行一場足球賽。

這裡幾乎都是安卓手機。奈洛比有少數幾家蘋果二手商，不過 iPhone 在這裡還是屬於奢侈品，知名度高，卻難得一見。

「iPhone 是商業人士帶進會議室裡的終極地位象徵，事實上，現在 iPad 才是。」丹多拉的回收品推銷員瓦哈里說，他們偶爾會在垃圾場裡發現一支 iPhone。「噢！它非常少見，」他笑起來，搖搖頭這麼說：「非常少見。不過會有，找到的話，好日子就來了。它是座金礦。」

*　　*　　*

全世界鮮少有地方不受 iPhone 的影響。即便在 iPhone 只能夢寐以求的地方，仍然造就出同類智慧型手機的大量採用，進而鼓動了一種近乎舉世心嚮往之的欲求。

如今，離我們成功地重新集結這座金礦，認識這萬中選一的裝置，還有一步之遙。

這麼說吧！當我們在書中所探索的每一個部件與片段，都已經在世界各地被構思擘畫出來，這種種材料與技術，必須被蘋果精確的定位、蒐羅、改進，並予以巧妙的創新。

接下來就是 iPhone 如何終於成真的故事。

第四篇

萬中選一

紫色王朝

空間擁擠的紫色宿舍，又叫做鬥陣俱樂部，又叫做無窮迴圈二號二樓。蘋果的總部建於 1990 年代初期，大廳與廊道處處是紫色與藍綠色調的設計，這老舊的辦公空間已經成為一個活動樞紐。位於側翼的會議室，命名很是放肆大膽，譬如取名為「在中間」（Between）、「岩石」（Rock）、「硬地方」（Hard Place）[1]。另一間叫做「外交手段」的會議室是克里斯帝的團隊倉促做出新介面的地方，「魚缸」則是賈伯斯每週現身一次的大會議室。

到了 2006 年，iPhone 的基本輪廓已經定型。麥金塔作業系統團隊和 NeXT 黑手黨負責軟體設計開發，人機介面團隊和他們密切合作，改善、整合並構思異想天開的新設計，iPod 團隊則負責照管硬體。有一組人正在日以繼夜的工作，辨識並裁減麥金塔作業系統的程式碼，使其適合於一台手持式裝置。名聲響亮的工業設計團隊也開始動工優化版型，而奧爾丁、喬德里和克里斯帝的舊辦公空間則已經成為專案的重心所在地。

「有種『哇噢！真的假的啊？』的感覺。」奧爾丁說：「現在，你要怎樣實際瀏覽全部的照片？郵件到底會怎麼運作？鍵盤又會怎麼運作？有好多東西要搞清楚。」人機介面團隊已經為這支手機會有的外觀及感覺，建構好基本原則，威力十足，前景可期，足以取代風險較小，可是沒那麼酷的 iPod 手機。

「打從一開始就完全跟信任有關，」喬德里說：「大家覺得電腦太複雜了，就算麥金塔也一樣。所以我其實是在設計我老爸

---

[1] 譯注：三間會議室的名稱連起來，就是俚語「左右為難」（between a rock and a hard place）的意思。

也能用的介面。我們想要嘗試做出一套人們能憑直覺使用，而且可以信任的系統。」截至目前為止，他們成功了。

「這非常有道理，」在福斯托手下帶領軟體工程的拉米雷斯說：「人機介面團隊做出非常好的 UI 模型，我們對它看起來是什麼模樣，又會怎麼互動，有很好的想法。」

拉米雷斯是 iPhone 團隊中最為廣受敬重的工程師，其冷靜、平穩的作風，往往能在危機來臨時發揮穩定軍心的作用。他與典型的蘋果上司截然相反，操著輕快的法國口音，蓄著鬍渣泛白的落腮鬍，看起來更像抽象藝術的雕刻家，而非工程師。不過話說回來，這工作有大部分就是在做抽象的塑造。「這東西比起我們原來想的進化不少，不過精神早就已經在那裡。」他說。

「你看到上面有那些圖標的圖形介面 Springboard，是從第一天就有了的，」拉米雷斯說：「而底部的應用程式選單 dock 出現的更早。」這些點子曾經被投影在一台笨拙的原型機上，被轉換到一台平板上，而現在，又要為了更小的裝置而再度縮小規格，拉米雷斯和他的團隊想方設法，把這些構想編寫成程式。

P2 成員把那些可連線分享的裝置叫做「小袋鼠」（wallabies），它們是紫色宿舍裡做實驗的必備工具。

軟體工程師全部搬到介面設計師的大本營是有原因的。iPhone 是在兩邊陣營的密切合作下做出來的，設計師可以逛到工程師那裡，問問看某個新點子是否可行。工程師則可以告訴他們需要調整哪些元素。即使是在蘋果，團隊如此緊密整合的情況也不常見。

「關於 iPhone 團隊有一個很重要的點是，大家有種『我們

同在一起』的精神，」威廉森說：「整件事情有太多地方需要同心協力，從奧爾丁做出創新的 UI 模型開始，一路往下到作業系統團隊的約翰・懷特（John Wright）做核心的修正。而我們能做到這一點，其實是因為我們全都被鎖在這個區域裡。這裡最多也許只有四十個人，不過我們這個樞紐就設在艾夫的設計工作室樓上。在無窮迴圈二號，你必須要有第二把通行鑰才能進來。我們差不多有兩年時間算是住在裡面。」

他說，有個叫做 Jetsam 的功能，就是這種安排下開花結果的好例子。如果想要讓 iPhone 跟奧爾丁及喬德里的試作版一樣流暢的話，他們必須想出新的做法來分配這個裝置的寶貴記憶體。威廉森於是提出 Jetsam 的概念，可以把耗掉太多記憶體但沒有在用的應用程式關掉。一個叫做約翰・懷特的作業系統工程師把這個點子接下來了。

「因為人都在這裡，所以我可以拿 Jetsam 這種瘋狂的點子給懷特看，說：『看看，這會很瘋狂嗎？還是我們能做得出來？』而他會說：『是啊！很瘋狂。但我們大概可以做。』然後奧爾丁也會過來，說：『我想要做這個瘋狂的動畫，我們做得到嗎？』而我們說：『不行。』然後哈波（John Harper）會說：『我們說不定可以做。』這是其中一個特別的地方。這裡的每一個人都很聰明。」

「那個專案打破產品管理的所有規則，」最早的 iPhone 團隊其中一位成員這麼說：「這是在打全明星賽，顯然他們把組織裡最頂尖的人都挑來了。我們就是全力以赴。沒人有做過手機的經驗，我們打帶跑，隨機應變。有過那麼一段時間，感覺設計和工

程是在同心協力解決問題，我們會一起坐下來把事情搞定。這是我對一項產品曾經有過，以後也不會有的最大影響力了。」

這個緊密交織的團隊豈止是被包好包滿，而且還被密封起來，根本就是蘋果版的鬥陣俱樂部。「這是賈伯斯做過的其中一件聰明事，」威廉森說：「想出這個點子，在大公司內部成立一個其實算是新創企業，而且把它跟公司裡其他業務隔絕開來，給他們實質上是無窮的資源，去做他們需要做的事情。」

這家 iPhone 新創企業的組織圖，模樣如下：賈伯斯是 iPhone 有限公司的執行長，福斯托則是 iPhone 軟體部門的最高主管，直接向賈伯斯報告。在福斯托下面有拉米雷斯，負責督導威廉森和甘納杜拉，這兩人又各自管理一個小組：威廉森負責 Safari 和網頁應用程式；甘納杜拉則負責郵件、電話等等功能。此外，福斯托下面還有人機介面團隊的主管克里斯帝，團隊成員有奧爾丁、喬德里、勒梅、范歐斯、安左斯、麥克・馬塔斯（Mike Matas）。產品經理金・沃拉斯（Kim Vorath）也直屬於福斯托，負責督導品質確保部門，也是 iPhone 軟體團隊唯一的女性。

早期階段，在設計與軟體工程團隊之間，總共有二十到二十五人在做 iPhone，從這台裝置如今已知的利害關係和最終效應來看，投入這樣的人數可說微不足道。福斯托經常出現，賈伯斯則定期接受進度展示報告。「那是我有過最為複雜的樂趣了，」賈伯斯曾經說：「我們就好像披頭四，拿『比伯軍曹』[2]發展出

---

[2]　譯注：披頭四的專輯《比伯軍曹寂寞芳心俱樂部》（Sgt. Pepper's Lonely Hearts Club Band），賈伯斯喜歡披頭四的音樂，2007 年 iPhone 初次問世的發表會上，iPhone 的介面上也出現這張專輯的封面。

各式各樣的版本。」

「主要流程的互動程度是很高的，」拉米雷斯說：「我們要跟賈伯斯開週會，所以會有一張功能清單，列了一堆需要得到批准的事情。開會時間有一半是人機介面團隊在展示模型，把他們覺得我們的功能看起來應該是什麼樣子秀出來，給賈伯斯批示，他會說：『啊！我喜歡 A。』那麼我的目標就是把 A 做出來。然後下次會議，我們會說：『A 做好了，你覺得怎麼樣？』他會說：『喔！很爛！我們試試看 B 吧！』」

你有一封新郵件

福斯托有名的登門求才，首批人選之一就是甘納杜拉。

甘納杜拉 1969 年生於溫哥華，就跟很多 iPhone 同事一樣，他很早便顯現出在電腦方面的本領，還在念小學就學會編寫程式碼，寫了一個幫助自己學西班牙文的程式。他從 1990 年代初期開始就在蘋果工作，挺過黑暗的年月，當時帶領一個負責做蘋果郵件用戶端程式的團隊。

「福斯托來我的辦公室說，『有這檔事正在進行中，』」甘納杜拉說：「我們其實是要做手機。我們已經完成一些設計，必須開始製作原型機，並且搞清楚我們到底要怎樣把這東西給上市。」換句話說，要上陣了。

「電子郵件是手機的重要功能，」甘納杜拉說：「我們從黑莓機看到這一點，所以我們知道，我們必須盯緊著電子郵件。我認為這在福斯托和賈伯斯心目中是件大事：我們不可能拿出一支打算勇奪電子郵件寶座的智慧型手機，自己卻沒有一個出色的用

戶端應用程式。」

　　他同意加入後，被領到那間陰冷無窗的房間，裡面放著觸控螢幕的原型機。「我的第一個反應是驚奇不已，」他說：「大概就跟很多人第一次看到這支手機時的感覺接近。就是『沒錯，這就是我想要的。我現在就想放一支在我口袋裡；我要怎樣才能馬上弄到它？』」不過，高興不過三秒鐘，「那種感覺很快就變成『哇哩咧！我們要怎樣讓這東西完整運作？』」甘納杜拉這麼說。他停了一會兒。「我想身為工程師很容易會這樣想。你總是一天到晚問題比答案多。」

iPhone 的組成要素

　　一位前任蘋果工程師杜爾認為，有兩個獨特元素幫助 iPhone 登峰造極。

　　「這兩種技術，基本上是各自被一個人做出來的。」其中一項技術是韋斯特曼的 FingerWorks。「那個單打獨鬥的作品是多點觸控的起源。」然後是被杜爾形容為「硬底子內向人」的哈波做出的核心動畫（Core Animation），「成為做這些非常流暢、活潑的使用者介面的基礎，安卓系統的技術還沒有真的跟上來，所以 Google 這方面仍然落後我們很多年。」

　　這理由令人信服，多點觸控當然就是賈伯斯在主題演講時緊抓不放的創新。不過，核心動畫才是開發者讓多點觸控躍然紙上的架構，譬如碰觸一個圖標，它便能立刻在你的指間活起來。

　　根據蘋果的說法，核心動畫的運作原理是「把大部分繪圖工作切換到內建繪圖硬體，以加速圖像生成」。這是一種效率極高

的做法，確保應用程式發揮吸引人的動畫效果，開發人員也能輕易地用它來製作活潑生動的應用程式。「哈波是核心動畫背後的天才，」威廉森說：「它是第一代 iPhone 以有限的運算能力還能有好表現的功臣之一。」

　　靠著核心動畫的成功，紫色團隊才能開始把即將居於文化主導地位的互動性奉為圭臬。不管是在蘋果內部或蘋果之外，有些互動性已經被想像出來，需要加以落實。有些則有待大家一起憑空發想。比方說，P2 團隊的人需要一個方法，可以讓使用者示意他們想要啟動裝置，而不必仰賴賈伯斯嗤之以鼻的硬性切換（hard switching）。裝置一旦被開啟，螢幕必須暗下來，才能在不流失電力的情況下也能做好接電話的準備。點一下主頁鍵可以叫醒手機，可是這也許是在使用者的口袋裡被意外觸動的結果，同樣有大量流失電力的風險。因此，設計師必須想出一種軟體妙方，對使用者來說簡單好用，理想上用一隻手就可以做到，又繁複到可以避免意外啟動。

　　喬德里想出一個點子是用手指頭在螢幕上畫圈，像轉動旋鈕那樣，可是這做法感覺有點太複雜。團隊一直在思考如何開啟手機，而向來跟著喬德里研究解鎖概念的 UI 設計師安左斯，在審酌這個問題的時候，搭了趟飛機從舊金山飛到紐約。靈感來了：他踏進飛機的洗手間，拉上扣鎖。然後，當然了，他滑動解鎖。他覺得這會是個很棒的設計解決方法，一種把必須一直開著感應器的觸碰螢幕啟動起來的聰明做法。

　　後來，喬德里想到一個點子來測試概念。他家裡有個還是小小孩的女兒，他把一台原型機放在她面前。連她都有辦法滑動解

鎖，他就知道這會是普天下都會用的做法。設計團隊和軟體工程師們源源不絕地提出諸如此類的構想，看看專利內容就知道，這是個開放而多面向的過程。

「你會在那些專利上看到掛名的人很多，這是個很小的團隊，我們全都一起作業。所以我們會做很多討論，」拉米雷斯說：「這跟有個人某天早上去上班，然後說：『好！我今天要來想個點子，嗯，我們來做可視化語音信箱（visual voicemail）吧！』是不一樣的。」

有些功能則純粹出於強制的結果。電信業者願意盡量給蘋果公司自由發揮的空間，但 iPhone 也同樣必須遵守某些要求。「辛格勒電信列出一張我們必須納入的功能清單，」拉米雷斯說：「所以我們得要有語音信箱，因為電話本來就該有這個功能。我們說：『好啊！語音信箱，可是我們想要做得再好一點，那麼我們如何讓它變得更好？呃，如果把語音信箱做得像電子郵件會怎麼樣？』」

點子一旦從團體裡流瀉出來，成員們便抓住它、落實它、測試它、拋棄它、擁抱它。在腦力激盪的會議中，在深夜編寫程式的喧鬧中，想法一一浮現。事實上，拉米雷斯說他只能分辨得出其中一個設計構想是他的：「不知道你有沒有注意到，當你在 iPhone 上打開一個視窗，你會看到捲軸閃動，側邊的捲軸會閃一下，讓你知道你可以拉動捲軸。我永遠記得我想出這個點子那天，因為我們在一個會議上，有人說『我們要怎樣讓人家知道有東西可以往下拉？』我說：『何不讓它閃一下？』他們說：『好啊！』就做了。」

隨著構想出現，大家很快就明白一件事情：如先前所講的，這是個繁重的工作。

「以電子郵件用戶端程式來說吧！喔耶～這裡有個訊息清單，你敲一下，然後看到它是怎麼打開的，很酷，」喬德里說：「可是等等，你要怎麼回覆？怎麼轉寄信件？怎麼設定多個信箱？突然間，有一堆事情等著你去解決，才能讓它真的成為完整的郵件用戶端程式。語音信箱也是一樣。它發展得非常快，你發現有好多東西等著解決，才能讓它好好運作。」

沒錯，關鍵報告啟發了 iPhone

原本除了螢幕之外應該別無他物的觸控式手機，至少需要一個按鈕，那就是我們現在都很熟知的主頁鍵（Home）。不過，賈伯斯想要兩個，他覺得他們會需要一個返回鍵來駕馭手機。喬德里主張這一切關乎產生信賴及可預測性。用一個每次按壓就會做同樣事情的按鍵，把你要的東西秀出來就好了。

其實，主頁鍵的故事不但連結到麥金塔上的某個功能，也跟人人都愛的科幻小說式使用者介面——電影《關鍵報告》（Minority Report）裡的手勢控制有關聯。這部湯姆·克魯斯（Tom Cruise）主演的科幻電影改編自菲利普·狄克（Philip K. Dick）所寫的故事，在 2002 年上映時，ENRI 小組的對話才正要開始。從那時開始，這部電影成為一幅具有未來感的使用者介面素描圖：劇中的角色在空中揮舞雙手，操控虛擬的物件，用滑動把元素移走，這也是 iPhone 裡某些 UI 核心元素的原型。

「《關鍵報告》非常酷，非常有啟發性，」奧爾丁說：「你

知道 Exposé 這個功能嗎？」Exposé 是奧爾丁幫麥金塔寫的一個功能，至今仍然是使用者介面的一個核心項目，讓你把所有開啟的視窗縮小，以便你同時盤點每個已經被打開的東西。「我盯著螢幕上這一大堆視窗，心想：『希望我可以跟電影上演的一樣，有個方法可以在視窗之間瀏覽所有的東西。』這個方法就是 Exposé，不過它的靈感來源是《關鍵報告》。」而 Exposé 又繼而啟發了某個 iPhone 的核心功能。

「我記得喬德里為了主頁鍵正在開發一些早期構想，譬如有個鍵原來被他叫做『iPhone 的 Exposé』。所以你會有一個按鍵去看到全部的應用程式，然後你敲一下某個應用程式，它就會被打開，就跟你在 Exposé 上選了某個視窗一樣。後來，那個東西變成了選單，或叫做主頁（Home）。」

「同樣地，這又回到信賴問題上，」喬德里說：「也就是人們信賴這台裝置能做他們想要它做的事情。其他手機有部分問題出在功能都深深地埋在選單裡面，太複雜了。」多一個返回鍵也會讓事情變複雜，他這麼告訴賈伯斯。

「我講贏他。」喬德里說。

* * *

開發功能是一件大工程，而微調這些功能的使用經驗則是另外一件大工程。

「我們知道，」甘納杜拉說：「有些我們討論過的已知事實是不能違反的。」

1. 主頁鍵永遠把你帶回主頁。

2. 使用者的碰觸必須立即有所回應。

3. 不管什麼內容，影格率（frames per second）必須至少每秒六十。所有的操作都一樣。

　　最重要的是，不管任何情境的體驗皆須經過精心調校。比方說，在掌握翻閱清單的物理特徵時，「捲動的加速與減速曲線就有一籮筐的工作要做。」賈伯斯和福斯托就這一點把團隊逼得非常緊。「目標向來是讓 iPhone 給你一種觸碰到真實東西的感覺，賈伯斯和福斯托非常希望這個互動是：你推一下，它就馬上動起來，毫無延遲。」拉米雷斯說：「你覺得好像在觸碰一張紙，而它就在你的指尖下移動。」

　　那種天生自然的物理性也延伸到應用程式的設計上。「講到模仿人們已經習慣互動的實體和熟悉的物件，這裡面也是很費工的。」他說。iPhone 聲名狼藉的擬物化設計（skeuomorphism），把數位化的物件設計得形似真實版物件，就是在這個地方上場。

　　「早先的時候，擬物化設計是用來讓人們拿起 iPhone 時，可以實際了解如何使用它的一種做法。他們的生活裡已經有跟實體物品互動的經驗可以參照，給了他們如何使用這個裝置的線索，」甘納杜拉說：「它真的是從『我們把這些仿造成大家已經知道怎麼用的東西吧』開始的。而這個做法當時正用在麥金塔的作業系統 OS X 上，事實上，我管理的前一個應用程式『郵件』（Mail）就拿郵票當成圖標，而『聯絡資訊』（address book）則是一本書，諸如此類。我們知道我們不想做出任何像使用手冊之類的東西，如果你拿出這種東西，就已經搞砸一半。」

大勝電信業

iPhone 將被為宣揚為三合一的裝置：一支手機、一台觸控式音樂播放器，和一具上網通訊器。所以，照顧好網際網路的部分是很重要的。「我相信網路對於我們如何跟行動裝置互動來說是非常根本的事，所以在我來看，除了電話和音樂播放器，網路也很重要。事實上，恐怕還比前兩個更重要。」負責把 Safari 網路瀏覽器移植到 iOS 上的威廉森說。

當時，行動網路的標準協定是無線通訊應用協定（wireless application protocol, WAP）。為了限制無線數據的用量，無線通訊應用協定只允許使用者連接到網站的精簡版，裡面往往只有文字或解析度低的圖像。

「我們把它叫做寶寶網路，你看到的是簡單化的網頁，」威廉森說：「我們覺得也許有可能把完整的網站內容呈現在同一個地方。」那時，少有智慧型手機或行動裝置允許使用者瀏覽網站本身，電信業者認為數據服務是他們的未來，可是卻推出有限制的預付卡方案（pay-as-you-go），費用高昂的驚人，不受大眾青睞。

當軟體和硬體團隊匆忙費力地打造一支可以運作的手機時，與電信業者的談判也已經在悄悄進行中，先是跟威瑞森通訊談，然後找辛格勒電信（不久就變成了 AT&T）。他們在 2006 年達成結論， AT&T 雖然勝出，不過挾帶了某些重大的讓步。「我有涉入的部分是要爭取一條透明的數據管道，」威廉森說：「這是電信業者從來沒有提供給任何人的東西。直到當時，無線通訊應

用協定還是主流。」

　　電信業者在意網路的狀況勝過裝置本身，念茲在茲的是速度而非品質。「電信業過去習慣主動過濾內容，所以他們會做一些事情像是，如果你想要顯示一張圖片，他們會把那張圖片轉檔成解析度比較低的照片，這樣它會變得比較小，也比較快送到裝置上。」威廉森說：「所以我們跟 AT&T 經過大量談判，讓他們同意提供乾淨的管道。這現在已經變成所有合約裡的事實條件。」他們也必須和 AT&T 談判取得永久連接（persistent connections）的保證。「沒有永久連接，你就做不到像『通知』這類功能，而 iMessage 也會變得更加困難許多。他們說：『不行，我們不能做永久連接！我們有幾百萬台裝置啊！不行，不行，我們不能做這個！』」

　　他們做了。「這一項也進了合約裡面。我們想要帶著他們脫離一種心態，你知道他們會這樣，就是『我們想要你付錢買手機鈴聲，付錢買簡訊服務』。我們帶著他們面對現實，明白『這就是一台需要 IP 連線的電腦，我們要的是 IP 連線跟所有你可以連到的東西』。就是這樣，從一台裝置可以實際發揮當代智慧型手機的作用來看，這很重要。」

　　難以言喻這是個多麼具有決定性的發展。是否記得 iPhone 問世前的手機，如果你使用打電話以外的功能，就會看到電話帳單因為簡訊、手機鈴聲和下載遊戲的費用而水漲船高。AT&T 是具有前瞻性思考的公司，不過他們也很在意自己的營運模式，威廉森說：「事實上，我們讓他們傷筋動骨了，再也沒有人想要為了簡訊或電話鈴聲付錢。可是，他們成為 iPhone 的獨家電信業者，

也確實獲利很大。所以這是個雙贏局面。」

值此同時，賈伯斯擔心電信業者會提出又厚又重的規格書也應驗了。威廉森還記得為了這些問題跟 AT&T 以及他們的技術人員沒完沒了的開會。「他們會帶著這些規格書來，說：『我們必須用這種方式做，我們必須支援那個。』而我們說：『不行！不行！不行！』最後我們大獲全勝。走到這一步真的很辛苦。」

想想蘋果公司聘了一位專案經理來專門管理與電信業者的關係，就知道這些協商對專案來說有多麼重要。「那時，他的團隊規模跟軟體團隊一樣大。」威廉森說。

觸碰的硬連線

接著當然就是硬體了。法戴爾開始從公司內部招兵買馬，又因為高度保密條款大多適用於使用者介面和工業設計團隊，所以他也能聘請新的工程師和第三方供應商。

「我們必須讓各式各樣的專家參與進來，請第三方供應商來幫忙。」他說：「我們基本上必須造就出一家做觸控螢幕的公司。」光是為了做多點觸控的硬體，蘋果公司就用了幾十個人。「團隊本身只做觸控就有四十到五十人。」法戴爾說。需要被製造出來的觸控感測器尚未在市面上廣泛供應，而他們找到一家可以大量製造的台灣小公司宸鴻，該公司主要靠著這一紙合約的威力，迅速成長為一家數十億美元的企業。這只不過是觸控而已，他們還需要 Wi-Fi 模組、多重感測器、一種客製化的中央處理器、一塊合適的螢幕等。這份清單多到累人的地步。

「而且每一項都困難重重，」法戴爾說：「凡此種種，加起

來就是一場登月壯舉，跟阿波羅計畫一樣。」

拜 ENRI 小組以及蘋果在 2005 年收購的 FingerWorks 成員之賜，公司掌握了技術。「我們有基礎科學，關係在於擁有對的晶片技術專家、對的製造技術，但是問題在於，我們能做好調整，讓手機在不同的環境下都能運作嗎？」法戴爾這麼說。比方說：「我們遇到冒汗的問題，會讓手機當掉。還有我們在最後一刻從塑膠切換到玻璃，打了一記曲球。」

因為他們想要在一台小小的裝置上跑麥金塔等級的軟體，所以硬體上的限制是很可觀的。「每樣東西都必須優化到最佳程度，」格里尼翁說：「所以我們自己做晶片。」

而負責無線電的資深工程師格里尼翁有了一個超乎尋常的繁重任務。「把無線電放進一台手持式裝置裡，是我們以前從沒真的做過的事情。」他說。他們實驗過 iPod 手機，可是從來不曾嘗試把某樣東西發展到準備推出大眾市場。「因為隔絕材料的關係，我們必須自己設計天線，而這是有它自己的一套技藝跟學問的。」建造與測試那些能運作無虞的天線，非常的耗工。

凡此種種，格里尼翁說，全部兜在一起會把人搞瘋。「從最根本的硬體層次來看，每樣東西都是新的。」

在全新的中央處理器上運作的全新作業系統，用來跑跟全新硬體介接的全新應用程式。「想像你是一個開發人員或測試人員，而系統當掉了，」格里尼翁說：「『喔！真是的！程式當掉了。程式為什麼會當掉？』問題可能出在整個系統堆疊的任何一層，一路往下到矽的層次。我是說想想看，想像一整個矽片就可以打壞一鍋粥，因為它是新的東西。我們會有真正的中央處理器

錯誤或編譯器錯誤,因為我們是在打造給一個不一樣的指令集用的作業系統。或者我們的程式碼裡其實有個合規故障,應用程式裡的一個邏輯錯誤。這真是一場噩夢!」

把我們輸進去吧

曾有一度,iPhone 有機會宣告 QWERTY 鍵盤排列法的死刑。

「我們有個激進的想法,就是不用實體鍵盤,」威廉森說:「事後看來顯然做對了。可是那時候,我們都非常擔心。」因為當時搭載實體按壓鍵盤的黑莓機正大獲成功,而害怕造成另一個牛頓電腦式輸入失敗的心理氣氛也很濃厚。「我們都有這種恐懼,你知道,牛頓災難。」甘納杜拉說。

在 1990 年代,牛頓電腦毛病多多的手寫辨識軟體處處遭人嘲諷,連《辛普森家庭》(The Simpsons)都有一集拿這台裝置開玩笑。有個惡霸告訴另外一個惡霸說:「在你的牛頓電腦上備註『海扁馬丁』(Beat up Martin)。」那台裝置讀不懂輸入訊息,結果吐出來的字是「吃掉瑪莎」(Eat up Martha)。因此,「吃掉瑪莎」成了工程師之間的警世箴言,經常在紫色宿舍裡傳誦。

為了確保使用裝置的人能夠跟螢幕上的物件正確互動,工程師們定出一個「最小打擊範圍」,也就是某樣東西可以小到什麼程度,還能對笨手笨腳的手指頭做出可靠的回應。「你放在螢幕上的任何東西,都必須跟那個尺寸一樣大,否則很難用,你會製造很多錯誤出來。」威廉森說。可是,考慮到他們正在做的手機螢幕尺寸,QWERTY 式的虛擬鍵盤毫無可能,按鍵太小了。「所以我們有了這個大難題。事實上,我們早期的原型機慘不忍睹。」

它一直觸發錯誤的按鍵。「一開始的時候運作的不太好，」奧爾丁說：「這是個重新思考如何輸入文字的好時機。因為QWERTY排列法是基於老式的打字機，排列順序有點奇怪。但另一方面，大家都知道它怎麼用。這是為什麼我們會做別的實驗，有很多探索在裡面的原因所在。」

QWERTY鍵盤排列法是以左上起算的字母順序來命名的，原本意在降低效率。如此設計的目的是要避免十九世紀的打字員敲擊鍵盤的速度太快，導致早期的打字機卡住。這個排列法為人所熟知，只要知道怎麼用打字機打字，便能輕易地轉換到電腦鍵盤，確實因為如此，它存活超過百年之久，儘管有效率更好的鍵盤布局被提出來，譬如德弗札克法（DVORAK）幾乎完全證明可以提高打字速度，但原來的排列法仍然屹立不搖。而展望一種無鍵盤的全新觸控平面，開啟了重新想像如何輸入文字的可能性，也使人有機會打破由來已久的鍵盤布局。

當然，對一台絕大多數功能必須仰賴文字輸入的裝置來說，好的鍵盤攸關成敗。因此，設計師和工程師必須發揮創意。

「我們中斷一般性開發工作，」威廉森說：「鼓勵任何想做的人去寫個鍵盤。那是一段蠻有趣的時光；我們全都壓力超大的，但是能自由地去做你想做的事情，知道不一定要做得成，是一種很好的情緒轉移。我們肯定花了兩個星期搞那件事情，聽起來不是很多時間，可是對這個團隊來說算久了。」

有人提議和弦式鍵盤，把螢幕分成3乘3的格子，供使用者觸碰其中兩個格子來選擇輸入某個字母。「我們有泡泡鍵盤給你點選跟滑動，」威廉森說：「你點擊螢幕，就會跑出有四個字母

的跳出視窗，然後你可以滑一下你想要的字母。」

　　新的演算法會經過測試，而新布局也會被全部拿來檢視一番。任何激進的文字輸入新想法都有人提出。

　　「很多人都在思考，『想做什麼都可以』，」奧爾丁回憶說：「可以讓你在按鍵上掃過去，或敲擊兩次，或一大堆這類的變化都有。也有根據按鍵或字母的使用頻率所做的不同排序。」新的鍵盤布局可能需要一點時間學習，但終將證明有更高的效率。「我們想盡辦法提出各種版本，讓按鍵看起來大一點，或是做個可以讓你循環切換字母的多重點擊式按鍵。」

　　「和弦式鍵盤恐怕是最瘋狂的一個了，」威廉森說：「其中一個長得像鋼琴鍵盤，你可以在鍵盤上彈奏字母。」另外一個鍵盤極為神似「塗鴉」（Garffiti），也就是命運多舛的牛頓電腦所用的那個飽受詬病的輸入技術。「我們有個塗鴉式的鍵盤，很早就被賜死了。」

　　團隊建立一個網站用來匯編鍵盤設計，一個叫做肯·柯西安達（Ken Kocienda）的工程師「贏得」競賽，最後出線領導鍵盤專案。

　　根據威廉森的估計，他們開發出大約半打替代輸入法。他們甚至還設計出一些方法，利用簡單的學習性電玩，去介紹這個對使用者來說全然陌生的全新鍵盤布局。「我們想到一種做法，把這個教你如何使用鍵盤的遊戲內建在手機裡。有些遊戲是你要在特定時間內輸入字母，它會倒數計時。或是你可以炸掉某個字詞裡的字母。一些好玩的小遊戲。」可是，賈伯斯不覺得有趣。

　　「我們把所有的東西都秀給賈伯斯看，他全盤否決。賈伯斯

想要人們馬上可以懂的東西。」威廉森說。他們難以擺脫次佳的鍵盤布局，理由就跟半個世紀前轉換到電腦時一模一樣：熟悉度。「當大家在店裡拿起這支手機時，它必須是一個能被馬上認得、立刻上手的東西。這是我們為什麼會回到 QWERTY 鍵盤的原因，而我們加了一大堆的智慧在裡面。」

這些智慧可以發揮關鍵作用。「大家以為我們做出來的鍵盤沒有什麼精巧之處，但事實上它超級精巧。」威廉森說：「因為每個按鍵的觸碰區域都比最小打擊範圍還要小，所以我們必須寫出一堆預測演算法，去考慮到你可能打出來的字詞是什麼，把和那些字詞相應的接下來幾個按鍵，以人為的方式擴大打擊範圍。」

當你敲擊某個字母，預測軟體就會去猜測你接下來要敲擊哪個字母，然後加大你的最小打擊範圍。因此，如果你打了 H，那麼 I 和 E 周圍的打擊範圍就會被拓寬，使鍵盤的容錯率更高。有了那些演算法的幫助，鍵盤的效能也改善了。

還有一個方法可以判斷鍵盤的重要性：它是整個專案中，唯一跳脫核心團隊進行使用者測試的部分。

「我們太擔心鍵盤的正確性了，所以我們把沒有做軟體但是知道這支手機的每一個人都找來做可用性測試。」威廉森說。這一度被棄置的使用者測試實驗室，是為 iPhone 種下樹苗的所在地，如今終於回歸原本用途。

鬥陣俱樂部的第一條規則

大門深鎖的紫色宿舍裡熙熙攘攘。「時間永遠不夠，人永遠

不夠。」拉米雷斯說：「大家做得非常辛苦。」

　　他們會增加人手，可是速度緩慢，主要是因為賈伯斯和福斯托要求保密的關係。使用者介面（UI）是他們最有價值的資產，除非是 P2 團隊的人或經過賈伯斯明確核可，否則無緣得見。最早的時候，紫色人只有一小群。「包括繪製像素的 UI 設計師在內，只有不到十五或二十個最重要的人可以看到 UI。」格里尼翁說。他身為硬體團隊的成員，一開始的時候也被禁止不准看。

　　只要賈伯斯不在，P2 團隊不能增加任何工程師，即便從蘋果內部徵召，或即便這些人有意願，也都不行。管理階層把那些已經獲得核准的人叫做「UI 解禁者」（UI-disclosed）。

　　在紫色宿舍內，工程師忙到無暇思考安全性措施的事情。

　　可是在宿舍外，這棟明顯警戒森嚴的建築，對公司其他人散發出某種排斥的氛圍。「它根本就是被一道金屬大門給封鎖起來了，很古怪，也讓人感到不安。」一位 iPhone 團隊成員這麼說。「賈伯斯愛搞這套，」格里尼翁說：「他喜歡劃定分隔線。可是，對不得其門而入的人來說，感覺很不是滋味。大家都知道公司裡的大咖有誰，當你看到他們全都慢慢的從你那個領域被拔走，放到一個你進不去的隱密大房間裡，那種感覺很差。」

　　如果有紫色團隊以外的人被叫進去處理技術問題，可能顯示使用者介面的螢幕會被蓋上一塊黑布。「叫工程師隔著一塊布解決問題，真得是很瞎。」格里尼翁這麼說。依此邏輯推斷，AT&T 的人也從來沒能看過手機，確實沒有，他說：「從沒看過。他們是我們在舞台上展示的時候，才跟著大家一起看到的。」

　　然後是賈伯斯。

　　「大家很怕賈伯斯，」杜爾告訴我：「基層員工怕他怕到像什麼似的，連蘋果的中階主管也畏懼他。這像是一種個人崇拜。他從走廊那邊走過來，我一看到他就馬上閉嘴，」杜爾說：「大家更在意跟賈伯斯互動的反面效果，勝過得到什麼潛在好處。我並不想把這個環境說得好像集中營似的，可是明顯有一股恐懼、疑神疑鬼的強大暗流，團隊跟賈伯斯互動時肯定有一部分是這個情緒，這是確定的。」

　　賈伯斯確實會向紫色宿舍以外的其他部門尋求構想，他只是沒有告訴任何人，他們做的是什麼東西。艾比蓋兒・布洛迪（Abigail Brody）是當時領導專業版軟體（Pro App）團隊的創意總監，她被要求去做一個神祕專案，一個叫做「P2」的東西，「他們告訴我，『妳去做一個多點觸控專案』，」布洛迪說：「他們給我一台多點觸控的原型機，比 iPad 小一點點，可是比傳統手機更大台。非常粗糙拼湊起來的東西，如果我沒記錯的話，它是預先錄製好的，讓我可以去體驗手勢的感覺。」他們想要她設計出一個使用者介面、一個健康管理 app，還有其他東西，可是沒有告訴她的團隊太多資訊。「我們完全沒有線索，」她說：「我們只是被告知，這裡有個清單元件跟一張主選單，我們需要一個藝廊，還有這個跟這個，蠻模糊的。他們唯一沒提到的事情，就是手機。」

　　同時，被點名做各類 iPhone 元件的第三方供應商也會得到錯誤的示意圖，讓他們以為這只是在做另一回合的 iPod。而 iPhone 團隊的成員跟供應商開會時，也會假裝成其他公司代表，避免傳出謠言。每個人都要簽署嚴格的保密協議，明文規定如果洩露相

關資訊就會被解聘。

「整個經驗讓人感覺你好像忍者，你不存在，」一位 iPhone 設計師說：「就是武士那一類狗屁倒灶的奇怪事情。」

有時候，新進成員必須先簽署一份初級保密協議，同意他們如果不想簽下一份保密協議的話，也絕不會談到它的存在。「必須這麼努力的神神祕祕，總是讓人覺得很奇怪。」奧爾丁說。打從一開始，他就被告知專案必須保密，連自己人機介面團隊的其他人都不可以知道。

拒人於外，使部分員工覺得洩氣，有些人則感到鼓譟不安。尤其那些在 iPod 團隊裡的人，他們的任務是要幫一台裝置打造硬體，可是他們不允許看到軟體。他們必須做個假的作業系統，才能實際進行測試。

「我們就是在這個時候發明出 skankphone，那是蘋果公司集多疑和政治化之大成的排他性效應。」格里尼翁說：「skankphone 就像個小丑布滿整個螢幕。它是長相最差的撥號機，它可以發訊，功能一應俱全，可是品管人員能用的就是這個了。它的核心還是建構在 iOS 之上，不過上面沒有一個是真正的 UI 工具集。AT&T 的人跟我們自己的品管人員可以用它來測試，可是你知道，這個計畫裡有八成的人不能看到即將搭載在手機上的真正 UI。」

福斯托堅持 UI 保密，讓才剛剛升上資深副總的法戴爾日子很不好過，他是團隊裡唯一獲准看到軟體的人。「福斯托很有技巧地在賈伯斯面前搬弄是非，製造多疑的氣氛，把事情搞得超級保密，也把法戴爾排除在外。」格里尼翁說。

保密防諜的氣氛正滲透到蘋果的一般文化裡，導致友情破裂，也阻礙手機的實際進展。

甘納杜拉和格里尼翁曾經也仍然是好朋友。我在矽谷四處進行大量採訪時，曾經到半月灣（Half Moon Bay）去見格里尼翁，我們倆在一間海邊酒吧聊天。隔天，我和甘納杜拉約在帕羅奧多的一間墨西哥小館共進午餐，我告訴他，前一天我才剛見過他的老友格里尼翁，他託我帶句話。甘納杜拉打斷我。

「他是不是叫我回家吃自己？」甘納杜拉咧開嘴笑著說。確實如此。「是喔？下次你看到他，一定要幫我把一樣的話回給他。」看吧！這就是朋友。不過，格里尼翁告訴我，在 iPhone 時期他們共事的情況是這樣：

「離開現場大家也許是好兄弟，可是一碰到工作，什麼情況都會發生。我可能必須做些骯髒事，很糟糕。曾有一段時間，你知道，甘納杜拉跟我到現在都是好朋友，撇開所有那些鳥事，我當他是很親密的朋友，我喜歡跟他一起廝混。可是那個時候，我會毫不猶豫地抓他來墊背，或是若我覺得稍稍折磨他一下或讓他日子難過一點，有機會對我們有幫助的話，只要一點壓力下來，我就會這麼做。他也會對我做同樣的事，我知道。不過之後我們會出去喝一杯，抽根菸之類的，就沒事了。」

格里尼翁加入 iPod 團隊以前，曾經和甘納杜拉、赫茲以及現在加入紫色團隊的其他成員密切合作。他們過去向來會一起吃午餐，「我們會對正在做的東西發發牢騷，寄個郵件或 iChat，也會幹醮別人，這樣很酷。」可是在開發 iPhone 的過程中，氣氛變了。

「午餐時常常出現對峙的局面。我們還是有一起吃飯的老習慣，他們會在講話的時候夾雜一些代號，說『你覺得 XYZ 怎麼樣』。我問說『那是什麼東西？』他們一副『我們不能講』的樣子，」格里尼翁：「有段時間變得很奇怪。非常消極抵抗的感覺，就看誰能守住什麼樣的資訊，有時候我們就是安靜的坐著吃東西，隨便聊聊，可是很明顯的，我們都等不及想脫離那個環境。這些人也是我的朋友，而我不應該對朋友有話實說嗎？真的有夠奇怪。」

直到今天，只要話題轉向 iPhone 的政治問題，法戴爾就會有滿腔的惱怒。「政治真的很難搞，」他說：「而且隨著時間更加惡化，被賈伯斯搞得愈演愈烈，因為他不想讓 UI 被硬體團隊的任何其他人看到，所以才會有那個半診斷式的作業系統介面。氣氛超級保密的，也讓另一個團隊變得大膽妄為了，結果什麼事情都要申請核准，這真的是造成兩邊很大的嫌隙。」

做 iPhone 硬體的團隊和設計軟體的團隊明顯不合。「團隊不想一起合作。或他們只想怪罪對方，」法戴爾說：「不對，事情不是這樣做的。」用這種方式打造產品相當了不起，尤其是一個軟硬體如此緊密強力整合的產品。到了最後，保密作風導致太難有任何重大進展。

「荒謬到了極點，」格里尼翁說：「我說我們沒辦法有進展，因為不能拿實際的 UI 來做，所以進度很慢，所以法戴爾直接跑去找賈伯斯說：『聽著，我需要讓格里尼翁來看 UI。』福斯托會爭辯，然後讓步。法戴爾交涉成功，說：『如果不能至少讓我們的核心成員看到它，我們真的做不出產品。』很可笑吧。」

　　這個舉動促使賈伯斯多核准了大約五個人加入 UI 解禁清單，而令人驚奇的是，福斯托也拿它當藉口，核准自己團隊裡原本無權接觸的人加入清單。蘋果的保密作風失控，格里尼翁說，最終傷害了專案。

　　「常常，它只是隱藏在『噢！蘋果又再搞神祕了；噢！那些傢伙。』這類評語底下，但這樣很蠢。」格里尼翁說：「即便在純粹都是偏執蘋果人的空間裡，也還是很蠢，而政治就是在這個地方趁虛而入。不搞政治能做出好產品嗎？我會說可以。我認為搞點政治是好的，可是它確實會在開發過程中造成過度負擔。通力合作可以做得更多。」

工業設計部門

　　打從這支手機肇始以來，一路上每一步都有工業設計部門（ID）的參與：克爾在 ENRI 討論會議中是個有影響力的參與者；負責版型設計的工業設計部門，曾經助攻 iPod 的聲勢一飛沖天，使之大受歡迎；而打從一開始，高階主管如麥克・貝爾也曾經拿出很多工業設計原型，主張蘋果做手機應該會成功。

　　那麼，最早已知由艾夫所繪製的觸控螢幕設計草圖，與最後實際推出的 iPhone 螢幕極為神似，也算適得其所。

　　「我們有些早期關於 iPhone 的討論，」艾夫說，把構想都集中在「這個無邊際的池子，這一窪水塘，顯示畫面會從裡面神奇的浮現。」從最早的討論可知，重心放在烘托螢幕上面，如他所說的，任何東西都要臣服於顯示畫面。

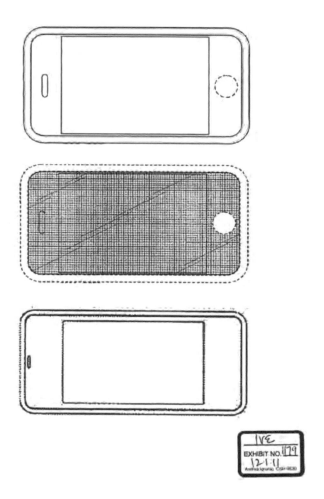

早期那些關於神奇未來的討論，都是圍繞著一張普通老餐桌而發生的。約莫十五個工業設計師，包括艾夫、克爾、理查‧霍沃斯（Richard Howarth）、尤金‧王（Eugene Whang）、西堀晉（Shin Nishibori）、薩茨格和克里斯多福‧斯金格（Christopher

Stringer）等會定期開會。「我們帶著素描本坐在桌旁交換想法，」
斯金格說：「非常嚴格、冷酷、誠實的批評，都是在這張桌子上
提出來的。」

　　工業設計團隊做出數不清的設計版本，被拿來討論、檢驗及
否決。靈光乍現，然後消失。曾經，西堀被指派研究看看索尼正
在做什麼，他出於好玩，以這家日本公司的風格做出一個 iPhone
的設計模型，還開玩笑地放上一個叫做 Jony [3] 的標誌。

　　有兩種概念勝出：第一個是斯金格以鋁製外殼的 iPod Mini
為靈感所提出的設計，被叫做 Extrudo。這款設計以擠壓鋁所製
成，擁有尖硬的邊和比較小的螢幕，給人一種積極俐落的感覺，
看起來有點像 iPod 和電動刮鬍刀的混合體。就跟 Mini 一樣，它
可以用陽極氧化後的鋁來製成各種顏色。另一個是霍沃斯的設
計，叫做 Sandwich，屬於方型圓角的造型，以兩塊塑膠加上一片
環繞機身身長的金屬帶所製成。

　　工業設計部門也不准看到使用者介面，所以他們把卡通版的
應用程式貼紙貼在裝置的螢幕上。不出所料，眾所周知艾夫喜愛
鋁材，所以團隊傾向於選擇 Extrudo 模型。此外，蘋果已經有工
廠可以產製手掌大小的鋁製 iPod，一旦進入量產供應階段，也不
會過渡的那麼痛苦。Extrudo 是工業設計部門第一個送到硬體部
門去製造的設計。

　　「我們做兩種不同的版型，」圖普曼告訴我：「第一個就像
一台很大的 iPod Mini，被栓進一根鋁管裡，然後裁切出螢幕。」

---

[3] 譯注：Jony 是工業設計團隊的老闆艾夫的名字。

　　「我們做出可以運作的原型機，裡面有電子元件，」圖普曼說：「它很美，艾夫把這些東西做得很漂亮，可是它有尖硬的邊。」任何拿來測試的人都會對這些尖硬的邊緣感到困擾。很遺憾，Extrudo 放到臉上並不舒服，對手機來說是相當嚴重的失格問題。

　　同時，以堅實的金屬包覆的手機，幾乎不可能傳遞訊號。兩位蘋果的天線專家菲爾‧科爾尼（Phil Kearney）和魯賓‧卡巴萊羅（Rubén Caballero）工程師，有一次和賈伯斯及艾夫在大會議室開會時，不得不告知這個壞消息。「不容易解釋，」科爾尼說：「大部分設計師都是藝術家，他們最近一次上科學課是在八年級的時候，可是他們在蘋果的權力很大。所以他們問：『我們不能做個小小的切口讓無線電波穿過去嗎？』而你必須跟他們解釋為什麼不行。」

　　所以，團隊試著同時照顧到堅硬的邊緣和無線電的問題。「我們做了一頁又一頁堆積如山的設計，想盡辦法不讓天線破壞設計，也不要把放在耳邊的東西做得太硬太刺等，」薩茨格說：「可是似乎所有增加舒適感的解決方案都會傷及整體設計。」

　　最後，賈伯斯決定把它賜死。「我前一晚沒睡，」他說：「因為我發現我不喜歡它。」他說，他覺得這個設計太陽剛了，並沒有臣服於螢幕。「我記得當他提出這個觀察的時候，我覺得十分難為情，」艾夫說，他馬上認同賈伯斯是對的。

　　「艾夫和賈伯斯有一天決定說：『我們需要重來。』」圖普曼愉快地嘆了一口氣，說：「所以我們必須重做第二個出來。這是一件完全正確的事情，不過也很有挑戰性。」Extrudo 胎死腹

中之後，團隊短暫地轉向霍沃斯的 Sandwich 設計。可是那些原型機太胖太醜了，所以工業設計團隊把它們束之高閣，直到晶片與機械可以適當的瘦身，才推出以這個設計為基底的 iPhone 4。

　　他們最後選定一款比較早期的設計，看起來很像團隊最初的構想。無從得知這些靈感最終從何而來，不過可以公允的說它們也是來自四面八方，從第一代 iPhone 的設計專利所提出的引證，便可見端倪。團隊得到最早的其中一個 iPhone 設計專利中，第一個引證的是 1944 年一位墨西哥籍醫生荷西‧烏加爾德（José Ugalde）取得專利的繪圖板。關於此人的作品留存的紀錄不多，除了兩篇存檔的報紙文章，內容談到一台他在去世前不久發明的造雨「離子」機，和這個影響 iPhone 的繪圖板。

　　「以 iPhone 這樣的東西來看，一切都要臣服於螢幕，」艾夫說：「我們在這個產品身上所下的很多工夫，就是把設計拿開。而我認為基於這種理由來發展造型時，它們就不只是什麼任意的形狀，感覺幾乎是自然而然的結果，彷彿未經設計似的。它讓人覺得：當然就是這個樣子，怎麼能是其他樣子呢？」

工程小學堂

　　圖普曼有個不值得欽羨的工作：帶著小小一組過勞的隊員，協調前手機時期反覆多變的硬體工作。「我的團隊要負責手機裡所有的電子系統，你知道，無線射頻系統、行動通訊研究小組系統、Wi-Fi、應用處理器、影音解碼器、相機、音頻和喇叭等等諸如此類的東西，而團隊規模其實蠻小的，」圖普曼說：「六個人？差不多是這樣。」一位前任蘋果高階主管說，圖普曼是

iPhone 硬體大業的「英雄」。

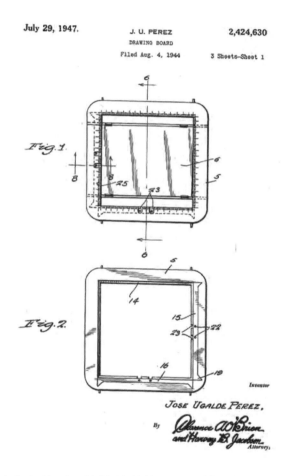

圖普曼來自英國，愉快的神態、深厚的工程及邏輯知識相得
益彰。他來到蘋果成為打造 iPod 的驅動力之前，曾經在摩托羅
拉做過一支夭折的智慧型手機。他渴望接受做 iPhone 的挑戰。
首先，這是個無止盡的空間戰爭，賈伯斯和工業設計團隊已經希

望手機盡可能纖瘦。「我們一直以來就是這樣做 iPod 的，『輕薄才是時尚』是我們的教條。」圖普曼說，這一點經常在造型與功能之間不斷形成爭端。「我們能讓電池續航的夠久，」圖普曼說：「而且把手機做成艾夫想要看到的樣子嗎？」

法戴爾說，打從一開始，艾夫就在推動把 iPhone 身上的耳機孔和 SIM 卡插槽移除。「我們得費盡心力，才能確保最早的第一代 iPhone 的 SIM 卡不會被拿掉。」法戴爾這麼說。

艾夫努力的把手機做得盡可能薄，有助於區隔競爭者，可是也需要很大的功夫。「我的意思是，我們可以讓它厚一點點，增加電池的壽命，」圖普曼說：「你是在方寸之間錙銖必較。每一微米的厚度、每一平方毫米的厚度和面積，你要盡可能的發揮創意，把它做出來。」

電池身上的焊錫

也是因為纖薄的關係，iPhone 帶起一股讓許多人哀嘆的潮流，推出很難或不可能移除電池的手機。「我過去的經驗是，只要有接頭，就會出問題。」圖普曼說：「電池是你的主要電源，如果你的線路有任何電阻或阻抗，尤其是 2G 無線電系統，就會消耗電池的安培數。只要線路上出現任何阻抗，就會使整體效能變差。所以焊接是把阻抗降到最低的最好方法。它不會像接頭那樣，隨著時間惡化。」

他又說：「我們的使命不是『做出一支可以修理的手機』，而是『做出一個可以推出市場的偉大產品』。我們不在乎電池可不可以移除，我們從來就沒做過任何可以移除電池的 iPod。所

以，當你是做這類東西的新手時，你不會有包袱。我們也全都很天真，一點都沒有手機工程師的樣子。」

他們必須做的一個最大決定是不做 3G，因為晶片組太大、太耗電，而且他們決定把延長電池壽命當成第一要務。「納入 Wi-Fi 讓我們感到很驚訝，不過它為我們大大加分，」圖普曼說：「還沒有人真的把 Wi-Fi 放進手機裡。」

「工作很辛苦，每天都有幾千個問題等著我們努力解決。」

「我們每兩個禮拜開一次跨部門會議，有賈伯斯、艾夫、庫克和所有營運團隊，加上我們自己，我跟法戴爾以及其他 iPhone 領導者。我們坐下來一個一個檢視所有的問題。」圖普曼笑了起來：「賈伯斯討厭這個，他討厭進度會議，他會被它們搞瘋。他討厭聽到問題，最好問題都能通通解決掉。你必須告訴他：『噢！我們擔心這個。』不然的話，過兩個禮拜你跟他說：『這東西行不通。』他會說：『你怎麼沒告訴我？』所以，你要說多少才能做到充分告知，又不要講到讓他覺得無聊洩氣，像掉入迷魂陣中，這兩邊要拿捏好分寸。」

三星的助力

而在這當中，有一個問題是他們沒有中央處理器。他們並沒有敲定一個可以作為 iPhone 大腦的晶片，而這個細節很重要。「到了 2006 年 2 月的情況是，我們想：『我們必須在一年內推出產品，可是我們沒有主處理器。』」圖普曼說：「我們甚至沒有一個開發主處理器的時間表，我們到底要怎樣把這東西生出來？」

運氣不錯，硬體團隊才剛剛跟幫 iPod 做晶片的三星開過會，

法戴爾問他們有沒有內含 ARM 11 的主處理器。他們有，是給電纜箱用的晶片，但是規格是對的。

「所以我們說：『太好了，我們想要拿它來修改，我們想要這樣做。』」圖普曼說：「『還有，動作要很快。』我們說：『我們五個月內就要拿到晶片。』」開發晶片一般需要一年到一年半的時間。「而我們想要使用最新的處理器技術，然後在五個月內就拿到第一個樣本。」

當然，三星從來不曾被告知晶片是做來給 iPhone 用的，不過 iPod 已經是門大生意，蘋果公司又是重要客戶。「三星就翻天覆地的把它給做出來，」他說：「我的意思是，他們使盡吃奶的力氣。他們把團隊帶到蘋果總部，我們跟在韓國的工程師們通力合作，把事情全部搞定。」由於蘋果連晶片的設計都還沒完成，所以當時工程師是跟三星進行緊密的協同作業。「意思是，我們在開發規格的同時，他們也在開發晶片。」

「說實在的，如果沒有三星在這一塊幫我們的話，iPhone 無法照時程推出市場。」

iWork

紫色宿舍的緊張氣氛高漲。爆發相互的叫囂爭辯，敵意慢慢滲出，每個人都處在巨大壓力中，加上還有一個出自更為原始本性的壓力放大因子。

「空氣很臭，」威廉森說：「因為我們不管什麼時間都在那裡。」門邊堆積著腐壞的食物；整個地方瀰漫著汗臭和剩菜剩飯的混合氣味。有個比較年長的工程師會趁著休息時間去跑步，然

後把汗濕的衣服留在辦公室裡。

身處在臭味之中，而專案的要求也如所承諾的吞噬 iPhone 人的生活。度假和節日都泡湯，陪產假顯然也絕無可能。

「非常緊繃，」威廉森說：「我那時才剛結婚。我有三個 iPhone 寶寶。第一個剛出生時，我去了醫院，然後又跑回去工作。我沒有請任何陪產假。然後生另外兩個小孩時，我好像請了兩天假。是啊！很緊繃，非常緊繃。」

工程師在紫色宿舍沒日沒夜的工作，不是留宿在那裡，不然就是深夜時分才搖搖晃晃地步出總部。「我記得走廊總是暗的，因為我們有太多次留在那裡直到晚上。」一個工程師這麼說。

無數個挑燈夜戰和無止無盡的程式編寫工作，有些人感到振奮，也些人感到不快。這牙牙學語的 iPhone 耗盡人的心力，也侵蝕了人際關係。

「回頭想想這段經歷，不是什麼讓人開心的事，」格里尼翁說。他一週工作七天，經常感到緊張，而且胖了將近23公斤。「對已婚的人來說更是辛苦，」一位工程師說：「很多人離婚。」

隨著專案展開，情況只會雪上加霜。

「座位始終是個問題。我們辦公室的人數必須加倍，氣味就更糟了，」威廉森說：「大家晚上會睡在那裡，不是睡正式的床鋪，而是睡在沙發上或吊床上，睡起來很不舒服。」

「我們有一大串的問題要處理，」圖普曼說：「每個人都工作的很晚，做到三更半夜。無時無刻不在努力。沒有人能去度假，你知道，我在這段期間結婚了，直到隔年才去度蜜月。」如果你在蘋果工作，一年三百六十五天，一天二十四小時都要待命。「你

沒有假期，你沒有節日，這些通通沒有你的份。」

　　在 iPhone 式過勞的傳說中，最有名的莫過於發生在軟體工程師懷特身上的故事。他整個星期六早上都在上班，到了下午，他正收拾東西準備離開，那天是他兒子生日。產品經理沃拉斯看到他要離開，問他是否打算參加晚一點排好的會議。他說沒有，她便開始臭罵他：「你以為我們想留在這裡？」據說她是這樣說的：「我也有小孩！」他們在走廊上爭執起來，沃拉斯氣呼呼的走開，甩上辦公室的門，因為太用力了，門把被弄壞，把她鎖在屋內。福斯托找了一根鋁棒破門而入，才把她救出來。

　　「安全人員來過之後，」威廉森說：「大家又回到工作上。」

　　iPhone 的團隊成員說，那個時候就是這樣。在馬拉松式的工作會議中，摔破門和吼叫抓狂不過是曇花一現。

　　「事後回想，代價不難衡量，」克里斯帝說：「你在做這件事情的時候，就是這樣做下去了。把自己完全投入進去出奇的簡單，而生活其他部分可能就這樣被犧牲掉了。我也說不上來為什麼。曾有一段時間，這是我們生命中很重要的部分。家庭、個人健康、身體健康，都被拋到一邊。」

＊　　　＊　　　＊

　　沃拉斯是 iPhone 史上另一個極端人物；在我採訪的過程中，她不只一次被人叫做戰斧，只是有次加上了「有好有壞」這樣的修飾語。她是推動事情前進的人，可是據說用錯方法，讓人惱火。那麼，讓我們暫停在此，談一談這個專案裡巨大的性別差距。曾有一段時間，iPhone 在設計、工程或開發過程中，完全沒有女性

的參與。格里尼翁說，性別斷裂終究反映的是整家公司的現況，可嘆的是，當時這是產業的典型現象，女性的比例只有10％到15％，而且其中還包括了品管與行政職位。iPhone專利上所有的名字都是男性。創意總監布洛迪不在UI的解禁清單內，可是她說她有部分工作成果被整合到手機的外觀與感覺中。

對團隊裡的少數族裔來說，這裡的工作環境偶爾也會讓人感到不舒服。有個iPhone人無意間聽到另一人談到難得下班後的活動，說了些大概是「你想在什麼時候碰面？在我這邊（hood）[4]還是你那邊？」這番話引起一位經理的非難，告訴他說「我們這裡不這樣說話」。當這位不是白人的iPhone員工出言抱怨，據說他被iPhone軟體計畫的最高主管[5]找去進行一次極其詭異的談話，告訴他說他了解他的出身，因為他自己最具有轉化性的一次經驗，是在史丹佛大學的一場音樂會上看「全民公敵」（Public Enemy）[6]的表演。

既然iPhone已經獲得如此巨大的成功，就值得好好思考一個事實，亦即這個裝置是由幾乎全為男性，其中大多數是白人的團隊所創造的。對於這說不定是史上最重大的個人運算典範轉移，任何可能施加於其上的設計偏見，不管多麼無心，其效應都難以估量。又儘管這個裝置是由蘋果品質確保部門的女性所測試，但設計與開發的選擇，是依從於男人的手在螢幕上的感覺而做出來的，是他們的指印，塑造出從版型到螢幕操控的種種一切。

---

[4] 譯注：非裔族群會用hood來形容該族群聚集的地方或他們的家裡。
[5] 譯注：這位最高主管也就是福斯托。
[6] 譯注：全民公敵是嘻哈音樂的天團。

＊　　　＊　　　＊

　　若說之前的工作很緊繃，那麼之後更是每況愈下。時間到了
2006 年 10 月，手機公開亮相的僅僅數月之前。很多工程師並不
知道，賈伯斯的目標是在 2007 年 1 月份的 Macworld 大會上揭開
iPhone 的面紗，計畫就是這樣，但他遇到一個問題：他們的主要
晶片發生慘不忍睹的錯誤。

　　「現在的晶片基本上是軟體，」格里尼翁說：「你做一片新
的矽晶片時，韓國那邊會有幾個人得真的把程式打出來，然後編
譯到一片金屬上，也就是矽。就跟任何軟體程式一樣，裡面會有
程式錯誤，我們就碰到幾個錯誤。」特別是其中有個錯誤，「會
讓整個軟體停下來。在主晶片、中央處理器和處理手機通話的基
頻晶片之間，出現一個很糟糕的錯誤。」

　　三星團隊已經根據蘋果的設計製造出晶片，而第一批晶片正
要抵達蘋果總部。開機的狀況不錯，可是等到工程師想要驅動晶
片，它就會當掉。「我們沒有從記憶體拿到以為會有的頻寬。」
格里尼翁說。

　　「賈伯斯幾乎要叫所有人走路，」圖普曼說：「這是緊急危
機。我們離發布手機還有兩個月時間，但我們的系統晶片出了大
問題。」因此，蘋果把所有可以動用的專家都召集進來。「有些
是世界上最好的電腦科學家。」圖普曼說：「他們來到蘋果，坐
下來跟三星的人一起進入細節討論。『我們要怎麼修補，要怎樣
拿到更多頻寬？』」這場緊急總動員的晶片設計大戲結局如何？
iPhone 有了一個可以運作的腦子。

「三星做到了，」圖普曼說：「他們以生產線上曾經有過的最快速度產製晶片。一般來說，一層要花上幾天時間，而你想要做的矽晶片會有二、三十層。通常拿到產品原型需要幾個月，而他們在短短六個禮拜之類瘋狂的時間內，翻轉成功。」

加入地圖

2006 年那時，蘋果和 Google 的關係仍然很友善。由於 Google 的搜尋引擎無疑是業界標準，所以紫色軟體團隊想要把它用在 Sarfari 上。賈伯斯在跟賴瑞・佩吉（Larry Page）的一次會議上，剛好把 iPhone 的原型機秀給他看。

「佩吉印象深刻，大為傾倒，」威廉森說：「會議中他建議我們加上地圖。賈伯斯說：『哎呀！非常有道理。』我們離正式推出產品沒有多久時間，而賈伯斯說：『我們要加入地圖。』」

拉米雷斯和威廉森動身前往山景城（Mountain View）。「沒兩個小時就商量好了，我們可以把他們已經做好的核心程式拿到 iPhone 上面跑。」威廉森說。兩位蘋果工程師帶著 Google 地圖的原始碼離開，連一份正式合約都沒簽，「佩吉和賈伯斯握個手就算數」。他們覺得，磋商合約曠日費時，而產品發表在即，之後可以再來談細節。當然，這件事情如今再也不會發生了。不過那個時候，兩大科技鉅子仍然可以做一個非正式的交易，把當代最重要的軟體程式，移植到最重要的消費裝置上。

「我們的合作很自由，」威廉森說：「他們給了我們原始碼，我們把它移植上去，用來做一個應用程式，而且我們做得超快的，大概兩個禮拜內吧！那時我們跟 Google 的關係真的很好。」

兩邊團隊的關係也很穩固，基本上，蘋果的人也拿了 YouTube 來做同樣的事，這兩個應用程式成為了起初是封閉系統的手機的大賣點。

　　最後，第一代 iPhone 搭載三個 Google 的重要產品：地圖、YouTube 和搜尋。當蘋果團隊真的回到談判桌上時，它們顯然證明是成功的，為 iPhone 的英勇事蹟留下一個迷人註腳。「我們從搜尋框賺到足夠的錢，幾乎足以資助整個 iPhone 的軟體開發，」威廉森說：「甚至超過。」據聞，整個 iPhone 的開發花了蘋果 1.5 億美元，如此看來，跟 Google 的那場交易實在很有賺頭。

測試，再測試

　　「我保有兩項了不起的 iPhone 紀錄，誰都拿不走，」格里尼翁說：「首先，我是第一個收到用 iPhone 打來電話的人。因為軟體全都是我的人開發的。」

　　一旦做出合適的晶片，硬體水到渠成，軟體也在快速改進中。早期的原型機當然必須經過測試，確保它們在現實世界中也能運作。「我們剛讓這些裝置離開亞洲，它們來到我的團隊，軟體模擬器之類的東西，我們把軟體裝上去，」格里尼翁說：「有一天，我在跟我辦公室裡的某個人開會，我接到這個號碼，這通打到我辦公室的電話。我不認得號碼，所以就不管它，讓它轉到語音信箱。會議結束後，我檢查我的語音信箱，是我的人打來的！他們說：『老兄，我們正在用手機打給你，這是第一通撥出去的電話。』」

　　格里尼翁也成為第一個拒接 iPhone 電話的人。「我沒有貝爾

當初撥出電話的那種神奇時刻，而只是『不管它，轉語音信箱去吧！』以我們現在的成就來看，我覺得這倒是挺貼切的。」

他的第二項紀錄沒那麼有意思，但也差不多貼切。「我是第一個實際在手機上瀏覽情色網站的人。我們才剛拿到這些裝置，有能力打電話出去，」他說：「所以我們全都想要第一個拿它來看東西，實地看到手機本尊的效果。我們坐在走廊上，瀏覽網站，查看幾個應用程式。我不知道這算什麼，不過我覺得自己像個怪咖。我逛到一個叫做 Foobie 的網站，也就是 Fark Boobies，然後我開始看那些清涼照。我說：『啊！看看這個。』我在手機上捏拉縮放時，我們全都大笑起來。沒錯，這是 iPhone 上面的第一個情色網站。」

奧爾丁也從首批 iPhone 成品裡拿到一支，就跟其他測試者一樣，他被要求時時使用。「蠻酷的，但同時也蠻討厭的，因為那是你的主要手機，可是那東西會沒電、當掉，或接收效果並非總是那麼好。」當然這就是重點，搞清楚在現實世界裡，這支手機會在何時或如何失靈。「電池壽命，或你坐在桌前會發現的事情，『噢！我們需要一個鈴聲開關』，或是鬧鐘響了，可是關不掉，」奧爾丁說：「你很快就會發現諸如此類的小地方。」

賈伯斯自己也在測試手機，促成幾次有趣的問題解決活動。有一組團隊被派去賈伯斯家裡，因為他發現 Wi-Fi 不見了。凶手是誰？「是這棟牆壁足足 60 公分厚的磚造屋，」杜爾回憶說：「我有個朋友就在被派去解決 Wi-Fi 問題的那組人裡面，他不確定自己為什麼被派去那裡，他是個軟體工程師，對 Wi-Fi 所知不多，所以他到了那裡，打開筆電，開始寫程式，假裝做點什麼幫忙解

決問題。」

不久，所有紫色團隊的成員都人手一支最早的 iPhone，吩咐他們把手機當成主要的裝置，盡可能在真實環境裡審慎的測試這些機子。

「我討厭提到這件事，因為現在講起來感覺很白痴，」甘納杜拉說：「不過我是真的去測試，邊開車邊發簡訊給某個人是什麼感覺！那時候，沒錯，我有一則簡訊要發，可是我們在蘋果開發產品的做法，就是接納它，盡最大能力去模仿其他人會拿來做什麼，試著預想大家打算怎麼用這些東西，所以我邊開車邊傳訊給別人，有部分粗淺的理由就是這個，當你分心試著想要使用鍵盤的時候，它讓你感到多好用呢？你知道，如果你沒有時間坐在那裡，看著每根手指頭敲擊螢幕，可是你又想要用鍵盤，那個經驗比起安坐在辦公室裡沒有移動中的椅子上，感覺如何。」

「如今看來，我當時做了一件現在會違法的事情，而且這個舉動非常不負責任，謝天謝地，過程中我沒有撞到什麼小孩或撞到任何車子裡的人，」甘納杜拉說：「我想我的重點在於，我們在了解這台裝置會對跟它在一起的人產生什麼樣的效應。」

Macworld

工作步調逐步提高到極快的速度。1 月初就要舉辦 Macworld 大會了，可是說的委婉一點，iPhone 還沒有準備好。它會斷訊，軟體會當掉，有時候還會完全連不上網路。

不過延遲推出不在選項之內，他們已無退路。Macworld 大會以初次發布新產品而聲名遠播，蘋果如果沒有任何重量級的東

西可以拿來展示，這家公司的股價會很難看，聲譽也會受損，因為儘管它想盡辦法防止洩密，謠言工廠已經在盛傳蘋果即將推出一款手機，只是沒有人知道它的廬山真面目。

由於主晶片還沒有就緒，軟體工程師只好避開這個跛腳版本的弱點，設計出為人所知的「黃金路線」，也就是設計一連串的動作，使得 iPhone 在一群屏氣凝神的科技記者眼中是運作流暢的。

莫斯康尼會展中心（Moscone Center）自然也被一級封鎖起來，配備警衛駐守該地。賈伯斯起初甚至想要要求前一晚在現場的人睡在展館內，這個荒唐的點子被其他高階主管否決了。不過，賈伯斯將這場展示列為最高機密的態度是很認真的。

「平面設計團隊一個禮拜前給賈伯斯看海報、橫幅廣告，」奧爾丁說：「他一聽說會有海報，馬上就否決了。他說：『不行，不行，不行，不行，不要有任何印刷品。』因為他不希望冒著前一天晚上被某個印刷廠的人看到海報，然後說：『喔！一支iPhone。』的風險。這蠻了不起的，因為消息一點都沒走漏。」

「一開始，能參加預演真的是蠻酷的事，有種拿到信譽保證的感覺，」格里尼翁說：「可是情況很快變得非常不舒服。我很少看到他整個人心煩意亂的樣子，他會（不過多數時候他只是看著你）用嚴厲的口氣很大聲的直接說：『你在搞砸我的公司。』或『如果我們失敗了，都是因為你的關係。』他非常緊繃，而你老是感到無地自容。」

萬中選一的裝置

「不到 2007 年 1 月發表會的那天早上，消息登上報紙頭版，我還不認為它已經到來，」格里尼翁說：「等到事情發生，我的感覺是『噢！哇！』那時我已經在蘋果工作好一段時間，也經歷過幾次麥金塔等產品的盛大發表，可是沒有一次在發表會當天能登上報紙頭版。我那時想：『哇！大家連這東西都從來沒看過，就可以報新聞了。』」

工程師、設計師和 iPhone 貴賓們在 2007 年 1 月 9 日那天早上，齊聚於莫斯康尼會展中心，一股令人顫慄的興奮之情在現場流動。有個 iPhone 人看到席勒躲在暗處瞎搞這台裝置，顯然是第一次拿到手，他說：「這讓我很懷疑，為什麼席勒要來介紹這支手機，因為其他真的對它付出過心力的人太多了。」

譬如韋斯特曼。打從一開始，便是靠著這位多點觸控先驅的技術，啟發並從根底強化了整個 iPhone 專案。他從 2005 年起受聘於蘋果，正當賈伯斯站上舞台，宣布蘋果已經發明了多點觸控之時，他卻因為公關部門的一個重大疏失，未能受邀參加他所協助建造的產品的發表會。

格里尼翁帶了一個隨身酒壺。「感覺我們已經做過上百次的展示，每一次都會出個什麼錯，」他說：「感覺不好。」

賈伯斯進行二十分鐘的簡報後，停頓了一下。「偶爾，一個改變一切的革命性產品就會冒出來，」他開始說話，後面的內容大家都知道了。他毫不費力地進行示範，展示他認為的主要功能：電話，特別強調視覺化語音信箱；iPod touch 音樂播放器，呈現

cover flow [7] 翻頁功能；還有上網裝置，可瀏覽所有網站的全貌。他示範多點觸控，炫耀完美的慣性捲動和捏拉縮放，博得熱烈的掌聲。他邀請 Google 的執行長艾瑞克‧施密特（Eric Schmidt）上台，打開 Google 地圖，尋找一家當地的星巴克，以點擊店名的方式撥電話過去，然後訂了四千杯拿鐵。一頭霧水的咖啡師還來不及反應，他就掛上電話，場內爆出哄堂大笑。

iPhone 成功擄獲科技世界的注意力，各地的部落格和新聞頭條佳評不斷。它很快就被蘋果觀察家封為耶穌手機，競爭者的負面評語也說得小心翼翼。這支手機富含媒體性的觸控式介面和優美的設計，是最大的亮點。格里尼翁的團隊把他的隨身酒瓶喝個精光，當天接下來的時間都在城裡舉杯慶祝。創意總監布洛迪說，她在賈伯斯的首次展示中，看到她為了神祕的 P2 專案所提出包括大型手繪字體和小丑魚桌布在內的一些設計構想。她跟其他人一樣感到驚訝，而且與有榮焉。「我不知道那會成為第一代 iPhone。」

從蘋果內部來看，成功上市表示福斯托已經大獲全勝。格里尼翁說：「它替終將發生的政治演變鋪好了路，法戴爾玩完了。你在介紹時看到了預兆，他滑動刪除了法戴爾。介紹 iPhone 的時候，賈伯斯不是在示範管理聯絡人清單有多麼簡單嗎？他正在介紹滑動刪除，說如果這裡有你不想要的聯絡人，沒那麼複雜，你只要把它滑掉就可以，結果法戴爾的名字出現了。你只要輕輕拂一下，就可以刪掉他，看，他沒了。我的反應是『啊』，觀眾

---

[7] 譯注：cover flow 是 3D 化唱片封面來呈現數位音樂資料庫，供使用者利用翻閱唱片封面的方式瀏覽查找音樂。

都在鼓掌，除了蘋果公司每一個有在專案裡的人都是『天吶！怎麼會這樣。』這就是訊息，他基本上是在說：『法戴爾出局了。』因為在預演的時候，他並沒有刪除法戴爾，而是隨機刪除另外一個人名。」訪談時，我聽到這裡大吃一驚，不可能是真的吧！這樣好像很殘忍。「賈伯斯會這樣，」格里尼翁說：「我是說，想想為什麼會這樣，你知道，有太多預兆了，而且他是會做這種事的人。那是其中一個比較醒目的舉動，對其他人來說太明顯了。每個人都是：『我的老天，你看到剛剛發生什麼了嗎？』」

為了對員工的生活在開發過程中受到傷害有所致意，他在展示末了感謝他們的家人：「他們不常看到我們，尤其這最後半年，」他說：「就像我經常說的，沒有家庭的支持，我們做不到。我們有機會做出這個了不起的作品，而當我們沒有準時回家吃晚餐，或沒辦法遵守對家人的承諾時，他們體諒我們，因為我們必須去實驗室工作，因為發表會就要到了。而你們不知道，我們有多麼需要你們、珍惜你們。所以，謝謝你們。」

不過，這份感謝恐怕有點言之過早，因為離大功告成還有一段距離。在這個裝置即將上市以前，後面還有六個月的馬拉松要跑。而紫色團隊也會需要多一點的幫助。

*　　*　　*

產品發表會那天，杜爾申請加入紫色團隊。他就跟大多數蘋果員工一樣，不到當時，完全不知道 iPhone 正在引起沸騰。

「我記得福斯托面試我的情況，」杜爾說：「面試過程中，他把 iPhone 放在桌上。那時，世界上還沒別的人能觸摸到它！

手機響了，他拿起來給我看，是賈伯斯打電話來。他說些『我得接這通電話，等我一下』之類的話就走出去。我在會議室裡坐了大概十五分鐘，等他回來，心裡想：『他在整我嗎？這是一種考驗嗎？』當然，那時我也沒有自己的 iPhone 可以滑手機殺時間，所以我就是『嗯嗯嗯⋯⋯』。」他敲著桌子。「我們過去經常就是坐在屋子裡，看著牆壁發呆，等人。」他笑了起來：「最後他回來了。」

兩個星期後，他加入團隊，如火如荼的展開工作。「看看第一代 iPhone，還有螢幕上的 app，大部分都有一個人在負責，有時候是一個人的幾分之一。」很快地，杜爾就變成一個樣樣都通的人，幫忙做時鐘、郵件，任何需要做的地方，因為工程團隊已經在快馬加鞭，向著 6 月份的產品上市全力衝刺。當然，還是會發生差錯。

「團隊裡有個工程師想要解決通訊錄的一個程式錯誤。」杜爾回想當時。這位工程師不確定他正在寫的程式是不是確實影響螢幕上看到的結果。因此，他把通訊錄裡的「城市」欄位改成「去死吧！」。「他很挫折，」杜爾說：「想說連這樣也能通嗎？然後，他不小心把這個變更提交到程式庫。在他注意到並且恢復變更以前，那個版本變成了 AT&T 拿來做實地測試的電信業者版本。」

沒多久，福斯托就接到 AT&T 執行長打來的電話，說：「為什麼我的 iPhone 會叫我去死？」管理階層並不覺得有趣。「那個工程師必須發出一封道歉信給整組人，因為他讓團隊蒙羞。」同時，有個安全工程師帶著還沒上市的手機出門，旅途中把手機秀給一個酒保看，此人轉身就把新手機的梗概發布在一家蘋果流

言網站上。這名工程師本來應該捲鋪蓋走路，可是手機的加密系統有一部分只有他知情。「所以，他必須寄出一封懲罰性的道歉函，『真抱歉，我們辛苦工作的成果……』。」

　　有些年輕一點的工程師覺得，必須在團隊內部用這種公開的方式處罰隊友，是很奇怪的事。「非常極權政體式的公開羞辱。」有一個人如此回想。跟比方說富士康的工廠工人必須在同事面前悔過很像。「是啊！有些讓人毛骨悚然的相似之處。」

　　接下來的三個月，隨著工程師們匆忙地把這支手機推向黃金大道，工作將以瘋狂的速度繼續進行。有了三星晶片小組不眠不休的幫助，客製化的 ARM 晶片大功告成並且被安裝上去。發表會過後一個月，賈伯斯做了一個有名的決定，從塑膠螢幕改成玻璃螢幕，並且敦促康寧大量製造出足夠的大猩猩玻璃，用來覆蓋在第一代 iPhone 的螢幕上。程式錯誤被清除，通訊錄上沒有不雅字眼，手機也不再（那麼會）斷訊。

　　威廉森的團隊一舉消滅寶寶網路，成功的把 Safari 塞進 iPhone 裡。有鑑於地圖功能在展示時受到熱烈歡迎，賈伯斯在最後一秒鐘核准加上 YouTube。在 Google 的協助下，工程師幾個星期內就讓它上線運作。

　　「當時我們不了解做那些事情的意義，」拉米雷斯說：「我永遠記得，他坐在沙發上，我們才剛讓 YouTube app 上線，他坐在那裡玩 YouTube app，說：『各位，你們可能不知道，你們在做的事情比起我們以前在最早的麥金塔上做的還更重要。』我們就說：『OK！謝謝你，史帝夫。』我覺得他說的對。」

偶像現身

當 iPhone 在 2007 年 6 月上市時，世界各地的蘋果直營店出現排隊長龍。死忠粉絲在店外守候數小時，甚至數天，競相成為第一個擁有耶穌手機的人。媒體也巨細靡遺的報導這股熱潮。儘管場面盛大，強勢首賣的那個週末，蘋果也說它在三十個小時之內售出二十七萬支手機，但是相較之下，過後的銷售量其實減緩了。當時，app 的選擇受限，手機只能在有夠慢的 2G 網路上跑，沒有客製化的餘地，連桌面都不能更動。而且外界痛批價格太高，微軟的執行長史帝夫・鮑默（Steve Ballmer）有句有名的酸言，說：「500 美元？全額補貼？要綁約？這是全世界最貴的手機。」

熱門功能恐怕就是 Safari 和地圖，這兩種富含媒體性及多點觸控威力的體驗，是 iPhone 所有能耐的基礎，iPhone 靠的就是這個加上觸控螢幕本身。那個在五年前開始探索新的豐富互動性的小組，確實眼光獨到，知道人們想要怎樣跟他們的裝置互動。奧爾丁、喬德里和這家公司石破天驚的使用者介面很誘人、很直覺，而且會使人沉迷。

等到蘋果在隔年降低價格，並且加上了 App Store，iPhone 才一躍成為全球性熱力產品。然而，自從經過反覆修正的第一代 iPhone 以來，它的基本元素並沒有太大改變，想到這一點，仍然令人感到驚異。螢幕比較大了，可是我們打開手機，迎面而來的還是一格一格圓邊的圖標。我們還是仰賴 Safari 來搜尋，用 Messages 來聊天。我們用多指觸控來駕馭手機，仍然在黑色鏡面

般的螢幕上看影片。核心動畫所帶來的即時性，依舊引誘著我們去滑動、按壓與輕敲，我們依舊以手指輕輕拂過，來捲動資訊清單。

「它經得起時間考驗，」法戴爾說：「看看這些基本假設，有哪些改變了？當然，商業模式改變了，更好的相機，更好的什麼，不過基本元素屹立不搖。總是變得更大、更快，可是其實什麼也沒變。所有你可以拿來用的概念沒有任何根本性改變。第一版走對方向了，就算你必須反覆修正，殺掉一些東西，當你從根本把東西做對，就是會這樣。這一切都在告訴你，你做出一台經典裝置。」

經典是一種說法，行雲流水則是另一種說法。

「iPhone 的影響如此巨大，如此快速，」拉米雷斯說：「跟麥金塔比起來，我認為 iPhone 對我們今天的生活衝擊更大。不過想想看，這就是一台麥金塔啊！我們把麥金塔塞進一個小小的盒子裡。它是麥金塔二號，同樣的基因，同樣的一貫性。」

這是很重要的一點。即便參與其中的工程師們，都知道自己是站在巨人的肩膀上，或者如巴克斯頓所講的，屬於「創新的長鼻效應」之一部分。iPhone 也許看似有著大躍進的新發明，可是當時，它的創造者們不但正在仰賴蘋果之外已經發展幾十年的大批技術，更是牢牢抓住並改善公司內部長久以來所累積的資產。

「像多點觸控這樣的產品已經醞釀非常多年，」杜爾說：「在手機之前，核心動畫也做好一陣子了。貴為副總的福斯托領導整個 iPhone 工作，但他是基層工程師出身，做過後來演變成你用來做 iPhone 應用程式的同一套架構。」他說：「這些都不是在

一年之內就發明出來或做得出來的，iPhone 冒出來以前，它們恐怕已經被開發超過二十年或十五年了。」

同樣一批協助建造 iPhone 的人，自 1980 年代以來（從 NeXT 時期以來），當蘋果時代出現以前，便已經編寫了、改進了或重組了形成那些架構的程式。「如果你拿 iPhone 上的任何架構來用，會看到它們用 NS 當作字首，任何這樣的東西都是 NeXTSTEP 的程式碼，而且幾乎一模一樣，」威廉森說：「現在的手機演化不少，也變得更複雜，」可是從 NeXT 到麥金塔到 iPhone，「不是什麼模糊曖昧的演變，走的是條直路。」

直到當時，蘋果已經在蓄積程式碼、構想與才華二十年了。「我想最好的說法是，」杜爾說：「當時是一種複利效應在發酵中。你的銀行帳戶已經孳生利息好一陣子，突然間，每年 3％ 的利息累積了二十年後，你開始看到曲線加速爬升。我真的認為有很大一部分是這個關係。」另外一大部分又是什麼緣故呢？純屬運氣。

ENRI 小組在一個實驗性的觸控螢幕裝置上，開發出一大堆互動展示，時間就在蘋果需要繼 iPod 之後找到一個明星產品之前。FingerWorks 以友善消費者的多點觸控，及時出現在市面上，剛好給 ENRI 成員拿來當作基石。電腦晶片也必須縮小。「其中有太多地方是時機對加上運氣好，」杜爾說：「說不定驅動 iPhone 的 ARM 晶片已經發展很長一段時間了，也許在效能上偶然得到令人滿意的結果。萬事俱備。」鋰離子電池技術和袖珍相機這兩股東風也及時吹起。加上中國技術純熟的勞動力和全世界過多的便宜金屬，凡此種種，族繁不及備載。「這不光是 2006

年有天早上醒來，你就決定做一支 iPhone 的問題，而是跟做出這些非直覺性的投資、失敗的產品和瘋狂的實驗有關，而且有能力在如此龐大時間跨度上運作，」杜爾說：「大部分企業沒有能力這麼做。蘋果也差一點做不到。」

當對的市場誘因來到眼前，蘋果回頭挖掘出那堆已經孕息幾十年的非直覺性投資。從基本程式碼到設計標準，該公司萃取遺留的資產，實踐遠古的夢想，把一具通用通訊器轉化成一支智慧型手機。它也開發自己無與倫比的人才庫，人數高達數百位，不只是撰寫出神奇軟體的紫色團隊，和駕馭硬體的 iPod 團隊，還包含如此多蘋果內外的其他團隊：三星的晶片團隊、康寧的大猩猩玻璃成員，以及一長串第三方供應商。還有電信業者關係網絡。他們全都拼了命的去想像、發明，並且執行繁重的工作，創造出這台裝置。

賈伯斯經常在成果展示及審查中，對著「蘋果團隊」或「偉大團隊」大吼大叫，可是除非是高階主管，否則他很少提到他們的名字。他告訴自己的自傳作家艾薩克森，說他最喜愛的蘋果產品就是蘋果團隊，但是，它顯然是他最不願意呈現給全世界看的一項產品。

「蘋果很幸運，有一群這麼相親相愛的人在做一個對未來如此重要的專案，」喬德里說：「我想不到其他通力合作的例子，跟我曾經擁有過的這個一樣了。」

一位 iPhone 設計師告訴我，他不認為有個單一的原始設計團隊圖像。「就好像麥可·喬丹（Michael Jordan）是一個鬼魂，」他說：「有這樣一個鬼魂在得分、灌籃，打贏每一場球賽，沒有

人確實知道他的存在。」實情是，付出奉獻的設計師們、工程師們、程式設計師們知道。尤其他們為了幫蘋果打造產品，如此努力的工作，以至於犧牲了家庭、健康等一切。

「早些年的時候，我的家庭確實受苦了，因為我經常不在。」威廉森說。他的妻子約莫在他離開蘋果那時死於腦癌。「我現在在彌補，因為我現在是全職老爸，每天幫我的小孩煮晚餐，這麼做是對的，對他們也好。不過，打造 iPhone 的經驗無可取代。」

比爾布雷並非 iPhone 團隊的核心成員，但是當時有參與周邊的一些研究與工程專案，他是這麼說的：「我會退休有很多原因，其中一個是壓力。那是一個混亂、政治鬥爭嚴重、群雄割據的時代，賈伯斯則是可以駕馭各方的那只魔戒。我身邊的人一個個死去，因為心臟病、癌症。我很懷念蘋果，那是我夢寐以求的工作。」他這麼說，妻子則在後面插話了：「直到你差點死掉為止！」他說，他的醫生給他下了最後通牒，做這兩件事情，不然就冒著死掉的風險：減肥和辭職。「跟我在蘋果一起工作的人，已經死了三十六個，」他說：「很緊繃。」

緊繃也很有可能是打造 iPhone 的團隊，從此各奔東西的原因所在。截至 2017 年止，除了艾夫，蘋果的管理高層無人曾經深入參與過 iPhone 的創造過程。法戴爾在產品上市那年就掛冠求去。福斯托在有缺陷的蘋果地圖（Apple Maps）發表之後被迫去職，很多人臆測這是他跟庫克及艾夫之間的緊張關係長期累積下的結果。威廉森儘管貢獻超過十年光陰給公司，負責半數的服務，但是也被解僱。格里尼翁在 iPhone 上市不久後就辭職了。奧爾丁在 2013 年離開蘋果到特斯拉公司（Tesla Inc.）上班，他

厭倦了花時間上法院為專利辯護。拉米雷斯因為健康因素,在 iOS 7 推出之後便退休了,也是在 2013 年。人機介面團隊的主管克里斯帝則是選在 2014 年離開。圖普曼那年也走了。喬德里,恐怕是堅持到最後的 iPhone 之父,在 2017 年初離開。

「我不認為留下來的人,有誰能徹底了解 iPhone。」威廉森說。事實上,即便是 iPhone 如何以及由誰協助打造出來的故事,蘋果內部也不甚明白。

iPhone 專案不再是編纂出一連串嶄新的互動創意,或開創出把行動運算帶給普羅大眾的新做法,而是關乎賣出更多的 iPhone,這當然很合理,一切都是生意。「跟過去比起來,看看人們現在如何看待這家公司,這看法又有什麼樣的變化,是很有意思的事情,」一位原始 iPhone 團隊的成員這麼說:「沒有那種反抗軍的情調‧我們現在是老大哥了。」

有些公司會努力維護攜手成就精彩創新的團隊,推銷它的成員,甚至複製成功要素。可是,紫色專案只有一個,至少,它將留下令人敬畏的遺緒。

「再也沒有人會說『我不懂電腦』,」喬德里說:「因為我們的努力,那種情況已經消失了。」

迭代

第一代的電腦就是人。技藝純熟的勞工為天文學家及數學家工作,往往採團隊合作的方式,而且總是由人來徒手完成冗長複雜的計算。他們通常是學徒或女性,耗費幾天甚至幾週時間,計算如今敲敲按鍵就可以在十億分之一秒內解決的方程式。從十七

世紀到十九世紀，只要提到這些幫助軍方計算武器軌跡，或協助太空總署規劃飛行計畫的計算員（computer），這個用詞就是在描述勞動人民。不只是勞工，更是多數時候被視而不見的勞工，襄助某個最後把他們的參與一筆抹去的男性或機構。

事實上，就我們今日所知，計算的真正起源恐怕不是從巴貝奇、圖靈或賈伯斯開始的，而是一位法國天文學家亞歷克斯·克萊羅（Alexis Clairaut）。此人當時正在試圖解決三體問題（three-body problem），所以延攬兩位天文學家同僚來幫他執行計算，透過分派勞力，以便更有效率的推算他的方程式。兩個世紀以後，六位女性計算員為電子數值積分計算機（Electronic Numerical Integrator and Computer, ENIAC）編寫出程式，電子數值積分計算機是首批貨真價實的計算機器之一，不過，賓州大學的公開揭幕儀式並未邀請這六位女性出席，活動中也沒有提到她們。今天，iPhone 則根本把它內含了一個計算員（computer，與電腦同義）的事實給隱藏起來。

當然，這個字眼的意義已經改變，不過，有必要把電腦看成是由人工所驅動的，尤其這一台史上最暢銷的計算裝置。因為，比許多前輩還要更加精湛的 iPhone，體內藏著極大的工夫和巧妙。隨著螢幕變得更靈敏，應用程式變得更令人沉迷，這支手機也更不落痕跡地融入我們的日常生活中，我們卻漸行漸遠，不把計算當成是人類的成果，在一個其實要靠著比以往更多的人來成就它們的年代。

就是人，而且是眾多的人。如今，賈伯斯將永遠跟 iPhone 形影不離。他凌駕於它之上，把它引介給世人，他宣揚它，指揮製

造它的企業。可是，他並沒有發明它。我回想起艾傑頓的評語，他說即便是現在，因為我們這萬中選一的裝置而變得生氣蓬勃的資訊時代裡，智慧型手機的創世神話卻歷久不衰。每一個賈伯斯背後，都有無數個卡諾瓦、威爾森、韋斯特曼、大嶋光昭們。我也回想起巴克斯頓的「創新的長鼻效應」，以及是進步驅使創意不斷「瀰漫四處」的見解。把獨立發明家迷思的不當之處呈現出來，並不會減損賈伯斯身為策動者、匯編者、標準制定者的作用，而是透過拉抬其他人的角色，證明他並非單槍匹馬成就大業。希望我進入 iPhone 的內心深處短暫一遊，能有助於證明，這萬中選一的裝置是無數發明家、工廠工人、礦工、收破爛的、聰穎的思想家、童工、有革命精神的設計師和靈巧的工程師，所共同成就出來的，靠著演進已久的技術，靠著協作式、漸進式的工作成果，靠著未經世故的新創業者，也靠著大規模的公共研究機構。

這種種力量繼續形塑它今日的面貌。iPhone 乃源自幾乎世界上每一塊大陸得來的創意、原料和零件；它在某個角落設計並製作原型，從別的角落挖礦，然後再到另一個角落去製造，而它的影響力又回頭波及所有這些出處及更多其他地方。

我在採訪中，特別詢問曾經在最早 iPhone 專案中工作的人，他們對於自己釋放到這個世界上的裝置有何看法，我很驚訝地發現，他們有一種近乎普遍的矛盾心情。大部分人對這個裝置的無遠弗屆，對它所引發的 app 榮景，都感到驚嘆不已。多數人也提到它容易造成分心的缺點，為夫妻情侶們共進晚餐卻沉默地盯著各自的手機看，感到惋惜沉痛。

其中一位是克里斯帝，他的夢想是製造一台行動電腦，此人

把他的第一代 iPhone 埋在住家地底下。「我叫硬體部門的人把電池從這支原始版 iPhone 裡拔出來，把它跟發表會當天的報紙、家人的照片，還有一本筆記本，」他說：「包裹好放在門廊下的地基裡。這是我畢生的作品。」

不過，負責監督我們這個時代影響力最大的裝置的軟體工程的人，給我的答案最令我吃驚。

「我看到大家隨時隨地帶著他們的手機，」拉米雷斯說：「我是覺得，很好，蠻了不起的。可是你知道嗎？軟體並不像……我太太是個畫家，她畫油畫。她只要畫出什麼東西，就會永遠在那裡。科技的話，二十年後，誰還會在乎 iPhone ？」

他的意思是，科技是一股不斷前進的浪潮，即便成就出像 iPhone 一樣受歡迎、有影響力的東西，終究會成為明日黃花。「它不會持久。」他這麼說。他寫程式幾十年了，幾乎全都被刪掉或替代掉。「不過架構還在。」就技術進步來說，這其實是個蠻不錯的譬喻。他的成績貢獻到一個更龐大、更永恆的主體中，一個被其他人所仰賴、參與、改進並利用的架構上。

「這跟你創造了某個東西，一段音樂之類的，會被欣賞好長一段時間是不一樣的，」他說：「它就是會消失，被某個更好的東西取代掉，就這麼不見了。」就算不是消失，那麼也是近乎隱形。它更進一步走入被彙編過的進步之汪洋中，不知所終。這成就也許最終不為人所看見，卻是不可或缺的，它為我們日新月異的科技、我們與這世界介接的架構能夠結合起來，增加了凝聚力。

電腦曾經是人類，就某種程度來看，也將永遠是人類。因為

那個更好的東西，肯定要借助數十萬名發現者、工程師、勞工、設計師、科學家、商人、研究人員和礦工的一臂之力，才能緩步前進。下一個萬中選一的裝置，毫無疑問地已經在等著被人從土地裡挖掘出來的路上。

資料來源說明

　　iPhone 是一種融合技術，或者以電腦歷史學家加西亞的用詞來說，它是一種匯流科技。在那苗條的長方形塊體內，塞進了太多高度進化與成熟的科技，如此完美無痕地彼此交融，匯聚成可媲美魔法的產品。調查這樣一種產品的起源和靈感，也就成為一個複雜難解的任務，要檢視什麼樣的科技、地點與人物，需要做出某種選擇。

　　這意味著去識別我認為的 iPhone 關鍵要素，並且去探索其根源，例如對視訊通訊器的夢想、多點觸控技術、低耗電／高效能的處理器、石破天驚的使用者介面設計等。因此，我處理每一章的做法是採訪某項科技的發明者與創新者，加上研究該技術的歷史學家與分析師，我篩選相關領域已發表的研究和專利，造訪已經深受該題材的影響或對其興起有所貢獻的重要地點。以多點觸控為例，我採訪了這個領域的早期先驅巴克斯頓；造訪 CERN，親見其所展開的演進路途中，某次進展的發生地；並且回頭檢視觸控螢幕先驅強森所註冊的專利。這麼做，幫助我紮實的領會這項技術經常為人所忽略的歷史，並且對賈伯斯更受歡迎的宣稱，說蘋果「發明了多點觸控」，提出致命的一擊。創新發明是一幅深不可測的複雜織錦，綴飾著歷史上的人物與其作品及地點間錯綜複雜的關係，和巴克斯頓及觸控創新家史坦普的談話，幫助我呈現出此一圖像。

　　同時，採訪礦工、工廠工人和電子廢棄物的回收人與維修人，暴露出我們這個時代最盛行的裝置的嚴酷真相，恐怕是探究 iPhone 起源

的工作裡最艱難的部分。我願意「擅闖」富士康的廠區,是因為我相信,對世上最受歡迎裝置的製造地有更好的認識,符合大眾的利益。

有關蘋果的章節則又是另外一個故事了。如先前提到的,蘋果出了名的愛搞神祕,實施嚴格的保密政策,若有員工洩密,會被當場開除。我也聽說前任員工即便離職後才接受媒體採訪,也有可能蒙受福利損失(當然,聲譽也是)。因此,這個部分必須謹慎處理。我花了很多天的時間瀏覽 LinkedIn,寫電子郵件,聯絡每一個我找得到的 iPhone 成員,這些人若不是列名 iPhone 的主要專利,不然就是跟採訪、薦言或媒體報導中的故事有關聯。還在蘋果工作的人,若接受採訪必須隱匿其名或冒著丟掉工作的風險。也有人完全拒絕說話。我認為值得把匿名來源的內容也納進來,以蘋果強烈的保密天性來看,我相信他們提供了可信的見證。我也仔細研讀法院文件、證詞和公開見證的言論,尤其是三星的侵權訴訟。參與創建 iPhone 軟硬體的重要成員,有許多,甚至可說是大部分人自此以後便離開蘋果,我因而得以正式採訪他們,完成本書。

解構 iPhone 圖像

為了理解智慧型手機變得有多麼普及,我求助於研究機構和市場資訊。皮尤研究中心(Pew Research Center)從 2011 年開始追蹤智慧型手機的擁有量與使用量,估計有 35％的美國人擁有智慧型手機,而僅僅五年光景,這個數字就翻了一番。2007 年,根據市調機構創市際(ComScore)的數字,有九百萬名美國人擁有智慧型手機,以當時美國有三億零一百萬名公民來看,這表示智慧型手機的擁有率只有微不足道的 3％。自此之後,這個主題的調查當然做得更加徹底,而皮尤研究中心在 2017 年的報告指出,有 77％的美國人擁有智慧型手機。

今天,尼爾森和大批市調機構會去調查智慧型手機的使用習慣。

八成五用量的數字是來自營銷雲（Marketing Cloud）2014 年的「移動裝置行為報告」（Mobile Behavior Report）。關於我們對手機用量的認知，則是來自諾丁漢特倫特大學（Nottingham Trent University）的心理學家莎莉・安德魯（Sally Andrews）所主導的研究。我從市場研究機構 Informate，得到看螢幕花 4.7 小時這個數字。德迪烏主張 iPhone 是「史上最暢銷 的產品」，可以在 Asymco 網站的同名文章中找到。70％利潤率是來自科技資訊網站 Recode 所發布的一份報告，根據的是英國市場研究公司 HIS 有關原料成本的發現，英國《獨立報》（Independent）的一篇報導〈蘋果的 iPhone：史上最賺錢的產品〉中，也有提到 HIS 的這份研究。利潤率 41％的數字來自瑞士信貸集團（Credit Suisse）一份 2014 年的分析。推斷 iPhone 的獲利比香菸還高的分析，是財經網站 24/7 Wall Street 所做的，根據的是標普智匯（S&P Capital IQ）的數據，刊登在《時代》雜誌的網站上。

　　為了建構本章及未來章節的歷史脈絡，我採訪了一位行動科技的歷史學家艾格，此人寫了《無間斷觸碰》（Constant Touch）一書，是這個領域的少數歷史性研究之一。我與《老科技的全球史》的作者歷史學家艾傑頓透過電子郵件通信，更進一步追尋來龍去脈。瑪麗安娜・馬祖卡托（Mariana Mazzucato）的書《企業國家》（The Entrepreneurial State）有一整章在談論 iPhone，以及有政府撐腰的機構及計畫如何襄助它的每一項重要技術。這在某些圈子裡是一本有爭議的書，批評者認為它把太多功勞歸給政府，對企業家的認可不足。不過，該書的論點是無可爭辯的，大多數傑出的科技產品，往往都是由國家來奠定根基，因為它們需要仰賴龐大的資金，唯有官方大型機構才有能力支撐。本書通篇能找到不少例子，無論是英國海軍為了自己的艦隊而出資興建無線通訊系統、CERN 所培育從網路到觸控螢幕的創新科技，或是國防高等研究

計畫署投資人工智慧助理，比比皆是。

　　同樣不可或缺的是萊姆利的論文〈獨立發明家的迷思〉（The Myth of the Sole Inventor），2012 年發表於《密西根法律評論》期刊。萊姆利是一位受人敬重的專利律師，他所提出的論點：發明既是協同合作的，也是同時發生的，而且點子「瀰漫四處」，成為本書的核心觀念。想要精心製造一台如此具有影響力的裝置，沒有任何發明家應該獨攬功勞，也沒有一個單一發明家有能力做到。在本文，我造訪聖路易斯・奧比斯波市，iFixit 在該地的總部是由一間汽車經銷商老店改裝的。除了指導我拆解 iPhone 的安德魯・戈柏之外，我也採訪了 iFixit 的執行長韋恩斯及團隊的其他幾位成員。

1. 更聰明的手機

　　為了從觀念上，也從作為融合科技的一環來探索智慧型手機的根源，我和幾位科技歷史學家、產業資深老手和科幻小說專家談過，其中包括位於帕羅奧多的電腦歷史博物館館長加西亞；《昔日未來》部落格的諾瓦克；專攻科幻小說的馬凱特大學文學教授格里・卡納萬（Gerry Canavan）。曾任蘋果多媒體實驗室總監的克莉絲提娜・伍爾希（Kristina Woolsey），和曾在蘋果擔任執行製作人的法布里斯・弗洛林（Fabrice Florin），則提供了背景資訊。

　　赫伯特・牛頓・卡森的《電話的歷史》出版於 1910 年，可以在 iBooks 上讀到免費版本，iPhone 風行了大約十年，以我們今日看待 iPhone 的同樣角度來看，這本書呈現出電話學的迷人樣貌。馬文的《當老科技還是新鮮事的時候》（When Old Technologies Were New）一書，為電氣時代初臨之時提供了背景資訊。艾格的《無間斷觸碰》是行動科技演進的參考來源。羅比達的《二十世紀》提出視訊科技可能如何

進化的預言。其他參考資料還有布希的〈如吾人所思〉（As We May Think），提出增強人類知識和 memex 裝置的未來想像。利克萊德的論文〈人機共生〉（Man-Computer Symbiosis），透過一個歪斜的角度，半預測到 iPhone 的來臨。諾伯特‧維納（Norbert Wiener）的《模控學》（Cybernetics），臚列出電腦控制系統影響生活的方式；而凱和愛黛兒‧戈柏的〈個人化動態媒體〉（Personal Dynamic Media）則闡述了個人化運算的願景，立下持久不衰的標準。

本章的核心人物是卡諾瓦，他非常親切，在聖塔克拉拉市的辦公室接受採訪，為我示範第一代賽門機。

2. 手機採礦史

我造訪里科山是透過一家當地礦場旅遊公司安排的，該公司接待我和採訪助手進行一次私人考察。我們和現場遇到的礦工，以及當地一位安排運銷到冶煉廠的共乘巴士老闆談過。我也採訪像莫尼尼這樣的前礦工。他和其他人確認里科山的礦石被送到蘋果公司提報的冶煉廠。頂尖的產業貿易團體國際錫金屬研究所（International Tin Research Institute, ITRI）[1] 也證實錫礦從波托西流向蘋果的冶煉廠。《華盛頓郵報》、《衛報》、英國廣播公司（BBC）及許多其他機構已經對成為科技貿易燃料庫的採礦作業進行調查，它們的珍貴成果成為本章的資訊來源。BBC 未來網（Future）的記者莫戈罕對包頭市的稀土產地提出精闢的洞見。我的前同事韋斯‧因辛納（Wes Enzinna）為 Vice 雜誌所寫的文章〈舉目無親的礦工〉（Unaccompanied Miners）探討玻利維亞的童工挖礦潮，也是報導文學的珍貴來源。從全國公共廣播電台（National

---

[1] 譯注：國際錫金屬研究所）後來更名為國際錫業協會（International Tin Association）。

Public Radio, NPR）對上述文章的訪談節目片段「玻利維亞礦場裡的童工年齡最小六歲」，可確認年齡方面的統計數字。

經營礦業顧問公司 911 冶金家的冶金專家米肖德，安排把我的 iPhone 6 搗碎後，送給化學家進行分析並提出報告。米肖德也受訪談論此次分析結果。他擷取可視為產業標準的礦場作業可用數據，得出計算結果，並非特別用蘋果獲取礦石的礦場來估算，因為蘋果公司並未揭露大部分的礦場。他也指出，「20.5 克的氰化物」這個數字「端看黃金的來源而定。這是平均值，數字的變化可能從五克到六十克之間。」

關於採礦與汙染的數字及資訊來自美國環保署（Environmental Protection Agency, EPA）、世界銀行及聯合國兒童基金會。新聞工作者伊莉莎白‧沃伊克（Elizabeth Woyke）的書《一支手機的商業啟示》（The Smartphone: An Anatomy of an Industry）對於使技術成真的原物料，提供了很好的概覽。魏澤福的書《印第安施者》（Indian Givers: How the Indians of the Americas Transformed the World）則是波托西的歷史及其原住民的背景資訊來源。

3. 防刮面板

康寧公司何以為 iPhone 製造玻璃，這個故事在艾薩克森的《賈伯斯傳》有提到，弗雷德‧沃格斯坦（Fred Vogelstein）的書《Apple vs. Google 世紀大格鬥》（Dogfight）詳述其情，並且由加德納為《連線》雜誌所寫的出色封面故事〈玻璃工藝〉（Glass Works）進一步充實故事內容。加德納慨允接受電話採訪，提供更多細節給我。康寧肯塔基工廠工人的說話，是取自 2012 年全國公共廣播電台的報導〈肯塔基小鎮在鄉下田園製造高科技玻璃〉。更進一步的資訊來自丹尼爾‧格羅斯（Daniel Gross）和戴維斯‧戴爾（Davis Dyer）的《康寧世代》（The

Generations of Corning），講述該公司的歷史，包括肌肉專案和微晶玻璃計畫的細節。最後，康寧讓這個世界處處是玻璃產品的願景，則在它發布於 2012 年的虛構設計影片《玻璃構成的一天》中有詳細描述。

4. 多點觸控

觸控技術的歷史可以也應該寫成一本書。我訪問觸控先驅巴克斯頓，此人在 1985 年 於多倫多大學發表的一篇論文中，使用了多點觸控這個用詞。他梗略介紹「我知道而且喜愛的多點觸控技術」，是這個題材可以找到最好的材料來源之一。我也審視強森的第一代觸控螢幕專利、早期的 CERN 黃皮書，以及蘋果和 FingerWorks 的專利。我走訪 CERN，採訪史坦普、馬祖爾和其他幾位組織裡的現任員工。史坦普給我看了最早由他製作原型，且依他所說有能力做多點觸控的觸控螢幕。

我研究早期電子合成器先驅的作品，聆聽不少由洛克摩爾和拉赫曼尼諾夫以特雷門琴和鋼琴合奏二重奏的音樂。諾里斯的傑出自傳《一個特立獨行者的圖像》（Portrait of a Maverick），為康大資訊公司及諾里斯數十年來對觸控技術的倡導，提供了詳細資訊。

為了深入掌握韋斯特曼的故事（蘋果不同意他接受採訪），我採訪了他的姊姊，也是他的核心家庭唯一在世的成員赫勒。韋斯特曼寫於 1999 年的生動論文，探討多隻手指的手勢，是本章不可或缺的素材，讀起來也意外地有趣。我挖掘他早期接受母校的通訊、《紐約時報》和新聞週刊的採訪，任何引述他的話都是源自這些來源。從前的 FingerWorks 執行長懷特曾經接受網站「技術費城」的採訪，她的話就是出自該處。

順帶一提與觸控無關的話題，伯納斯—李打造全球資訊網，用的是一台 NeXT 電腦，賈伯斯被蘋果解僱後另外創立的公司做的。

5. 鋰電池

智利化工礦業公司（SQM）安排我們參觀他們在阿塔卡馬的設施，也允許我們住在當地，以便既可採訪開採鋰礦的所在地阿塔卡馬鹽沼，也能一訪精煉鋰金屬及運銷準備的卡門鹽沼（前往後者的旅費及住宿費用由我自行支付）。負責蒸發池主管的潘納受訪介紹開採流程，更多的細節則來自克勞迪歐‧烏里韋（Claudio Uribe）。米肖德提供背景資訊，關於鋰礦的銷量數據則來自 SQM。我也去了世上鋰蘊藏量最豐的烏尤尼鹽沼（Salar de Uyuni），鄰近玻利維亞，不過當地還沒有開始進行大量開發，所以這段奇遇得另覓時機才能寫成報導了。

關於鋰電池歷史的背景資訊，我採訪了兩位鋰電池技術的教父惠廷厄姆和古德納夫。列文的書《發電廠》（The Powerhouse）為當代電池的歷史提供很好的資訊，尤其前面幾章的內容，對我個人在這個題目上的認識饒有助益。《新科學人》（New Scientist）雜誌刊登關於「未知領域部門」（Unknown Fields Division）的考察文章〈鋰夢〉（Lithium Dreams），是另外一個寶貴的資訊來源。

6. 防手震功能

我在尋找一位可以跟拍的 iPhone 攝影師時，希望找的是拜此一裝置所帶來的契機之賜，而在事業上突飛猛進，而且作品能反映出獨特攝影新風格的人。魯拉斯基是理想對象。訪談比爾布雷（透過手機與電子郵件）和大嶋光昭博士（透過電子郵件），幫助我了解引領當代智慧型手機相機的鏡頭技術演進。其他引用的話則取自大嶋以前接受的採訪，檔案存於日本特許廳（Japan Patent Office）。《六十分鐘》節目關於蘋果相機工廠的報導，則提供了該公司目前相機業務的相關數字與資料。

7. 動作感測技術

造訪藝術工藝博物館開啟本章的序幕，除了展示有名的擺錘之外，它也是提花織布機、巴斯卡的計算機及其他電腦前輩的收藏所。席德·哈扎（Sid Harza）協助解釋微機電系統技術給我這個卑微的普通人聽。胡彼在本章說明蘋果如何開發感測器，比爾布雷則對感測器的整體開發提供了更清楚的闡釋。《經濟學人》作家格林·弗萊希曼（Glenn Fleishman）有關 GPS 的文章是很有用的參考來源。至於加速度計，華特刊登於《聲音與震動》（Sound and Vibration）月刊的文章〈加速度計的歷史〉（The History of the Accelerometer），文如其名提供了加速度計的歷史。阿爾曼·阿敏關於運動感測協同處理器的系列發文，可以在 Reddit 論壇的蘋果版找到。

8. 全副武裝

不可能用單一章節就把電腦或電腦處理器的歷史都塞進來，所以，把本章當成是兩大重要事件的精彩片段：電晶體的誕生與摩爾定律的建立。有趣的是，電晶體為蜂巢式手機打開新頁，而後者幾乎是緊接在前者被貝爾實驗室發現之後，被打造出來的。詹姆斯·葛雷易克（James Gleick）的書《資訊：一段歷史、一個理論、一股洪流》（The Information）提供了這方面的歷史性架構，而艾薩克森的《創新者們》（The Innovators）則為電晶體的興起提供背景脈絡。

阿波羅導航計算機有四千一百個反或閘（NOR gate），每一個閘口有三個電機體，這樣就是一萬兩千三百個電晶體。根據 IBM 微處理器的前任主管保羅·勒達克（Paul Ledak）的說法，這表示截至 2015 年，iPhone 6 的電晶體數量是阿波羅系統的十三萬倍。只有一個電晶體的助

聽器，在網站「半導體博物館」（Semiconductor Museum）上面有描述。

我在艾倫・凱位於布倫特伍德市的家中採訪他，他建議我讀一讀波茲曼的書《娛樂至死》（Amusing Ourselves to Death）。該書針對我們那被娛樂腐化的文化提出銳利的批評，如今更是切中要害，不過，我並不同意。我透過 FaceTime 採訪威爾森，我本不應該如此，但她仁慈地允許我占用她太多時間，仔細解釋 ARM 的最早起源。

IT 新聞網站 AnandTech 的雷恩・史密斯（Ryan Smith）在了解蘋果的晶片開發戰局方面提供我重要的背景資訊，而產業分析師德迪烏也接受訪問，從一個內部人的觀點為 app 經濟的興起提出洞見。艾傑頓和羅斯汀則透過電子郵件往返，提供歷史性的背景資訊，指出 app 經濟恐怕只是新瓶裝舊酒。為了取得一個 app 的早期成功案例，我用電話採訪了柯姆。

iPhone 團隊的前任蘋果員工拉米雷斯、甘納杜拉，尤其以格里尼翁為首，對 App Store 如何及為何遭到抗拒，以及之後推出市場，提供了精闢見解。採訪基亞姆、赫爾斯曼、馬強特等人，幫助我了解行動 app 如何形塑肯亞的科技產業及新創公司的樣貌。

9. 從噪音到訊號

我採訪艾格，為我上一堂無線網路歷史速成班。網路上可以免費取得阿囉哈網的核心論文，藉此一瞥 Wi-Fi 的誕生。飛利浦公司的克里斯多福・赫茲格（Christoph Herzig）對分散式網路的興起提供洞見，也極力吹捧智慧路燈的未來性，只是本書再無空間可以容納後者。2012年，網路媒體 ProPublica 和電視節目《前線》做了一系列報導，探討高塔維修的人員傷亡。網站「無線測量師」追蹤並更新基台死亡人數，智慧型手機擁有人數的數據則是取自創市際一份 2016 年的報告。

10. 嘿！Siri

Siri 一章的骨幹，是對蘋果 Siri 先進開發部門的負責人格魯伯進行的一次長時間訪問。人工智慧顯然是一個豐富的題材，我企圖從 Siri 實際上做什麼或想要做什麼的角度，來處理此一課題。人工智慧讀書清單的第一站是圖靈的經典文章〈運算機器與人類智能〉（Computing Machinery and Intelligence）。其他還有針對 Hearsay II 論文的研究。查爾斯‧巴貝奇研究所的口述歷史全集是很棒的資料來源，與我對瑞迪的採訪如出一轍，精彩地描繪了其中一個第一代人工智慧先驅的生命。我也從瑞迪的公開談話中取材。關於 Siri 的數字和它會接收到的要求的數量，則是蘋果公司自己公布的，從未經過獨立第三方的驗證。

11. 安全飛地

對任何想要上一堂網路安全速成課的人來說，世界駭客大賽是一片沃土。我在拉斯維加斯和駭客們相處了幾天，採訪早期的 iPhone 越獄者們與分析師們。我也參加了黑帽大會（Black Hat），聆聽蘋果安全部門主管伊凡‧克斯迪克關於安全飛地的演講，這是連我周圍專業的網路安全記者也深感難解的東西。進一步的資訊、專業知識和背景脈絡，取自我對以下人物的採訪：安全專家吉多、iPhone 開發組的越獄者王大衛（代號「星球存在」）、PhishMe 公司的托卡佐斯基。蘋果發布了安全飛地如何運作的詳細說明，不過其中沒有太多資訊可以證實它到底是如何照它所說的運作。又叫做性感喬的霍茲，有些背景資訊來自大衛‧庫許納（David Kushner）為《紐約客》（New Yorker）雜誌所做的人物側寫。Cydia 對 iOS 的影響則在希斯的文章〈蘋果欠越獄社群一個道歉〉（Apple Owes the Jailbreak Community an Apology）中有所記載。

12. 加州設計，中國製造

　　關於中國電子工廠勞動條件的優秀報導很多，最重要的就是《紐約時報》贏得普立茲獎的系列報導〈蘋果經濟學〉，作者是查爾斯·杜希格（Charles Duhigg）、基斯·布拉德瑟（Keith Bradsher）和張大衛（David Barboza）。中國勞工觀察是很寶貴的新聞來源，勞工學術團體「大學師生監察無良企業行動」也是。我在 2016 年夏天透過翻譯員採訪了李強。「未知領域部門」的創辦人之一利安·楊（Liam Young）在我起程前與我會面，提供我關於中國供應鏈與工作環境的背景資訊。

　　我們決定用假名來保護我的採訪助手兼翻譯員王揚的身分，讓工廠工人開口說話這方面，她幫了很大的忙，也是我們在少數幾次造訪的過程中，能取得二十多個受訪來源的主要原因。我們造訪富士康在龍華及觀瀾的廠區、和碩的上海工廠，和諸如晶片加工廠台積電這類供應鏈工廠。所有的富士康員工中，許、趙和許的朋友說話最為坦率，不過出了工廠大門，在吃午餐的麵店和當地的市場裡，也有很多工廠工人願意跟我們說話。根據這些採訪，加上對上述來源的研究，我有信心對中國電子工廠的發展情況，能捕捉到一幅可靠的圖像。

　　我確實拿上廁所當藉口溜進龍華廠區，這在中國可能犯了擅闖的罪，可是因為富士康的虐工紀錄加上嚴密的媒體控制手段，我覺得我這麼做情有可原，對我來說，這是為了如實公平的描繪這家工廠所做的一種公共服務。

　　製造手機的必要步驟數目，在 ABC 電視台的《夜線》（Nightline）節目上有記述，只是那是 2012 年的節目，由於裝置變得更加複雜，今天這個數字有可能高出許多。自殺受害者許立志的詩作，包括〈一顆螺絲掉在地上〉這首詩在內，被《深圳新聞網》（Shenzhen New）收錄並

出版。

霍恩謝爾的《從美國系統到大量生產，1800 年至 1932 年》（From the American System to Mass Production, 1800-1932）中，對福特的組裝線創新有詳細描述，本章引述克藍恩的話的出處就是這本書。薩斯的材料科學歷史書《文明的物質性》（The Substance of Civilization），斷定大量生產始於幾千年以前。

13. 手機銷售

想要知道蘋果為什麼這麼受歡迎，就必須了解它何以如此擅長製造大場面，所以你必須去參加一場蘋果發表會。好似一場產品的搖滾音樂會，即便你充分知曉自己正在看一檔製作精美的資訊式廣告片，但不知怎麼的，他們有辦法讓你熱血沸騰。奈伊的書《美國人的科技神聖性》（The American Technological Sublime）幫助我了解此一現象，除了懷特兄弟之外，他在書中也檢視了愛迪生和胡佛水壩。

《大西洋》雜誌的勒法蘭斯編輯科技版多年，她為尼曼新聞實驗室（Nieman Journalism Lab）撰文，討論報導搞神祕的科技公司的困難度。我們在電話訪談中審視了這個現象。《iPhone 生活》（iPhoneLife）雜誌的首席編輯接受我一次電話採訪，因為我想弄明白，天天撰寫 iPhone 相關新聞營生是什麼感覺。莫爾詳談在蘋果組工會的情況，斯普豪爾則以一位科技編輯和長期參加蘋果發表會的老手之姿，提供背景資訊。我採訪了二十多位蘋果直營店的員工，不過因為是暗中採訪，所以沒有在本文中引述任何一位的話，因為蘋果零售店的銷售員不允許接受媒體採訪。我也在首賣日採訪了大約十幾位排隊等候的顧客。

至於庫克電子郵件事件簿，有一位蘋果公關證實庫克打開信來看，然後轉寄出來；她說他已經先看過信了。軟體公司 Streak 的客服代表告

訴我，他們的技術能「非常準確」的判定某個人用來打開信件的裝置種類。當然也有其他解釋：公關代表的資訊錯誤，庫克用的是把流量外包出去的虛擬私人網路（Virtual Private Network, VPN），或他把電子郵件外包到某個使用視窗系統的地方去處理。

14. 黑市風雲

我在 2016 年夏天造訪 iPhone 黑市，能確認的事情不多。儘管黑市的規模龐大到掩蓋不了祕密作業的性質，但沒有人願意跟記者說話。在本章接受採訪的電子廢棄物暨二手市場專家明特，幾個月後回到同一個地方，整個市場已經人去樓空。由「巴塞爾行動網」所領軍的研究，對貴嶼的悲慘境遇做了很多很好的報導。2008 年《六十分鐘》有一段節目追蹤那裡的美國廢棄物。廢棄物流向的估計值則取自聯合國大學（United Nations University）。

第一篇到第四篇

關於蘋果的前兩篇主要根據採訪所得，採訪對象是負責雕鑿互動性典範的團隊成員，這些典範（使用者介面、多點觸控軟體和早期的硬體）在後來形成 iPhone 的根基。接受採訪的人有：奧爾丁、喬德里、胡彼、斯特里肯、克里斯帝，此外還有其他原始 iPhone 團隊的成員提供背景訊息。艾夫的更多細節與引述他所說的話，取自艾薩克森的《賈伯斯傳》、凱尼的《蘋果設計的靈魂：強尼・艾夫傳》，和史蘭德的《成為賈伯斯》。賈伯斯「誤記」iPhone 觸控螢幕的起源，是出自莫斯伯格和卡拉・斯維斯（Kara Swisher）在「D：數位化大會」（D: All Things Digital）年度研討會所主持的問答時間。

就跟前面兩篇一樣，後兩篇的題材內容取自對原始 iPhone 團隊成

員及不具名的蘋果員工的採訪，加上過去的研究與報導、法庭和根據
《資訊自由法》（Freedom of Information Act, FOIA）依法取得的文件。
公開接受採訪的蘋果人有奧爾丁、喬德里、威廉森、法戴爾、拉米雷斯、
克里斯帝、甘納杜拉、格里尼翁、圖普曼、杜爾、布洛迪、胡彼、斯特
里肯和格魯伯。

　　有些引述的話是取自 2012 年蘋果三星訴訟大戰時，席勒和福斯托
站上法庭所講的話。提供非常有用的細節、研究與背景資訊的書籍有沃
格斯坦的《Apple vs. Google 世紀大格鬥》、艾薩克森的《賈伯斯傳》、
史蘭德的《成為賈伯斯》、亞當・藍辛斯基（Adam Lashinsky）的《蘋
果內幕》（Inside Apple），和凱尼的《強尼・艾夫傳》。這兩篇引用艾夫、
賈伯斯、麥克・貝爾、和薩茨格的話，都是取自上述來源。馬可夫在
《紐約時報》所寫的報導、利維的書《為什麼是 iPod ？》（The Perfect
Thing）及其在《新聞週刊》的文章，也是參考來源。

　　銷售數字由蘋果公司所提供，其餘皆在文中註明出處。

誌謝

　　這本書意在傳達一個要旨，那就是若無深入的協作與持續不斷的集體努力，這世界便難有重大的進展。此話用來形容本書的撰寫，更真實不過了。若無家人、朋友、同僚，甚至有時候是近乎陌生的人的支持，這一切不會發生。少了他們之中任何一人，這本關於這萬中選一的裝置如何成真的書，也不會成真。就某方面來說，我們共同創作了這本書。

　　首先是我那義無反顧支持我的妻子卡琳娜，她不但做出重大犧牲，確保我能在極其瘋狂的期限內完成作品，更是這本書強而有力的批評者、編輯者與構思者。對於這本書的走向，她往往能提出更勝於我的見解。她也可能是唯一比我還厭煩聽到 iPhone 大小事的人。我對她的感謝無以復加。我也想要謝謝我那一歲大的兒子阿爾杜斯，感謝他來到人世。知道他有天會讀到這個東西，或至少會用未來的明星裝置把這裡面的資料注入他的腦袋瓜裡，就會讓我想要把它做得更好。

　　感謝艾瑞克・盧佛（Eric Lupfer），他肯定是我遇過最好的經紀人，不過他也是一個銳利的編輯與思想家，沒有他，就沒有這本書。還要謝謝我的編輯麥可・什切爾班（Michael Szczerban），透過他的巧手精心編排，把這堆東西連貫成一本合度的書，當我告訴他我的初稿會有二十萬字的時候，他也只有發出一聲哀嚎而已。出版社的整個團隊：班・艾倫（Ben Allen）、妮基・格雷羅（Nicky Guerreiro）、伊莉莎白・加里加（Elizabeth Garriga）、視力精道的文字編輯雀西・里歐（Tracy Roe），還有其他每一個人，我要說，你們都表現得很棒。

　　大大地感謝我在「主機板」網站的朋友們和同事們，沒有他們的

專業、協助和人脈，這本書有很大部分就不會發生。傑森‧科布勒（Jason Koebler）竭盡所能的付出更是出人意表，以至於有一度我還真的必須開口叫他別再幫我了。他利用自己的假期陪我到智利和玻利維亞，親自擔任翻譯員和採訪助手，並且安排我們到里科山的參觀行程，更重要的是，他的見解、想法，以及他對科技所作的報導，從過去到現在都是珍貴無比的資源。最優秀的網路安全記者之一羅倫佐‧弗朗切斯奇—鮑凱利尼（Lorenzo Franceschi-Biccherrai），拋下他的工作，以他的技能和專業知識助我一臂之力，還在世界駭客大賽期間和我共享旅館房間。他駭進我的電腦，仔細閱讀有關安全那個章節，如果我有寫錯什麼地方的話，都是因為他偷了我的密碼，改了我的文章的關係。謝謝尼可拉斯‧迪隆（Nicholas Deleon）為我引介蘋果公司的人脈，也和我分享他在消費科技領域的洞見，因為有他，我才能參加蘋果產品發表會，並且發現和蘋果公司公關部門魚雁往返的樂趣。希望經過這一切之後，他們還會願意理你！

謝謝我在中國的採訪助理與翻譯員王揚。因為她的機智與熱誠，使我們得以更深入虎穴，靠我單槍匹馬是做不到的。還有既親切又見多識廣的艾莉諾‧馬強特（Eleanor Marchant），她是我在奈洛比科技現場的嚮導。

謝謝克萊兒‧伊凡斯（Claire Evans）和凱斯‧瓦格斯塔（Keith Wagstaff），他們詳細閱讀前面幾章以及最終版手稿，給了我洞見與靈感。還要謝謝亞歷克斯‧派斯特納克（Alex Pasternack）和麥可‧巴尼（Michael Byrne），他們以其在科學、技術及地緣政治上的知識，為本書做了不可或缺的非正式事實查核。同樣感謝喬納‧貝齊托（Jona Bechtolt），他擁有百科全書般的蘋果知識，他對產業的想法，還有他熱心的在首賣日幫我弄到一支 iPhone 7，都有助於我更了解蘋果王國。

　　感謝我的雙親湯姆（Tom）和雪倫（Sharon），他們來幫忙看小孩，給我們加油打氣，在我成年後仍持續做我夢寐以求的堅強後盾；也謝謝我的兄弟艾德（Ed）。感謝我的岳父母提姆・拉夫林（Tim Laughlin）和泰瑞莎・拉夫林（Teresa Laughlin），每當我十萬火急的趕稿之時，他們一次又一次的給出超出預期的支持。還要感謝我那很棒的祖父母喬安（Joan）及艾爾（Al），好心的讓我在矽谷停留期間，把他們在帕羅奧多的家當成基地。茱莉・卡爾特（Julie Carter）和奇普・摩爾蘭德（Chip Moreland），謝謝你們的沙發、酒吧和餃子。感謝麥克・玻爾（Mike Pearl），幾乎願意讓我把你的 iPhone 大卸八塊。謝謝布萊安・帕瑞斯（Brian Parisi）和我的談話，謝謝柯倫・沙德米（Koren Shadmi）在早期藝術上的幫助。尼克・拉塞福（Nick Rutherford）和婕德・卡特皮塔（Jade CattaPretta），謝謝你們的傾聽、支持，還有在紐約收留我住宿。感謝艾力克斯・瑪力格（Alexis Madrigal）和吉爾夫・曼奧格（Geoff Manaugh）閱讀我的手稿，感謝提姆・莫恩（Tim Maughan）、羅賓・斯隆（Robin Sloan）和利安・楊（Liam Young）分享他們的筆記，並且和我討論 iPhone。

　　感謝 iFixit 的整個團隊，尤其是基爾・韋恩斯（Kyle Wiens）和安德魯・戈柏（Andrew Goldberg），幫助我啟動這趟旅程，並且在整個過程中提供我必要的資源。謝謝明特這位引導我去找 iPhone 垃圾的貴人。謝謝優尼・海斯樂（Yoni Heisler），把他從美國聯邦法院訴訟資料庫 Pacer 系統爬梳出來的法院文件提供給我。謝謝沃格斯坦（Fred Vogelstein）和我分享他自己對蘋果所做的精彩報導的相關筆記。謝謝加德納（Bryan Gardiner）和我討論大猩猩玻璃。還有艾胥黎・范思（Ashlee Vance），他可以不必幫我，但仍給我一些批評指教和鼓勵，最終激勵我寫出一本更好的書。

謝謝艾瑞克・尼爾森（Eric Nelson），幫助我著手啟動這項工程。

最後，我想要謝謝眾多受訪者，尤其是那些冒著丟掉工作或暴露身分風險的人，幫助我說了一個關於 iPhone 更真實的故事，還有那些為了成就 iPhone 而從事繁重、危險、不受認可的工作的人。

新商業周刊叢書　BW0678

解密iPhone

原 文 書 名／The One Device: The Secret History of the iPhone
作　　　者／布萊恩・麥錢特（Brian Merchant）
譯　　　者／曹嬿恆
編 輯 協 力／林嘉瑛
責 任 編 輯／鄭凱達
企 畫 選 書／陳美靜
版　　　權／黃淑敏
行 銷 業 務／周佑潔、莊英傑、黃崇華、王瑜

總　編　輯／陳美靜
總　經　理／彭之琬
發　行　人／何飛鵬
法 律 顧 問／台英國際商務法律事務所　羅明通律師
出　　　版／商周出版
　　　　　　台北市中山區民生東路二段141號9樓
　　　　　　電話：(02) 2500-7008 傳真：(02) 2500-7759
　　　　　　E-mail：bwp.service@cite.com.tw
　　　　　　Blog：http://bwp25007008.pixnet.net/blog
發　　　行／英屬蓋曼群島商家庭傳媒股份有限公司城邦分公司
　　　　　　台北市中山區民生東路二段141號2樓
　　　　　　書虫客服服務專線：(02)2500-7718・(02)2500-7719
　　　　　　24小時傳真服務：(02)2500-1990・(02)2500-1991
　　　　　　服務時間：週一至週五09:30-12:00・13:30-17:00
　　　　　　郵撥帳號：19863813　　戶名：書虫股份有限公司
　　　　　　讀者服務信箱E-mail：service@readingclub.com.tw
　　　　　　歡迎光臨城邦讀書花園　　網址：www.cite.com.tw
香港發行所／城邦（香港）出版集團有限公司
　　　　　　香港灣仔駱克道193號東超商業中心1樓
　　　　　　Email：hkcite@biznetvigator.com
　　　　　　電話：(852)2508-6231　　傳真：(852)2578-9337
馬新發行所／城邦(馬新)出版集團　【Cite (M) Sdn. Bhd.】
　　　　　　41, Jalan Radin Anum, Bandar Baru Sri Petaling,
　　　　　　57000 Kuala Lumpur, Malaysia
　　　　　　電話：(603)90578822　　傳真：(603)90576622
　　　　　　Email：cite@cite.com.my

封 面 設 計／黃聖文　　內文設計排版／唯翔工作室
印　　　刷／鴻霖印刷傳媒股份有限公司
總　經　銷／聯合發行股份有限公司　　電話：(02)2917-8022　　傳真：(02)2911-0053
　　　　　　地址：新北市231新店區寶橋路235巷6弄6號2樓

■ 2018 年 6 月 5 日初版 1 刷　　　　　　　　　　　　　　　Printed in Taiwan

Copyright © 2017 by Brian Merchant
This edition arranged with C. Fletcher & Company, LLC through Andrew
Nurnberg Associates International Limited
Complex Chinese Translation copyright © 2018 by Business Weekly Publications, a division of Cité
Publishing Ltd.
All Rights Reserved

ISBN　978-986-477-463-0

定價／480元　　　　　　　　　版權所有・翻印必究

城邦讀書花園
www.cite.com.tw

國家圖書館出版品預行編目資料

解密iPhone/ 布萊恩.麥錢特（Brian Merchant）著；曹
嬿恆譯. -- 初版. -- 臺北市：商周出版：家庭傳媒城邦
分公司發行，民107.06
　　　面；　　公分
譯自：The one device : the secret history of the iPhone

ISBN　978-986-477-463-0（平裝）

1. 無線電通訊業　2. 行動電話

484.6　　　　　　　　　　　　　　　107006949

商周出版

10480　台北市民生東路二段141號9樓

英屬蓋曼群島商家庭傳媒股份有限公司城邦分公司　收

請沿虛線對摺，謝謝！

商周出版

書號：BW0678	書名：解密iPhone

 商周出版

讀者回函卡

感謝您購買我們出版的書籍！請費心填寫此回函卡，我們將不定期寄上城邦集團最新的出版訊息。

不定期好禮相
立即加入：商
Facebook 粉絲

姓名：_____ 性別：□男　□女

生日：西元_____年_____月_____日

地址：_____

聯絡電話：_____ 傳真：_____

E-mail ：

學歷：□ 1. 小學 □ 2. 國中 □ 3. 高中 □ 4. 大學 □ 5. 研究所以上

職業：□ 1. 學生 □ 2. 軍公教 □ 3. 服務 □ 4. 金融 □ 5. 製造 □ 6. 資訊

　　　□ 7. 傳播 □ 8. 自由業 □ 9. 農漁牧 □ 10. 家管 □ 11. 退休

　　　□ 12. 其他_____

您從何種方式得知本書消息？

　　　□ 1. 書店 □ 2. 網路 □ 3. 報紙 □ 4. 雜誌 □ 5. 廣播 □ 6. 電視

　　　□ 7. 親友推薦 □ 8. 其他_____

您通常以何種方式購書？

　　　□ 1. 書店 □ 2. 網路 □ 3. 傳真訂購 □ 4. 郵局劃撥 □ 5. 其他_____

您喜歡閱讀那些類別的書籍？

　　　□ 1. 財經商業 □ 2. 自然科學 □ 3. 歷史 □ 4. 法律 □ 5. 文學

　　　□ 6. 休閒旅遊 □ 7. 小說 □ 8. 人物傳記 □ 9. 生活、勵志 □ 10. 其他

對我們的建議：_____

_____

_____